高等学校省级规划教材

——土木工程本科专业系列教材

工程结构荷载与设计方法

马芹永　主　编

孙　强
张经双　副主编

柳炳康　主　审

合肥工业大学出版社

内容提要

《工程结构荷载与设计方法》是安徽省高等学校省级规划教材——土木工程本科专业系列教材之一。本书内容包括术语符号、绪论、重力、侧压力、风荷载、地震作用、其他作用、荷载的统计分析、结构抗力的统计分析、结构可靠度分析、概率极限状态设计法等。内容符合高等学校土木工程专业指导委员会编写的高等学校土木工程专业本科教育培养目标和培养方案及课程教学大纲关于《工程结构荷载与设计方法》课程的基本要求，为突出应用，本书有详细的例题和习题。

本书可作为高等学校土木工程专业的教材，也可供从事工程结构设计、施工、科研及管理人员参考使用。

图书在版编目(CIP)数据

工程结构荷载与设计方法/马芹永主编．—合肥：合肥工业大学出版社，2009.7(2014.2重印)
高校省级规划教材·土木工程系列教材
ISBN 978-7-81093-976-8

Ⅰ.工…　Ⅱ.马…　Ⅲ.工程结构—结构载荷—结构设计—高等学校—教材　Ⅳ.TU312

中国版本图书馆CIP数据核字(2009)第085110号

工程结构荷载与设计方法

主　编：马芹永　　　责任编辑：陈淮民

出　版　合肥工业大学出版社
地　址　合肥市屯溪路193号
邮　编　230009
电　话　总　编　室：0551-62903038
　　　　市场营销部：0551-62903198
网　址　www.hfutpress.com.cn
E-maill　press@hfutpress.com.cn
版　次　2009年7月第1版
印　次　2014年2月第5次印刷
开　本　787毫米×1092毫米　1/16
印　张　13.75　　字　数　324千字
发　行　全国新华书店
印　刷　安徽江淮印务有限责任公司

主编信箱　qyma@aust.edu.cn　　责编信箱　chenhm30@163.com

ISBN 978-7-81093-976-8　　定价：24.00元

前　言

《工程结构荷载与设计方法》是土木工程专业的平台课程。本教材介绍了工程结构荷载与工程结构设计方法，主要包括工程结构中常见的荷载及其在设计中的取值，以及工程结构设计方法和可靠度理论。本书可作为高等学校土木工程专业的教材，也可供从事工程结构设计、施工、科研及管理人员参考使用。

本书根据高等学校土木工程专业指导委员会编写的高等学校土木工程专业本科教育培养目标和培养方案及课程教学大纲关于《工程结构荷载与设计方法》课程的基本要求编写。全书共11章，分为三个部分：第一部分（术语符号）介绍了《建筑结构荷载规范》（GB50009—2001）与《建筑结构可靠度设计统一标准》（GB50068—2001）中所用到的术语与符号；第二部分（第1～6章）介绍了工程结构的各种荷载及其确定方法，主要内容有绪论、重力、侧压力、风荷载、地震作用、其他作用；第三部分（第7～10章）介绍了工程结构可靠度设计原理与现行结构设计方法，主要内容有荷载的统计分析、结构抗力的统计分析、结构可靠度分析、概率极限状态设计法等。

本书由安徽理工大学马芹永担任主编，安徽建筑工业学院孙强、安徽理工大学张经双担任副主编。具体分工如下：术语符号、第1章、第3章3.4～3.6、第6章6.1～6.3、第10章10.1由马芹永编写，第7章、第8章由孙强编写，第3章3.1～3.3、第6章6.4～6.6、附录、思考题与习题由张经双编写，第9章9.1～9.3由殷和平编写，第4章由张国芳编写，第6章6.7、第10章10.2～10.3由陆吉民编写，第5章由胡俊编写，第2章由常光明编写，第9章9.4由吴文明编写。全书由马芹永、孙强、张经双、崔朋勃统稿。合肥工业大学柳炳康教授审阅了书稿并提出了宝贵意见，在此表示衷心感谢。

编写过程中参考和引用了国内近年来正式出版的有关规范、教材等，它的最终出版得到了安徽省教育厅、安徽理工大学、合肥工业大学出版社以及参编者所在院校的大力支持，在此一并表示感谢。

限于水平，书中论述难免有不妥之处，欢迎批评指正。

编　者

2009年6月

目　录

0 术语符号

0.1 术 语

0.1.1 《建筑结构荷载规范》(GB50009—2001)术语

1. **永久荷载** permanent load

在结构使用期间,其值不随时间变化,或其变化与平均值相比可以忽略不计,或其变化是单调的并能趋于限值的荷载。

2. **可变荷载** variable load

在结构使用期间,其值随时间变化,且其变化与平均值相比不可以忽略不计的荷载。

3. **偶然荷载** accidental load

在结构使用期间不一定出现,一旦出现,其值很大且持续时间很短的荷载。

4. **荷载代表值** representative values of a load

设计中用以验算极限状态所采用的荷载量值,例如标准值、组合值、频遇值和准永久值。

5. **设计基准期** design reference period

为确定可变荷载代表值而选用的时间参数。

6. **标准值** characteristic value/nominal value

荷载的基本代表值,为设计基准期内最大荷载统计分布的特征值(例如均值、众值、中值或某个分位值)。

7. **组合值** combination value

对可变荷载,使组合后的荷载效应在设计基准期内的超越概率,能与该荷载单独出现时的相应概率趋于一致的荷载值;或使组合后的结构具有统一规定的可靠指标的荷载值。

8. **频遇值** frequent value

对可变荷载,在设计基准期内,其超越的总时间为规定的较小比率或超越频率为规定频率的荷载值。

9. **准永久值** quasi-permanent value

对可变荷载,在设计基准期内,其超越的总时间约为设计基准期一半的荷载值。

10. **荷载设计值** design value of a load

荷载代表值与荷载分项系数的乘积。

11. **荷载效应** load effect

由荷载引起结构或结构构件的反应,例如内力、变形和裂缝等。

12. **荷载组合** load combination

按极限状态设计时,为保证结构的可靠性而对同时出现的各种荷载设计值的规定。

13. **基本组合** fundamental combination

承载能力极限状态计算时,永久作用和可变作用的组合。

14. **偶然组合** accidental combination

承载能力极限状态计算时，永久作用、可变作用和一个偶然作用的组合。

15. **标准组合** characteristic/nominal combination

正常使用极限状态计算时，采用标准值或组合值为荷载代表值的组合。

16. **频遇组合** frequent combination

正常使用极限状态计算时，对可变荷载采用频遇值或准永久值为荷载代表值的组合。

17. **准永久组合** quasi-permanent combination

正常使用极限状态计算时，对可变荷载采用准永久值为荷载代表值的组合。

18. **等效均布荷载** equivalent uniform live load

结构设计时，楼面上不连续分布的实际荷载，一般采用均布荷载代替；等效均布荷载系指其在结构上所得的荷载效应能与实际的荷载效应保持一致的均布荷载。

19. **从属面积** tributary area

从属面积是在计算梁柱构件时采用，它是指所计算构件负荷的楼面面积，它应由楼板的剪力零线划分，在实际应用中可作适当简化。

20. **动力系数** dynamic coefficient

承受动力荷载的结构或构件，当按静力设计时采用的系数，其值为结构或构件的最大动力效应与相应的静力效应的比值。

21. **基本雪压** reference snow pressure

雪荷载的基准压力，一般按当地空旷平坦地面上积雪自重的观测数据，经概率统计得出50年一遇最大值确定。

22. **基本风压** reference wind pressure

风荷载的基准压力，一般按当地空旷平坦地面上10m高度处10min平均的风速观测数据，经概率统计得出50年一遇最大值确定的风速，再考虑相应的空气密度，所确定的风压。

23. **地面粗糙度** terrain roughness

风在到达结构物以前吹越过2km范围内的地面时，描述该地面上不规则障碍物分布状况的等级。

0.1.2 《建筑结构可靠度设计统一标准》(GB50068—2001)术语

1. **可靠性** reliability

结构在规定的时间内，在规定的条件下，完成预定功能的能力。

2. **可靠度** degree of reliability

结构在规定的时间内，在规定的条件下，完成预定功能的概率。

3. **失效概率** probability of failure

结构不能完成预定功能的概率。

4. **可靠指标** β reliability index β

由 $\beta=-\Phi^{-1}(p_f)$ 定义的代替失效概率 p_f 的指标，其中 $\Phi^{-1}(\cdot)$ 为标准正态分布函数的反函数。

5. **基本变量** basic variable

代表物理量的一组规定的变量，它表示各种作用、材料与岩土性能以及几何量的特征。

6. **设计使用年限** design working life

设计规定的结构或结构构件不需要进行大修即可按其预定目的使用的时期。

7. **极限状态** limit state

整个结构或结构的一部分超过某一特定状态就不能满足设计规定的某一功能要求，此特定状态为该功能的极限状态。

8. **设计状况** design situation

代表一定时段的一组物理条件，设计应做到结构在该时段内不超越有关的极限状态。

9. **功能函数** performance function

基本变量的函数，该函数表征一种结构功能。

10. **概率分布** probability distribution

随机变量取值的统计规律，一般采用概率密度函数或概率分布函数表示。

11. **统计参数** statistical parameter

在概率分布中用来表示随机变量取值的平均水平和分散程度的数字特征，如平均值、标准差、变异系数等。

12. **分位值** fractile

与随机变量分布函数某一概率相对应的值。

13. **作用** action

施加在结构上的集中力或分布力(直接作用，也称为荷载)和引起结构外加变形或约束变形的原因(间接作用)。

14. **材料性能标准值** characteristic value of a material property

符合规定质量的材料性能概率分布的某一分位值。

15. **材料性能设计值** design value of a material property

材料性能标准值除以材料性能分项系数所得的值。

16. **几何参数标准值** characteristic value of a geometrical parameter

设计规定的几何参数公称值或几何参数概率分布的某一分位值。

17. **几何参数设计值** design value of a geometrical parameter

几何参数标准值增加或减少一个几何参数附加量所得的值。

18. **作用效应** effect of an action

由作用引起的结构或结构构件的反应，例如内力、变形和裂缝等。

19. **抗力** resistance

结构或结构构件承受作用效应的能力，如承载能力等。

0.2 符　号

0.2.1 《建筑结构荷载规范》(GB50009—2001)符号

G_k ——永久荷载的标准值；

Q_k ——可变荷载的标准值；

S_{Gk} ——永久荷载效应的标准值；

S_{Qk} ——可变荷载效应的标准值；

S ——荷载效应组合设计值；
R ——结构构件抗力的设计值；
S_A ——顺风向风荷载效应；
S_C ——横风向风荷载效应；
T ——结构自振周期；
H ——结构顶部高度；
B ——结构迎风面宽度；
Re ——雷诺(Reynolds)数；
St ——斯脱罗哈(Strouhal)数；
s_k ——雪荷载标准值；
s_0 ——基本雪压；
w_k ——风荷载标准值；
w_0 ——基本风压；
v_{cr} ——横风向共振的临界风速；
α ——坡度角；
β_z ——高度 z 处的风振系数；
β_{gz} ——阵风系数；
γ_0 ——结构重要性系数；
γ_G ——永久荷载的分项系数；
γ_Q ——可变荷载的分项系数；
ψ_c ——可变荷载的组合值系数；
ψ_f ——可变荷载的频遇值系数；
ψ_q ——可变荷载的准永久值系数；
μ_r ——屋面积雪分布系数；
μ_z ——风压高度变化系数；
μ_s ——风荷载体型系数；
η ——风荷载地形地貌修正系数；
ξ ——风荷载脉动增大系数；
ν ——风荷载脉动影响系数；
φ_z ——结构振型系数；
ζ ——结构阻尼比。

0.2.2 《建筑结构可靠度设计统一标准》(GB50068—2001)符号

T ——结构的设计基准期；
p_f ——结构构件失效概率的运算值；
β ——结构构件的可靠指标；
p_s ——结构构件的可靠度；
μ_S ——结构或结构构件作用效应的平均值；
σ_S ——结构或结构构件作用效应的标准差；
μ_R ——结构或结构构件抗力的平均值；

σ_R ——结构或结构构件抗力的标准差；
μ_f ——材料性能的平均值；
σ_f ——材料性能的标准差；
f_k ——材料性能的标准值；
a ——结构或结构构件的几何参数；
a_k ——结构或结构构件几何参数的标准值；
γ_R ——结构构件抗力分项系数；
γ_f ——材料性能分项系数；
C ——设计对变形、裂缝等规定的相应限值。

第1章 绪 论

1.1 荷载与作用

工程结构是指用石材、木材、砖、混凝土、钢材等土木工程材料修建的房屋、桥梁、隧道、堤坝、塔架等能够承受作用的平面或空间体系。工程结构具有两项基本功能，提供空间或实体和承受各种环境作用。提供的结构空间或实体应能良好地为人类生活和生产服务，满足人类使用要求和审美要求，同时应能够承受和抵御结构服役过程中可能出现的各种作用。任何结构都因地球引力而受重力的影响，同时也承受使用荷载和由自然环境因素引起的各种作用。房屋结构要承受自重、人群和家具及设备重量、风荷载、雪荷载等；桥梁结构要承受自重、各种附加恒载、人群荷载、车辆荷载、车辆制动力和冲击力、风荷载、地震作用、撞击力和曲线桥梁车辆离心力等。风、水、波浪、冰、土分别对结构产生风压力、水压力、波浪压力、冰压力、土压力；地基土冻结产生冻胀力；爆炸、运动物体的冲击、地面运动等产生作用在结构上的惯性力。

结构上的作用是指施加在结构上的集中力或分布力（直接作用，一般称为荷载）和引起结构外加变形或约束变形的原因（间接作用）。结构上的作用一般分为两类：第一类称为直接作用，它直接以力的不同集结形式（集中力或分布力）作用于结构，包括结构的自重、行人及车辆的重量、各种物品及设备自重、风压力、土压力、雪压力、水压力、冻胀力、积灰荷载等，这一类作用通常也称为荷载；第二类称为间接作用，它不是直接以力的某种集结形式出现，而是引起结构的振动、约束变形或外加变形（包括裂缝）。间接作用也能使结构产生内力或变形等效应，它包括温度变化、材料的收缩和膨胀变形、地基不均匀沉降、地震、焊接等。确定结构上的作用是工程结构设计的重要内容，包括作用的类型和大小。

由作用引起的结构或结构构件的反应，称为作用效应，包括内力（弯矩、剪力、扭矩、拉力、压力等），变形（挠度、扭转、弯曲、拉伸、压缩等）和裂缝等。由第一类作用引起的效应，即荷载引起的效应，称为荷载效应。由第二类作用引起的效应称为间接作用效应，根据引起作用的原因，相应地称为地震作用效应、温度变化作用效应（或温度变化效应）、地基变形作用效应（或地基变形效应）等。

1.2 作用的分类

为便于结构设计，结构上的作用有多种分类方法，不同的分类方法反映了作用的某些基本性质或作用效应重要性的不同，可按下列原则进行分类。

1.2.1 按时间的变异分类

结构上的作用按时间的变异分类是对作用的基本分类。

1. 永久作用

在设计基准期内作用值不随时间变化，或其变化与平均值相比可以忽略不计的作用。如结构自重、土压力、水位不变的水压力、预应力、地基变形、混凝土收缩、钢材焊接变形、引起结构外加变形或约束变形的各种施工因素等。

2. 可变作用

在设计基准期内作用值随时间变化，且其变化与平均值具有不可忽略的作用。如使用中的人员和物件荷载、施工中结构的某些自重、安装荷载、车辆荷载、吊车荷载、风荷载、雪荷载、冰荷载、常遇地震、水位变化的水压力、扬压力、波浪荷载、温度作用等。

3. 偶然作用

在设计基准期内不一定出现，而一旦出现其量值很大且持续时间很短的作用。如撞击、爆炸、罕遇地震、龙卷风、火灾、极严重的侵蚀、罕遇洪水等。

永久作用的特点是其统计规律与时间参数无关，故采用随机变量概率模型来进行描述；而可变作用的统计规律与时间参数有关，必须采用随机过程概率模型来描述。永久作用、可变作用和偶然作用的出现概率和其出现的持续时间长短不同，可靠度水准也不同。

1.2.2 按空间位置的变异分类

1. 固定作用

在结构空间位置上具有固定的分布，但其量值可能具有随机性的作用。如结构自重、固定的设备荷载等。

2. 自由作用

在结构空间位置上的一定范围内可以任意分布，出现的位置及量值可能具有随机性的作用。如楼面上的人群和家具荷载、吊车梁上的吊车荷载、桥梁上的车辆荷载等。

由于自由作用在结构空间上可以任意分布，设计时必须考虑它在结构上引起最不利效应的分布位置和大小。

1.2.3 按结构的反应特点分类

1. 静态作用

对结构或结构构件不产生动力效应，或其产生的动力效应与静态效应相比可以忽略不计的作用。如结构自重、雪荷载、土压力、建筑的楼面活荷载、温度变化等。需要说明的是，某些作用本身具有一定的动力特性，但使结构产生的动力效应可以忽略（如楼面活载），此类作用划分为静态作用。

2. 动态作用

对结构或结构构件产生不可忽略的动力效应的作用。如地震作用、风荷载、大型设备振动、爆炸和冲击荷载等。

对于动态作用，结构分析时一般均应考虑结构的动力效应，按结构动力学的方法进行分析，如地震作用、大型动力设备的作用等。对有些动态作用，如吊车荷载，可按等效原则转换成等效静态作用（即乘以动力系数），按静力学方法进行结构分析。

1.3 我国工程结构设计方法演变

工程结构设计应保证设计的结构和结构构件在施工和使用过程中能满足预期的安全性和使用性能要求。早期的工程结构中,保证结构安全主要依赖经验。随着科学的发展和技术的进步,工程结构设计理论经历了从弹性理论到极限状态理论的转变,设计方法经历了从定值法到概率法的发展。我国的工程结构设计方法经历了容许应力设计法、破损阶段设计法、极限状态设计法和概率极限状态设计法四个阶段。

早期由于人们对结构材料的性能及其内在规律认识的较少,大多数国家采用以弹性理论为基础的容许应力设计方法。在使用荷载作用下,它规定结构构件在使用阶段截面上的最大应力不超过材料的容许应力。容许应力法没有考虑材料的非线性性能,忽视了结构实际承载能力与按弹性方法计算结果的差异,对荷载和材料容许应力的取值也都凭经验确定,缺乏依据。实践证明,这种设计方法与结构的实际情况有很大出入,并不能正确揭示结构或构件受力性能的内在规律,现在绝大多数国家已不采用。

针对容许应力设计法存在的缺陷,之后出现了假定材料均已达到塑性状态所能抵抗的破损内力建立的计算公式,即破损阶段设计法。破损阶段法考虑结构在使用阶段,使考虑塑性应力分布后的结构构件截面承载力不小于外荷载产生的内力并乘以安全系数。破损阶段法以构件破坏时的受力状况为依据,并且考虑了材料的塑性性能,在表达式中引入了一个安全系数,使构件有了总安全度的概念。因此,与容许应力法相比,破损阶段法有了进步。但存在的缺点是,安全系数仍凭经验确定,且只考虑了承载力问题,没有考虑构件在正常使用情况下的变形和裂缝问题。

极限状态设计法明确将结构的极限状态分为承载力极限状态和正常使用极限状态。承载力极限状态要求结构构件可能的最小承载力不小于可能的最大外荷载所产生的截面内力。正常使用极限状态是指对构件的变形及裂缝的形成或开展宽度的限制。在安全度的表达上有单一系数和多系数形式,考虑了荷载的变异、材料性能的变异及工作条件的不同。在部分荷载和材料性能的取值上,引入了概率统计的方法加以确定。因此,它比容许应力法、破损阶段法考虑的问题更全面,安全系数的取值更加合理。

容许应力法、破损阶段法和极限状态设计法存在的共同问题是,没有把影响结构可靠性的各类参数都视为随机变量,而是看成定值;在确定各系数取值时,不是用概率的方法,而是用经验或半经验、半统计的方法,因此都属于定值设计法,在理论上存在一定的缺陷。

概率极限状态设计法是以概率理论为基础,将作用效应和影响结构抗力(结构或构件承受作用效应的能力,如承载能力、刚度、抗裂能力等)的主要因素看作随机变量,根据统计分析确定可靠概率(或可靠指标)来度量结构可靠性的结构设计方法。其特点是有明确的、用概率尺度表达的结构可靠度的定义,通过预先规定的可靠指标值,使结构各构件间,以及不同材料组成的结构之间有较为一致的可靠度水准。

我国于 2001 年颁布的《建筑结构可靠度设计统一标准》(GB50068—2001)采用了以概率论为基础的极限状态设计法,使我国的建筑结构设计基本原则更趋于合理。目前,国际上将概率方法按精确程度的不同分为半概率法、近似概率法和全概率法三个水准。

(1)水准Ⅰ——半概率法

对影响结构可靠度的某些参数,如荷载值和材料强度值等,用数理统计进行分析,并与工程经验相结合，引入某些经验系数。

(2)水准Ⅱ——近似概率法

将结构抗力和荷载效应作为随机变量，按给定的概率分布估算失效概率或可靠指标，在分析中采用平均值和标准差两个统计参数，且对设计表达式进行线性化处理，也称为“一次二阶矩法”，它实质上是一种实用的近似概率计算方法。为了便于应用，在具体计算时采用分项系数表达的极限状态设计表达式，各分项系数根据可靠度分析确定。《混凝土结构设计规范》(GB50010—2002)采用的就是近似概率法。

(3)水准Ⅲ——全概率法

该方法是完全基于概率论的设计法。

思考题与习题

1. 什么是作用？荷载与作用在概念上有什么区别？
2. 工程结构设计中，如何对作用进行分类？
3. 我国的结构设计方法是如何演变的？
4. 什么是概率极限状态设计法？

第2章 重 力

地球上一定高度范围内的物体均会受到地球引力的作用而产生重力，由重力导致的荷载称为重力荷载，主要包括结构自重、土的自重、雪荷载、车辆重力、屋面和楼面活荷载等。

2.1 结构自重

结构自重是指组成结构的材料由于地球引力而产生的重力，是材料自身重量产生的荷载。一般而言，只要明确结构设计规定的尺寸和材料(或结构构件)的单位体积的自重，就可以算出构件的自重。

$$G_k = \gamma V \tag{2-1}$$

式中：G_k—— 构件的自重，kN；

γ—— 构件的材料重度，kN/m^3；

V—— 构件的体积，一般按设计尺寸计算，m^3。

由于结构构件各个组成部分材料的重度可能不同，在计算结构自重时，可将结构人为地划分为许多容易计算的基本构件或依材料重度不同划分的单元，先分别计算各部分的重量，然后叠加得到结构的总自重。计算公式为：

$$G = \sum_{i=1}^{n} \gamma_i V_i \tag{2-2}$$

式中：G—— 结构总自重，kN；

n—— 组成结构的基本构件数，即人为划分的计算单元数；

γ_i—— 第 i 个基本构件或计算单元的重度，kN/m^3；

V_i—— 第 i 个基本构件或计算单元的体积，m^3。

我国的《建筑结构荷载规范》(GB50009—2001)给出了工程结构中常用材料和构件的自重标准值，本书附录1摘录了部分标准值。对于自重变异较大的材料和构件(如现场制作的保温材料、混凝土薄壁构件等)，自重的标准值应根据对结构的不利状态，取上限值或下限值。

在进行结构设计时，为了工程上应用方便，有时把建筑物看成一个整体，将结构自重转化为平均楼面恒载。作为近似估算，对一般的木结构建筑，其平均楼面恒载可取为2～2.5kN/m^2；对钢结构建筑，平均恒载可取为2.5～4.0kN/m^2；对钢筋混凝土结构的建筑，其值在5.0～7.5kN/m^2之间；对预应力混凝土结构的建筑，可取普通钢筋混凝土建筑恒载的70%～80%。

2.2 土的自重应力

土体本身的自重，会引起土体内部的自重应力。土是岩石风化产物经各种地质作用搬运、沉积而成，土颗粒之间的孔隙由水和气体所填充，所以，它是一种由固态、液态和气态物质组成的三相体系。天然土体的性质和分布不但因地而异，而且在较小的范围内也可能有很大的变化，是不连续、不均匀的。土中任意截面上都包括有骨架和孔隙的面积，只有通过土粒接触点传递的粒间应力才能使土粒彼此挤紧，从而引起土体的变形。粒间应力是影响土体强度的重要因素，又称为有效应力。

要精确分析骨架面积和孔隙面积上的应力是很困难的，也是不必要的。在计算土中应力时，通常不考虑土的非均质性，而是把土体简化为均质连续体，采用连续介质力学理论计算土中应力的分布，土中应力取为单位面积（包括孔隙面积在内）上的平均应力。假设：(1)天然地面是一个无限大的水平面；(2)土体在水平方向上是均匀的，在竖向，各层土在本层内也是均匀的。因而土体在自重作用下只产生竖向变形，而无侧向变形和剪切变形，在任意竖直面和水平面上均无剪应力存在。

2.2.1 均质土的自重应力

如果地面下土质均匀，天然容重为γ(kN/m^3)，则在天然地面下任意深度z(m)处Ⅰ—Ⅰ水平面上的竖向自重应力为σ_{cz}(kN/m^2)，可取作用于该水平面上任一单位面积的土柱体重量$\gamma z\times 1$计算（图2-1a），即

$$\sigma_{cz}=\gamma z \tag{2-3}$$

σ_{cz}沿水平面均匀分布，且与深度z成正比，即随深度按直线规律分布（图2-1b）。

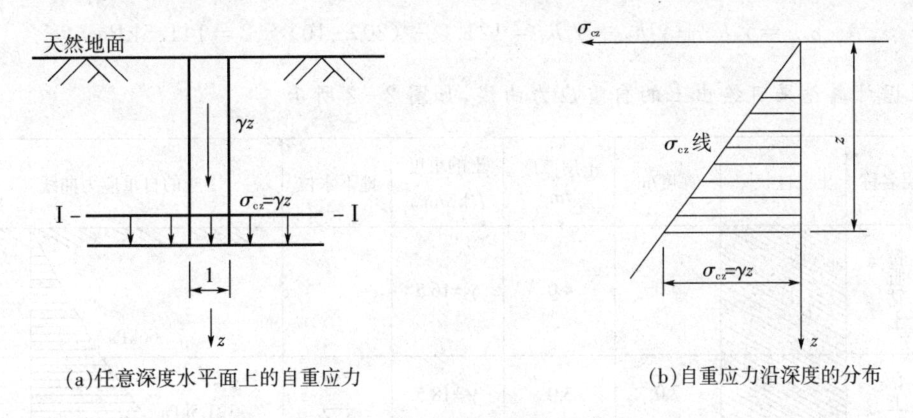

图2-1 均质土中竖向自重应力

应该指出的是，土体中除有作用于水平面上的竖向自重应力外，在竖直面上还有作用于水平的侧向自重应力，见本书第3章关于土的侧压力部分的内容。

2.2.2 成层土的自重应力

天然土体往往是分层的，各层土可能具有不同的容重。地表下某一深度处的土体自重应力为该深度以上各层土自重应力之和。设天然地面以下各土层的厚度为h_i，重度为γ_i，则地面以下深度为z处的土的自重应力可通过对各层土的自重应力求和得到，即：

$$\sigma_{cz}=\sum_{i=1}^{n}\gamma_i h_i \tag{2-4}$$

式中：n—— 从天然地面起到深度z处土的层数；

h_i—— 第i层土的厚度，m；

γ_i—— 第i层土的天然重度，kN/m^3。

2.2.3 地下水对土体自重应力的影响

若土层位于地下水位以下，由于水的浮力影响，土体内的有效应力会减小。因此，在计算地下水位以下土的自重应力时，应以土的有效重度代替天然重度。土的有效重度是扣除水的浮力后单位体积土体所受重力。在计算自重应力时，地下水位面也应作为分层的界面。

地下水位以下，若埋藏有不透水的岩层或不透水的坚硬黏土层，由于不透水层中不存在水的浮力，所以不透水层界面以下的自重应力应按上覆土层的水土总重计算。

【例2-1】 某建筑场地的地质柱状图和土的重度示于图2-2中。求各土层交界面处的自重应力并绘出自重应力分布图。

解：第一层土底面

$$\sigma_{cz1}=\gamma_1 h_1=16.5\times 4=66\text{kPa}$$

第二层土底面

$$\sigma_{cz2}=\gamma_1 h_1+\gamma_2 h_2=66+18.5\times 3=121.5\text{kPa}$$

第三层土是位于地下水位以下的透水层，取土体的有效重度进行计算，则第三层土底面

$$\sigma_{cz3}=\gamma_1 h_1+\gamma_2 h_2+\gamma_3 h_3=121.5+(20-10)\times 2=141.5\text{kPa}$$

根据计算结果可绘出土的自重应力曲线，如图2-2所示。

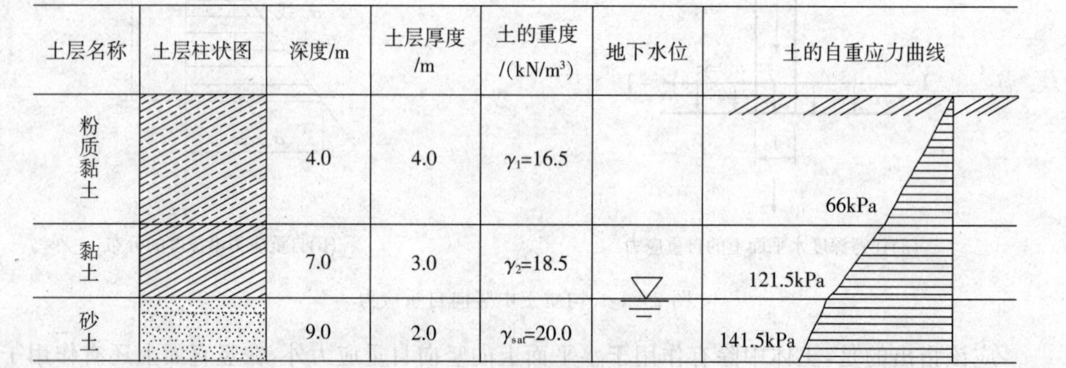

土层名称	土层柱状图	深度/m	土层厚度/m	土的重度/(kN/m³)	地下水位	土的自重应力曲线
粉质黏土		4.0	4.0	γ_1=16.5		66kPa
黏土		7.0	3.0	γ_2=18.5	▽	121.5kPa
砂土		9.0	2.0	γ_{sat}=20.0		141.5kPa

图2-2 自重应力计算

2.3 雪荷载

雪荷载指作用在建筑物或构筑物顶面上计算用的雪压，即积雪的重量，一般用单位面积上积雪的重量表示雪荷载。雪压大小与积雪深度和积雪密度有关，可按下式计算雪压：

$$s=h\rho g \tag{2-5}$$

式中：s—— 雪压，N/m^2；

h—— 积雪深度，指从积雪表面到地面的垂直深度，m；

ρ—— 积雪密度，kg/m^3；

g—— 重力加速度，一般可取 9.8m/s^2。

在确定雪压时，观察并收集雪压的场地应具有代表性，符合下列三个方面的要求：(1)场地周围空旷平坦；(2)积雪的分布保持均匀；(3)设计项目地点应在观察场地的范围内，或者具有相同的地形。对积雪局部变异特别大的地区、高原地形的山区，应予以专门调查和特殊处理。我国大部分气象台站收集的都是雪深的数据，而相应的雪密度的数据欠齐全。当缺乏同时、同地平等观测到的积雪密度时，均以当地的平均积雪密度来估计雪压值。积雪密度随积雪深度、积雪时间和当地气候条件等因素的变化有较大幅度的变异。刚刚飘落的雪密度较小，一般在 60～100kg/m^{3}之间。当积雪达到一定厚度时，下层积雪受到上层积雪的压密，下层积雪密度增加，积雪越厚，下层密度越大。在寒冷地区，积雪时间较长，随着时间的延续，积雪受到冻融反复作用及人为踩踏扰动，其密度也会增加。考虑到我国国土幅员辽阔，气候条件差异较大，对不同的地区取用不同的积雪平均密度：东北及新疆北部地区平均密度取 150kg/m^3；华北及西北地区取 130kg/m^3，其中青海取 120kg/m^3；淮河、秦岭以南地区一般取 150kg/m^3，其中江西、浙江取 200kg/m^3。

对于某一确定的地区，冬季是否下雪、积雪深度、积雪时间、积雪的分布等都是不确定的，因此，雪荷载是一种随机变量。通常根据当地的基本雪压，并考虑积雪分布的不均匀性来计算雪荷载。

2.3.1 基本雪压

1. 基本雪压的确定

基本雪压是计算结构上所受雪荷载大小时采用的基准压力，是指空旷平坦地面上，积雪分布保持均匀的情况下，经统计得出的 50 年一遇的最大雪压。表 2-1 给出了全国部分城市 50 年一遇的雪压值。

当城市或建设地点的基本雪压值在表中没有给出时，可根据当地年最大雪压或雪深资料，按基本雪压定义，通过统计分析确定。当地没有雪压和雪深资料时，可根据附近地区的基本雪压，通过气象和地形条件的对比分析确定，也可按《建筑结构荷载规范》(GB50009—2001)给出的全国基本雪压分布图近似确定(附录 2)。雪荷载的准永久值系数见附录 3。

对雪荷载敏感的结构，基本雪压应适当提高，并应由有关结构设计规范具体规定。

表 2-1 全国部分城市雪压值

省市名	城市名	雪压/(kN/m^2)			雪荷载准永久值系数分区
		n=10	n=50	n=100	
北京		0.25	0.40	0.45	Ⅱ
天津	天津市	0.25	0.40	0.45	Ⅱ
上海		0.10	0.20	0.25	Ⅲ
重庆					
河北	石家庄市	0.20	0.30	0.35	Ⅱ
	承德市	0.20	0.30	0.35	Ⅱ
	秦皇岛市	0.15	0.25	0.30	Ⅱ
	唐山市	0.20	0.35	0.40	Ⅱ

（续表）

省市名	城市名	雪压/(kN/m²)			雪荷载准永久值系数分区
		$n=10$	$n=50$	$n=100$	
山西	太原市	0.25	0.35	0.40	Ⅱ
	大同市	0.15	0.25	0.30	Ⅱ
	临汾市	0.15	0.25	0.30	Ⅱ
	运城市	0.15	0.25	0.30	Ⅱ
内蒙古	呼和浩特市	0.25	0.40	0.45	Ⅱ
	包头市	0.15	0.25	0.30	Ⅱ
	赤峰市	0.20	0.30	0.35	Ⅱ
辽宁	沈阳市	0.30	0.50	0.55	Ⅰ
	锦州市	0.30	0.40	0.45	Ⅱ
	鞍山市	0.30	0.40	0.45	Ⅱ
	大连市	0.25	0.40	0.45	Ⅱ
吉林	长春市	0.25	0.35	0.40	Ⅰ
	四平市	0.20	0.35	0.40	Ⅰ
	通化市	0.50	0.80	0.90	Ⅰ
黑龙江	哈尔滨市	0.30	0.45	0.50	Ⅰ
	齐齐哈尔市	0.25	0.40	0.45	Ⅰ
	佳木斯市	0.45	0.65	0.70	Ⅰ
山东	济南市	0.20	0.30	0.35	Ⅱ
	烟台市	0.30	0.40	0.45	Ⅱ
	威海市	0.30	0.45	0.50	Ⅱ
	青岛市	0.15	0.20	0.25	Ⅱ
江苏	南京市	0.40	0.65	0.75	Ⅱ
	徐州市	0.25	0.35	0.40	Ⅱ
	连云港	0.25	0.40	0.45	Ⅱ
	吴县东山	0.25	0.40	0.45	Ⅲ
浙江	杭州市	0.30	0.45	0.50	Ⅲ
	宁波市	0.20	0.30	0.35	Ⅲ
	温州市	0.25	0.35	0.40	Ⅲ
安徽	合肥市	0.40	0.60	0.70	Ⅱ
	亳州市	0.25	0.40	0.45	Ⅱ
	蚌埠市	0.30	0.45	0.55	Ⅱ

（续表）

省市名	城市名	雪压/(kN/m^2)			雪荷载准永久值系数分区
		n=10	n=50	n=100	
安徽	六安市	0.35	0.55	0.60	Ⅱ
	安庆市	0.20	0.35	0.40	Ⅲ
	黄山市	0.30	0.45	0.50	Ⅲ
	阜阳市	0.35	0.55	0.60	Ⅱ
江西	南昌市	0.30	0.45	0.50	Ⅲ
	赣州市	0.20	0.35	0.40	Ⅲ
	九 江	0.30	0.40	0.45	Ⅲ
福建	福州市				
	邵武市	0.25	0.35	0.40	Ⅲ
	德化县九仙山	0.25	0.40	0.50	Ⅲ
陕西	西安市	0.20	0.25	0.30	Ⅱ
	榆林市	0.20	0.25	0.30	Ⅱ
	延安市	0.15	0.25	0.30	Ⅱ
	宝鸡市	0.15	0.20	0.25	Ⅱ
甘肃	兰州市	0.10	0.15	0.20	Ⅱ
	酒泉市	0.20	0.30	0.35	Ⅱ
	天水市	0.15	0.20	0.25	Ⅱ
宁夏	银川市	0.15	0.20	0.25	Ⅱ
	中 卫	0.05	0.10	0.15	Ⅱ
青海	西宁市	0.15	0.20	0.25	Ⅱ
	格尔木市	0.10	0.20	0.25	Ⅱ
新疆	乌鲁木齐市	0.60	0.80	0.90	Ⅰ
	克拉玛依市	0.20	0.30	0.35	Ⅰ
	吐鲁番市	0.15	0.20	0.25	Ⅱ
	库尔勒市	0.15	0.25	0.30	Ⅱ
河南	郑州市	0.25	0.40	0.45	Ⅱ
	洛阳市	0.25	0.35	0.40	Ⅱ
	开封市	0.20	0.30	0.35	Ⅱ
	信阳市	0.35	0.55	0.65	Ⅱ
湖北	武汉市	0.30	0.50	0.60	Ⅱ
	宜昌市	0.20	0.30	0.35	Ⅲ
	黄石市	0.25	0.35	0.40	Ⅲ

(续表)

省市名	城市名	雪压/(kN/m²)			雪荷载准永久值系数分区
		$n=10$	$n=50$	$n=100$	
湖南	长沙市	0.30	0.45	0.50	Ⅲ
	岳阳市	0.35	0.55	0.65	Ⅲ
	衡阳市	0.20	0.35	0.40	Ⅲ
	郴州市	0.20	0.30	0.35	Ⅲ
广东					
广西					
海南					
四川	成都市	0.10	0.10	0.15	Ⅲ
	西昌市	0.20	0.30	0.35	Ⅲ
贵州	贵阳市	0.10	0.20	0.25	Ⅲ
	遵义市	0.10	0.15	0.20	Ⅲ
云南	昆明市	0.20	0.30	0.35	Ⅲ
	丽　江	0.20	0.30	0.35	Ⅲ
西藏	拉萨市	0.10	0.15	0.20	Ⅲ
	日喀则市	0.10	0.15	0.15	Ⅲ
台湾、香港、澳门					

2. 我国基本雪压的分布特点

在《建筑结构荷载规范》(GB50009—2001)中,对我国的基本雪压分布特点作了分析。

(1)新疆北部是我国突出的雪压高值区。该地区由于冬季受到北冰洋南侵冷湿气流影响,雪量丰富,且阿尔泰山、天山等山脉对气流有阻滞和抬升作用,更有利于降雪。加上温度低,积雪可以保持整个冬季不融化,新雪覆盖老雪,形成了特大雪压。在阿尔泰山区域雪压值达 1.0kN/m²。

(2)东北地区由于气旋活动频繁,并有山脉对气流的抬升作用,冬季多降雪天气,且气温低,更有利于积雪。因此大兴安岭及长白山区是我国又一个雪压高值区。黑龙江省北部和吉林省东部的广大地区,雪压值可达 0.7kN/m² 以上。而吉林西部和辽宁北部地区,因地处大兴安岭的东南背风坡,气流有下沉作用,不易降雪,积雪不多,雪压值仅为 0.2kN/m² 左右。

(3)长江中下游及淮河流域是我国稍南地区的一个雪压高值区。该地区冬季积雪情况不太稳定,有些年份一冬无积雪,而有些年份在某种天气条件下,例如寒潮南下,到此区域后冷暖空气僵持,加上水气充足,遇较低温度,即降下大雪,积雪很深,甚至带来雪灾。1955 年元旦,江淮一带普降大雪,合肥雪深达 40cm,南京达 51cm,正阳关达 52cm。1961 年元旦,浙江中部降大雪,东阳雪深达 55cm,金华达 45cm。江西北部以及湖南一些地区也曾出现过 40～50cm 以上的雪深。因此,这一区域不少地点雪压达 0.40～0.50kN/m²。但是这里的积雪期较短,短则 1～2 天,长则 10 多天。

(4)川西、滇北山区的雪压也较高。该地区海拔高,气温低,湿度大,降雪较多而不易融化。但该地区的河谷内,由于落差大,高度相对较低,气温相对较高,积雪不多。

(5)华北及西北大部地区,冬季温度虽低,但空气干燥,水汽不足,降水量较少,雪压也相应较小,一般为 0.2～0.3kN/m²。西北干旱地区,雪压在 0.2kN/m² 以下。该区内的燕山、太行山、祁连山等山脉,因有地形的影响,降雪稍多,雪压可达 0.3kN/m² 以上。

(6)南岭、武夷山脉以南,冬季气温高,很少降雪,基本无积雪。

2.3.2 屋面积雪分布

基本雪压是针对空旷平坦的地面,在积雪分布保持均匀的情况下定义的,屋面的雪荷载由于多种因素的影响,往往与地面雪荷载不同。造成屋面积雪与地面积雪不同的主要原因有屋面形式、朝向、屋面散热及风力等。

1. 风对屋面积雪的影响

下雪过程中,风会把部分将要飘落或者已经漂积在屋面上的雪吹积到附近地面或邻近较低的物体上,这种影响称为风对雪的漂积作用。当风速较大或房屋处于暴风位置时,部分已经漂积在屋面上的雪会被风吹走,从而导致平屋面或小坡度(坡度小于 10°)屋面上的雪压一般比邻近地面上的雪压小。漂积作用与房屋的暴风情况及风速的大小有关,风速越大,漂积作用越显著。

对于高低跨屋面或带天窗屋面,由于风对雪的漂积作用,会将较高屋面上的雪吹落在较低屋面上,在低屋面处形成局部较大漂积雪荷载。有时这种积雪非常严重,最大可出现 3 倍于地面积雪的情况。低屋面上这种漂积雪大小及其分布情况与高低屋面的落差有关。由于高低跨屋面交接处存在风涡作用,积雪多按曲线分布堆积(图 2-3)。

对于多跨屋面,屋谷附近区域的积雪比屋脊区大,其原因之一是风作用下雪的漂积,屋脊处的部分积雪被风吹落到屋谷附近,漂积雪在天沟处堆积较厚(图 2-4)。

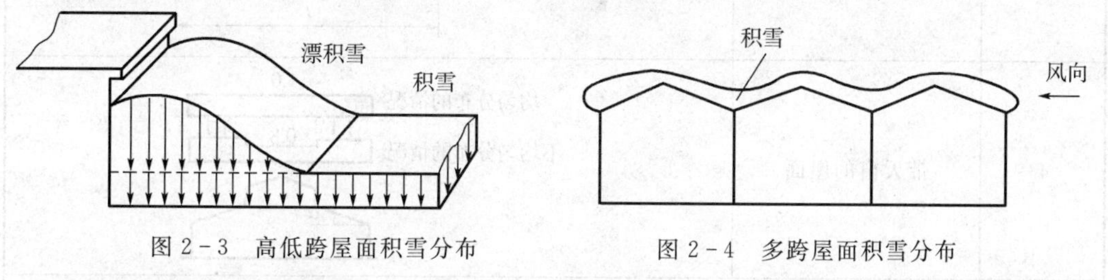

图 2-3 高低跨屋面积雪分布　　图 2-4 多跨屋面积雪分布

2. 屋面坡度对积雪的影响

屋面雪荷载分布与屋面坡度密切相关,一般随坡度的增加而减小,主要是因为风的作用和雪滑移所致。当屋面坡度大到某一角度时,积雪就会在屋面上产生滑移或滑落,坡度越大,滑落的雪越多。屋面表面的光滑程度对雪滑移的影响也较大,对于类似铁皮屋面、石板屋面这样的光滑表面,雪滑移更易发生,而且往往是屋面积雪全部滑落。双坡屋面向阳一侧受太阳光照射,加之屋内散发的热量,易于使紧贴屋面的积雪融化形成润滑层,导致摩擦力减小,该侧积雪可能滑落,可能出现一坡有雪而另一坡无雪的不平衡雪荷载情况。

雪滑移若发生在高低跨屋面或带天窗屋面,滑落的雪堆积在与高屋面邻接的低屋面上,这种堆积可能出现很大的局部堆积雪荷载,结构设计时应加以考虑。

当风吹过双坡屋面时,迎风面因"爬坡风"效应风速增大,吹走部分积雪。坡度越陡这种效应越明显。而背风面风速降低,迎风面吹来的雪往往在背风一侧屋面上漂积,引起屋面不平衡雪荷载，结构设计时均应加以考虑。

除了风、屋面坡度、朝向和屋面散热对屋面雪压产生影响外，还存在两类特殊雪荷载：雪加雨荷载和积水荷载加结冰荷载。关于特殊雪荷载，我国的规范中还没有具体规定，设计者可根据实际情况考虑这一问题。

为便于运用，《建筑结构荷载规范》(GB50009—2001)规定了不同形式屋面的积雪分布系数 μ_r(μ_r 为屋面荷载与地面荷载之比)，见表 2-2。

表 2-2 屋面积雪分布系数

项次	类别	屋面形式及积雪分布系数 μ_r
1	单跨单坡屋面	μ_r α α: ≤25°, 30°, 35°, 40°, 45°, ≥50° μ_r: 1.0, 0.8, 0.6, 0.4, 0.2, 0
2	单跨双坡屋面	均匀分布的情况 μ_r 不均匀分布的情况 $0.75\mu_r$ $1.25\mu_r$ α μ_r 按第 1 项规定采用
3	拱形屋面	$\mu_r=\frac{l}{8f}$ $(0.4\leqslant\mu_r\leqslant1.0)$ μ_r 50° f l
4	带天窗的屋面	均匀分布的情况 1.0 不均匀分布的情况 1.1 0.8 1.1 α
5	带天窗有挡风板的屋面	均匀分布的情况 1.0 不均匀分布的情况 1.0 1.4 0.8 1.4 1.0 α
6	多跨单坡屋面(锯齿形屋面)	均匀分布的情况 1.0 不均匀分布的情况 0.6 1.4 0.6 1.4 0.6 1.4 $l/2$ $l/2$ α l l

（续表）

项次	类别	屋面形式及积雪分布系数 μ_r
7	双跨双坡或拱形屋面	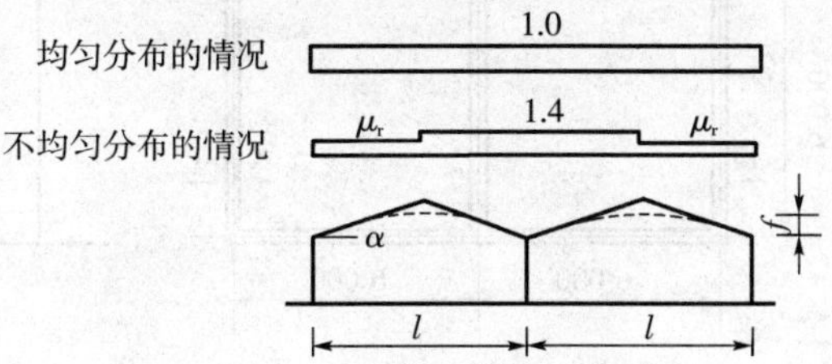 均匀分布的情况 1.0 不均匀分布的情况 μ_r 1.4 μ_r α f l l μ_r按第1或第3项规定采用
8	高低屋面	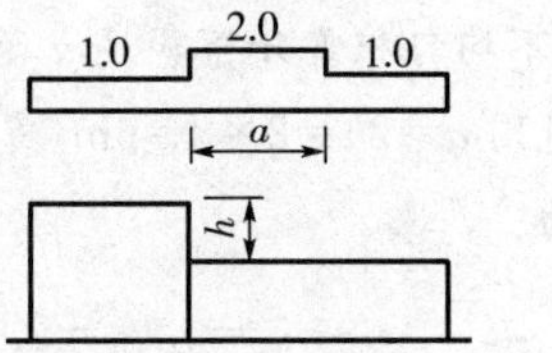 1.0 2.0 1.0 a h $a=2h$，但不小于4m，不大于8m

［注］ ① 第2项单跨双坡屋面仅当$20° \leqslant \alpha \leqslant 30°$时，可采用不均匀分布情况；

② 第4、5项只适用于坡度$\alpha \leqslant 25°$的一般工业厂房屋面；

③ 第7项双跨双坡或拱形屋面，当$\alpha \leqslant 25°$或$f/l \leqslant 0.1$时，只采用均匀分布情况；

④ 多跨屋面的积雪分布系数，可参照第7项的规定采用。

2.3.3 雪荷载的计算

1. 雪荷载标准值

屋面水平投影面上的雪荷载标准值，应根据当地的基本雪压并区别不同的屋面形式，按下式计算：

$$s_k = \mu_r s_0 \tag{2-6}$$

式中：s_k——雪荷载标准值，kN/m²；

μ_r——屋面积雪分布系数；

s_0——基本雪压，kN/m²。

山区的雪荷载应通过实际调查后确定。当无实测资料时，可按当地临近空旷平坦地面的雪荷载值乘以系数1.2采用。

2. 雪荷载的组合值系数、频遇值系数及准永久值系数

雪荷载的组合值系数可取0.7；频遇值系数可取0.6；准永久值系数应按雪荷载分区Ⅰ、Ⅱ和Ⅲ的不同，分别取0.5、0.2和0；雪荷载分区应按荷载规范的相关规定采用（附录3或表2-1）。

【例2-2】 某高低屋面房屋，其平、剖面见图2-5（门窗未示出），当地的基本雪压为0.40kN/m²，求设计高跨及低跨屋面时应考虑的雪荷载标准值。

解： 该屋面为高低屋面，应考虑雪的漂积作用，查表2-2第8项。

高跨屋面，$\mu_r = 1.0$，高跨屋面雪荷载标准值为：

$$s_k = \mu_r s_0 = 1.0 \times 0.40 = 0.40 \text{kN/m}^2$$

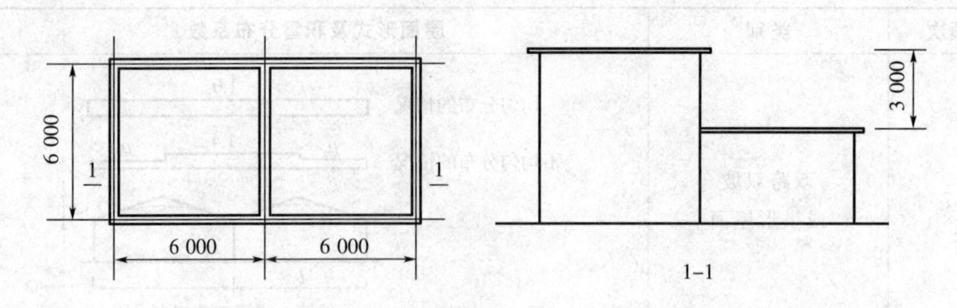

图 2-5 某高低屋面房屋平面图及剖面图(单位:mm)

低跨屋面,在不均匀积雪分布宽度 a 范围内 $\mu_r=2.0$,在 a 以外区域 $\mu_r=1.0$。由 $h=3\text{m}$,不均匀积雪的分布范围 $a=2h=2\times3=6\text{m}$,覆盖了整个低跨屋面。因此,低跨屋面上 $\mu_r=2.0$,其屋面雪荷载标准值为:

$$s_k = \mu_r s_0 = 2.0 \times 0.40 = 0.80 \text{kN/m}^2$$

思考:若高低跨的屋面高差为 1.5m,应如何计算雪荷载标准值?

2.4 车辆重力

2.4.1 公路桥梁汽车荷载

作用在桥梁上的车辆荷载种类繁多,有汽车、平板挂车、履带车等,同一类车辆又有许多不同的型号和载重等级。设计时不可能对每种情况都进行计算,而是在设计中采用统一的荷载标准。通过对实际车辆的轮轴数目、前后轴间距、轴重力等情况的统计分析,交通部在其颁布的《公路桥涵设计通用规范》(JTG D60—2004)中规定了公路桥涵设计时汽车荷载的计算图式、荷载等级及其标准值和加载方法。

汽车荷载分为车道荷载和车辆荷载两种形式。车道荷载由均布荷载和集中荷载组成,车辆荷载按规定的计算图式进行计算。桥梁结构的整体计算采用车道荷载;桥梁结构的局部加载、涵洞、桥台和挡土墙土压力等的计算采用车辆荷载。车辆荷载与车道荷载的作用不得叠加。

汽车荷载分为公路-Ⅰ级和公路-Ⅱ级两个等级。各级公路桥涵设计的汽车荷载等级应符合表 2-3 的规定。

表 2-3 各级公路桥涵的汽车荷载等级

公路等级	高速公路	一级公路	二级公路	三级公路	四级公路
汽车荷载等级	公路-Ⅰ级	公路-Ⅰ级	公路-Ⅱ级	公路-Ⅱ级	公路-Ⅱ级

二级公路为干线公路且重型车辆多时,其桥涵的设计可采用公路-Ⅰ级汽车荷载。四级公路上重型车辆少时,其桥涵设计所采用的公路-Ⅱ级车道荷载的效应可乘以 0.8 的折减系数,车辆荷载的效应可乘以 0.7 的折减系数。

1. 车道荷载

车道荷载由均布荷载 q_k 和集中荷载 P_k 组成，其计算图式见图 2-6。

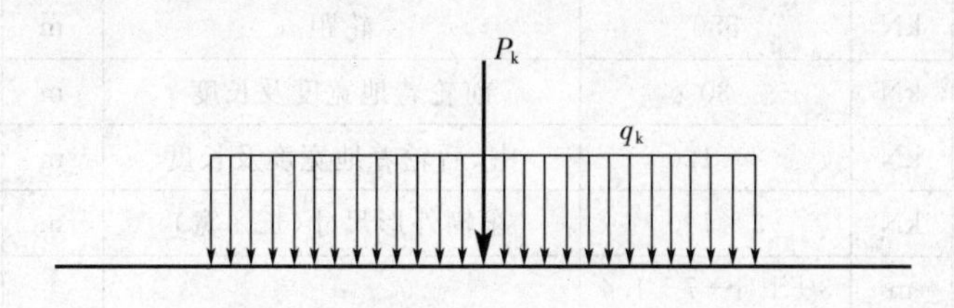

图 2-6　车道荷载

(1)公路－Ⅰ级车道荷载的均布荷载标准值为 $q_k=10.5\text{kN/m}$；集中荷载标准值按以下规定选取：桥梁计算跨径小于或等于 5m 时，$P_k=180\text{kN}$；桥梁计算跨径等于或大于 50m 时，$P_k=360\text{kN}$；桥梁计算跨径在 5～50m 之间时，P_k 值采用直线内插求得。对于下部结构或上部结构的腹板剪力效应验算时，上述集中荷载标准值 P_k 应乘以 1.2 的系数。

(2)公路－Ⅱ级车道荷载的均布荷载标准值 q_k 和集中荷载标准值 P_k 按公路－Ⅰ级车道荷载的 0.75 倍采用。

(3)车道荷载的均布荷载标准值应满布于使结构产生最不利效应的同号影响线上；集中荷载标准值只作用于相应影响线中一个最大影响线峰值处。

2. 车辆荷载

车道荷载不能解决局部加载、跨径较小的涵洞、桥台和挡土墙土压力等的计算问题，因此，《公路桥涵设计通用规范》(JTG D60—2004)提出了另一种单车计算图式，即车辆荷载。

(1)车辆荷载的立面、平面尺寸见图 2-7，主要技术指标见表 2-4。公路－Ⅰ级和公路－Ⅱ级汽车荷载采用相同的车辆荷载标准值。

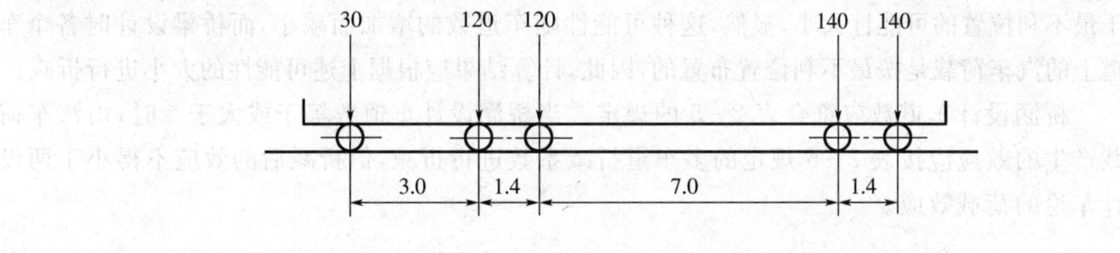

(a)立面布置

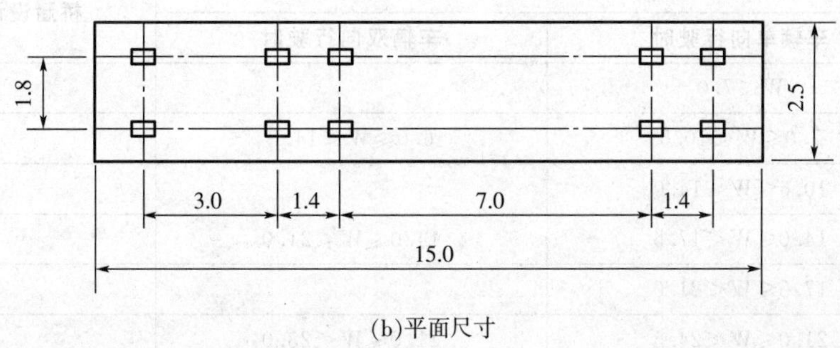

(b)平面尺寸

图 2-7　车辆荷载的立面、平面尺寸(图中尺寸单位为 m，轴重力单位为 kN)

表 2-4　车辆荷载的主要技术指标

项目	单位	技术指标	项目	单位	技术指标
车辆重力标准值	kN	550	轮距	m	1.8
前轴重力标准值	kN	30	前轮着地宽度及长度	m	0.3×0.2
中轴重力标准值	kN	2×120	中、后轮着地宽度及长度	m	0.6×0.2
后轴重力标准值	kN	2×140	车辆外形尺寸(长×宽)	m	15×2.5
轴距	m	3+1.4+7+1.4			

(2)车辆荷载横向分布系数应依据设计车道数按图 2-8 布置车辆荷载进行计算。

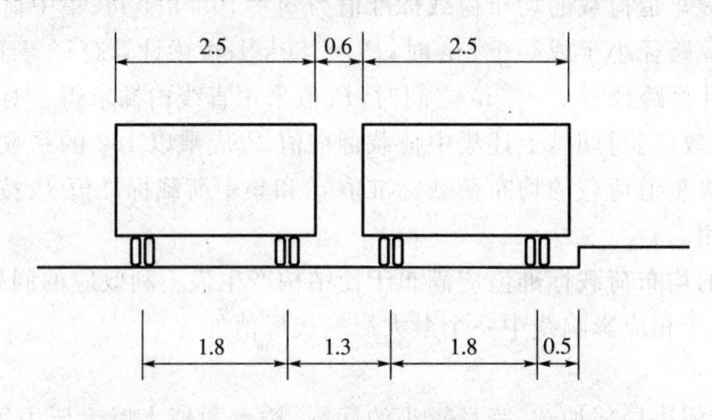

图 2-8　车辆荷载横向布置(图中尺寸单位为 m)

3. 汽车荷载的折减

(1)多车道桥梁上的汽车荷载应考虑多车道折减(横向折减)

在桥梁多车道上行驶的汽车荷载使桥梁构件的某一截面产生最大效应时,考虑其同时处于最不利位置的可能性大小,显然,这种可能性随车道数的增加而减小,而桥梁设计时各个车道上的汽车荷载是按最不利位置布置的,因此,计算结果应根据上述可能性的大小进行折减。

桥涵设计车道数应符合表 2-5 的规定。当桥涵设计车道数等于或大于 2 时,由汽车荷载产生的效应应按表 2-6 规定的多车道折减系数进行折减,但折减后的效应不得小于两设计车道的荷载效应。

表 2-5　桥涵设计车道数

桥面宽度 W/m		桥涵设计车道数/条
车辆单向行驶时	车辆双向行驶时	
$W<7.0$		1
$7.0\leqslant W<10.5$	$6.0\leqslant W<14.0$	2
$10.5\leqslant W<14.0$		3
$14.0\leqslant W<17.5$	$14.0\leqslant W<21.0$	4
$17.5\leqslant W<21.0$		5
$21.0\leqslant W<24.5$	$21.0\leqslant W<28.0$	6
$24.5\leqslant W<28.0$		7
$28.0\leqslant W<31.5$	$28.0\leqslant W<35.0$	8

表 2-6 横向布置设计车道数对应的折减系数

横向布置设计车道数/条	2	3	4	5	6	7	8
横向折减系数	1.00	0.78	0.67	0.60	0.55	0.52	0.50

(2)大跨径桥梁上的汽车荷载应考虑纵向折减

在汽车荷载的可靠性分析中,用于计算各类桥型结构效应的车队,采用了自然堵塞时的车间间距,汽车荷载本身的重力,也采用了诸如运煤车等重车居多的调查资料。对于大跨径的桥梁,实际通行车辆很难达到上述条件,故考虑了纵向折减。当桥梁计算跨径大于150m时,应按表2-7规定的纵向折减系数进行折减。当为多跨连续结构时,整个结构应按最大的计算跨径考虑汽车荷载效应的纵向折减。

表 2-7 纵向折减系数

计算跨径 L_0/m	纵向折减系数	计算跨径 L_0/m	纵向折减系数
$150<L_0<400$	0.97	$800\leqslant L_0<1\,000$	0.94
$400\leqslant L_0<600$	0.96	$L_0\geqslant 1\,000$	0.93
$600\leqslant L_0<800$	0.95		

2.4.2 城市桥梁汽车荷载

《城市桥梁设计通用规范(征求意见稿)》规定:城市桥梁设计采用的作用分为永久作用、可变作用、偶然作用三类。征求意见稿中对可变作用中的人群荷载专门作了规定,其他的作用与作用效应组合均按现行《公路桥涵设计通用规范》中的有关规定执行。

城市桥梁的设计车辆荷载,应根据城市道路的功能、等级和发展要求等具体情况选用。选用设计车辆荷载可参照表2-8。

表 2-8 城市桥梁设计车辆荷载等级选用表

城市道路等级	快速路	主干路	次干路	支路
设计车辆荷载等级	公路—Ⅰ级 或公路—Ⅱ级	公路—Ⅰ级	公路—Ⅰ级 或公路—Ⅱ级	公路—Ⅱ级

快速路、次干路如重型车辆多时,设计车辆荷载可选用公路—Ⅰ级汽车荷载。小城市中的支路上如重型车辆少时,设计车辆荷载可采用公路—II级车道荷载的效应乘以0.8的折减系数,车辆荷载效应乘以0.7的折减系数。小型车专用道,设计车辆荷载可采用公路—II级车道荷载效应乘以0.6的折减系数,车辆荷载效应乘以0.5的折减系数。

如城市规划中有通行特重车辆的道路,位于特重车道路上的新建桥梁可按具体情况参照相关规范进行验算。对于既有桥梁可根据过桥车辆的主要技术指标(如轴数、轴距、轴重、轮距等)参照规范的要求进行验算。特重车一般在桥梁上通行次数较少,按特种荷载考虑。特重车辆在桥上行驶时应"居中"、限速、严禁刹车,特重车要求沿桥梁中轴线行驶,行驶速度一般控制在5km/h之内。

2.5 楼面和屋面活荷载

2.5.1 民用建筑楼面活荷载

民用建筑楼面活荷载是指建筑物中的人群、家具、设施等产生的重力作用，这些荷载的量值随时间发生变化，位置也是可移动的，亦称为可变荷载。

1. 楼面活荷载的取值

楼面活荷载在楼面上的位置是任意布置的，为方便起见，工程设计时一般可将楼面活荷载处理为等效均布荷载，均布活荷载的量值与房屋使用功能有关，根据楼面上人员活动状态和设施分布情况，其取值大致可分为 7 个档次：

(1)活动的人较少，如住宅、旅馆、医院、教室等，活荷载的标准值可取 2.0kN/m^2；

(2)活动的人较多且有设备，如食堂、餐厅在某一时段有较多人员聚集，办公楼内的档案室、资料室可能堆积较多文件资料，活荷载标准值可取 2.5kN/m^2；

(3)活动的人很多且有较重的设备，如礼堂、剧场、影院人员可能十分拥挤，公共洗衣房常常搁置较多洗衣设备，活荷载标准值可取 3.0kN/m^2；

(4)活动的人很集中，有时很拥挤或有较重的设备，如商店、展览厅既有拥挤的人群，又有较重的物品，活荷载标准值可取 3.5kN/m^2；

(5)人员活动的性质比较剧烈，如健身房、舞厅由于人的跳跃、翻滚会引起楼面瞬间振动，通常把楼面静力荷载适当放大来考虑这种动力效应，活荷载标准值可取 4.0kN/m^2；

(6)储存物品的仓库，如藏书库、档案库、储藏室等，柜架上往往堆满图书、档案和物品，活荷载标准值可取 5.0kN/m^2，同时书库中的活载与书柜的高度有关；

(7)有大型的机械设备，如建筑物内的通风机房、电梯机房，因运行需要放有重型设备，活荷载标准值可取 6.0～7.5kN/m^2。

《建筑结构荷载规范》(GB50009—2001)在调查和统计的基础上给出了民用建筑楼面均布活荷载标准值及其组合值、频遇值和准永久值系数(表 2-9)，设计时对于表中列出的项目应直接取用表中所给数值。

表 2-9 民用建筑楼面均布活荷载标准值及其组合值、频遇值和准永久值系数

项次	类 别	标准值 /(kN/m^2)	组合值系数 ψ_c	频遇值系数 ψ_f	准永久值系数 ψ_q
1	(1)住宅、宿舍、旅馆、办公楼、医院病房、托儿所、幼儿园	2.0	0.7	0.5	0.4
	(2)教室、试验室、阅览室、会议室、医院门诊室			0.6	0.5
2	食堂、餐厅、一般资料档案室	2.5	0.7	0.6	0.5
3	(1)礼堂、剧场、影院、有固定座位的看台	3.0	0.7	0.5	0.3
	(2)公共洗衣房	3.0	0.7	0.6	0.5
4	(1)商店、展览厅、车站、港口、机场大厅及其旅客等候室	3.5	0.7	0.6	0.5
	(2)无固定座位的看台	3.5	0.7	0.5	0.3

（续表）

项次	类 别	标准值 /(kN/m²)	组合值系数 ψ_c	频遇值系数 ψ_f	准永久值系数 ψ_q
5	(1)健身房、演出看台	4.0	0.7	0.6	0.5
	(2)舞厅	4.0	0.7	0.6	0.3
6	(1)书库、档案室、贮藏室	5.0	0.9	0.9	0.8
	(2)密集柜书库	12.0			
7	通风机房、电梯机房	7.0	0.9	0.9	0.8
8	汽车通道及停车库：				
	(1)单向板楼盖(板跨不小于2m)				
	客车	4.0	0.7	0.7	0.6
	消防车	35.0	0.7	0.7	0.6
	(2)双向板楼盖(板跨不小于6m×6m)和无梁楼盖(柱网尺寸不小于6m×6m)				
	客车	2.5	0.7	0.7	0.6
	消防车	20.0	0.7	0.7	0.6
9	厨房				
	(1)一般的	2.0	0.7	0.6	0.5
	(2)餐厅的	4.0	0.7	0.7	0.7
10	浴室、厕所、盥洗室：				
	(1)第1项中的民用建筑	2.0	0.7	0.5	0.4
	(2)其他民用建筑	2.5	0.7	0.6	0.5
11	走廊、门厅、楼梯：				
	(1)宿舍、旅馆、医院病房、托儿所、幼儿园、住宅	2.0	0.7	0.5	0.4
	(2)办公楼、教学楼、餐厅、医院门诊部	2.5	0.7	0.6	0.5
	(3)当人流可能密集时	3.5	0.7	0.5	0.3
12	阳台：				
	(1)一般情况	2.5	0.7	0.6	0.5
	(2)当人群有可能密集时	3.5			

[注] ① 本表所给各项活荷载适用于一般使用条件，当使用荷载较大或情况特殊时，应按实际情况采用。

② 第6项书库活荷载当书架高度大于2m时，书库活荷载尚应按每米书架高度不小于2.5kN/m²确定。

③ 第8项中的客车活荷载只适用于停放载人少于9人的客车；消防车活荷载是适用于满载总重为300kN的大型车辆；当不符合本表的要求时，应将车轮的局部荷载按结构效应的等效原则换算为等效均布荷载。

④ 第11项楼梯活荷载，对预制楼梯踏步平板，尚应按1.5kN集中荷载验算。

⑤ 本表各项荷载不包括隔墙自重和二次装修荷载。对固定隔墙的自重应按恒荷载考虑，当隔墙位置可灵活布置时，非固定隔墙的自重可取每米延长墙重(kN/m)的1/3作为楼面活荷载的附加值(kN/m²)计入，附加值不小于1.0kN/m²。

2. 楼面活荷载的折减

作用在楼面上的活荷载不可能以标准值的大小同时布满在所有的楼面上，因此在设计梁、墙、柱和基础时，还要考虑实际荷载沿楼面分布的变异情况，也即在确定梁、墙、柱和基础的荷载标准值时，还应按楼面荷载标准值乘以折减系数。折减系数的确定是一个比较复杂的问题，按照概率统计方法来考虑实际荷载沿楼面分布的变异情况尚不成熟，除美国规范按结构部位的影响面积考虑外，其他国家均采用半经验的传统方法，根据荷载从属面积的大小来考虑折减系数。

(1)国际通行做法

在国际标准《居住和公共建筑使用和占用荷载》(ISO2103)中，建议按下述不同情况对楼面均布荷载标准值乘以折减系数 λ。

1)在计算梁的楼面活荷载效应时

① 对住宅、办公楼等房屋或其房间，公式为：

$$\lambda=0.3+\frac{3}{\sqrt{A}}\quad (A>18\text{m}^2) \tag{2-7}$$

② 对公共建筑或其房间，公式为：

$$\lambda=0.5+\frac{3}{\sqrt{A}}\quad (A>36\text{m}^2) \tag{2-8}$$

式中：A——计算梁的从属面积，m^2，指向梁两侧各延伸 1/2 梁间距范围内的实际楼面面积。

2)在计算多层房屋的柱、墙或基础的楼面活荷载效应时

① 对住宅、办公楼等房屋或其房间，公式为：

$$\lambda=0.3+\frac{0.6}{\sqrt{n}} \tag{2-9}$$

② 对公共建筑或其房间，公式为：

$$\lambda=0.5+\frac{0.6}{\sqrt{n}} \tag{2-10}$$

式中：n——计算截面以上楼层数，$n\geqslant 2$。

(2)《建筑结构荷载规范》(GB50009—2001)的规定

《建筑结构荷载规范》(GB50009—2001)在借鉴国际标准的同时，结合我国设计经验作了合理的简化与修正，给出了设计楼面梁、墙、柱及基础时，不同情况下楼面活荷载的折减系数，设计时可根据不同情况直接取用。

1)设计楼面梁时的折减系数

① 表 2-9 中第 1(1)项当楼面从属面积超过 25m^2 时应取 0.9；

② 表 2-9 中第 1(2)～第 7 项当楼面梁从属面积超过 50m^2 时应取 0.9；

③ 表 2-9 中第 8 项对单向板楼盖的次梁和槽形板的纵肋应取 0.8，对单向板楼盖的主梁应取 0.6，对双向板楼盖的梁应取 0.8；

④ 表 2-9 中第 9～第 12 项应采用与所属房屋类别相同的折减系数。

2)设计墙、柱和基础时的折减系数

① 表2-9中第1(1)项应按表2-10规定采用；

② 表2-9中第1(2)～第7项应采用与其楼面梁相同的折减系数；

③ 表2-9中第8项对单向板楼盖应取0.5，对双向板楼盖和无梁楼盖应取0.8；

④ 表2-9中第9～第12项应采用与所属房屋类别相同的折减系数。

表2-10 活荷载按楼层的折减系数

墙、柱、基础计算截面以上层数	1	2～3	4～5	6～8	9～20	>20
计算截面以上各楼层活荷载总和的折减系数	1.00 (0.90)	0.85	0.70	0.65	0.60	0.55

［注］ 当梁的从属面积超过 $25m^2$ 时，应采用括号内的数值。

以上关于活荷载折减系数的规定，可以从三个方面来理解：

① 支承结构构件不同，其楼面活荷载的折减系数不同；

② 楼面活荷载的类型及数值不同，其折减系数不同；

③ 上述梁、柱、基础的活荷载折减均是对楼面活荷载(表2-9)数值的折减。

【例2-3】 某混合结构办公楼二层平面如图2-9所示。现浇钢筋混凝土楼盖，板厚为100mm，梁截面尺寸为：$b=250mm$，$h=700mm$，板面做20mm厚水泥砂浆面层，板底为V型轻钢龙骨吊顶(一层9mm纸面石膏板，无保温层)。计算楼面梁上作用的永久荷载、可变荷载标准值。

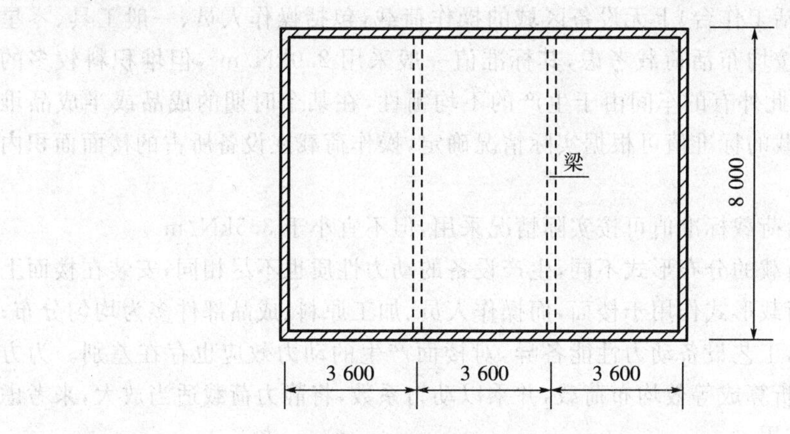

图2-9 某办公楼二层平面图(单位：mm)

解： 查附录1，钢筋混凝土自重 $25kN/m^3$，水泥砂浆 $20kN/m^3$，V型轻钢龙骨吊顶为 $0.12kN/m^2$。

(1)永久荷载标准值计算

钢筋混凝土板 $G_{1k}=25\times0.1\times3.6=9kN/m$；

水泥砂浆面层 $G_{2k}=20\times0.02\times3.6=1.44kN/m$；

V型轻钢龙骨吊顶 $G_{3k}=0.12\times3.6=0.43kN/m$；

梁自重 $G_{4k}=0.25\times(0.7-0.1)\times25=3.75kN/m$；

永久荷载标准值 $G_k=9+1.44+0.43+3.75=14.62kN/m$。

(2)可变荷载标准值计算

查表2-9,办公室楼面活荷载标准值为2.0kN/m²,梁的从属面积$A=3.6\times8=28.8\text{m}^2>25\text{m}^2$,在设计楼面梁时,应对楼面活荷载进行折减,取折减系数0.9。

$$Q_k=2.0\times3.6\times0.9=6.48\text{kN/m}$$

2.5.2 工业建筑楼面活荷载

工业建筑楼面在生产使用或安装检修时,由设备、管道、运输工具及可能拆移的隔墙产生的局部荷载,均应按实际情况考虑,可采用等效均布活荷载来代替。工业建筑楼面活荷载的组合值系数、频遇值系数和准永久值系数,应按实际情况采用,组合值和频遇值系数不应小于0.7,准永久值系数不应小于0.6。

1. 工业建筑的楼面活荷载

在设计多层工业建筑结构时,楼面活荷载的标准值大多由工艺提供,或由土建设计人员根据有关资料自行计算确定。但由于工业建筑活荷载分布情况差别较大,且计算方法不一,计算工作量较大,因此,在《建筑结构荷载规范》(GB50009—2001)附录C中列出了金工车间、仪器仪表生产车间、半导体器件车间、棉纺织车间、轮胎厂准备车间和粮食加工车间等六类工业建筑楼面活荷载的标准值,供设计人员在缺乏资料时参照采用。

2. 操作荷载及楼梯荷载

工业建筑楼面(包括工作台)上无设备区域的操作荷载,包括操作人员、一般工具、零星原料和成品的自重,可按均布活荷载考虑,其标准值一般采用2.0kN/m²,但堆积料较多的车间可取2.5kN/m²。此外有的车间由于生产的不均衡性,在某个时期的成品或半成品堆放特别严重,则操作荷载的标准值可根据实际情况确定,操作荷载在设备所占的楼面面积内不予考虑。

生产车间的楼梯活荷载标准值可按实际情况采用,但不宜小于3.5kN/m²。

这些车间楼面上荷载的分布形式不同,生产设备的动力性质也不尽相同,安装在楼面上的生产设备是以局部荷载形式作用于楼面,而操作人员、加工原料、成品部件多为均匀分布;另外,不同用途的厂房,工艺设备动力性能各异,对楼面产生的动力效应也存在差别。为方便起见,常将局部荷载折算成等效均布荷载,并乘以动力系数,将静力荷载适当放大,来考虑机器上楼引起的动力作用。

2.5.3 楼面等效均布活荷载的确定方法

1. 楼面等效均布活荷载的计算方法

工业建筑在生产、使用过程中和安装检修设备时,由设备、管道、运输工具及可能拆移的隔墙在楼面上产生的局部荷载可采用以下方法确定其楼面等效均布活荷载。

(1)楼面(板、次梁及主梁)的等效均布活荷载应在其设计控制部位上,根据需要按照内力(弯矩、剪力等)、变形及裂缝的等效要求来确定等效均布活荷载。在一般情况下,可仅按控制截面内力的等值原则确定。

(2)由于实际工程中生产、检修、安装工艺以及结构布置的不同,楼面活荷载差别可能较大,此情况下应划分区域,分别确定各区域的等效均布活荷载。

(3)连续梁、板的等效均布荷载,可按单跨简支梁、简支板计算,但在计算梁、板的实际内力时仍按连续结构进行分析。

(4)板面等效均布荷载按板内分布弯矩等效的原则确定，即简支板在实际的局部荷载作用下引起的绝对最大弯矩应等于该简支板在等效均布荷载作用下引起的绝对最大弯矩。单向板上局部荷载的等效均布活荷载 q_e，可按下式计算：

$$q_e=\frac{8M_{max}}{bl^2} \tag{2-11}$$

式中：l——板的跨度，m；

b——板上局部荷载的有效分布宽度，m；

M_{max}——简支单向板的绝对最大弯矩，kN·m，即沿板宽方向按设备的最不利布置确定的弯矩。计算时设备荷载应乘以动力系数，并扣去设备在该板跨度内所占面积上由操作荷载引起的弯矩。动力系数应根据实际情况考虑。

(5)计算板面等效均布荷载时，还必须明确搁置于楼面上的工艺设备局部荷载的实际作用面尺寸。作用面一般按矩形考虑，并假定荷载按 45°扩散线传递，这样可以方便地确定荷载扩散到板中性层处的计算宽度，从而确定单向板上局部荷载的有效分布宽度。

q_e是由局部荷载引起的，按内力等效原则计算出来的在楼面上“附加的”均布荷载，加上相应的楼面均布活荷载标准值后，即为局部荷载有效分布范围内作用的总活荷载标准值。

2. 单向板上局部荷载的有效分布宽度

在均布荷载作用下，单向板内分布弯矩沿板宽方向是均匀分布的，因此可按单位宽度的简支板来计算其分布弯矩。在局部荷载作用下，单向板内分布弯矩沿板宽方向不再是均匀分布，而是在局部荷载处具有最大值，并逐渐向宽度两侧减小，形成一个分布宽度。现使用均布荷载代替，为使板内分布弯矩等效，需相应确定板上局部荷载的有效分布宽度。

单向板上局部荷载的有效分布宽度 b，可按下列规定计算。

(1)当局部荷载作用面的长边平行于板跨时，简支板上荷载的有效分布宽度 b 为(如图 2-10a 所示)：

1)当 $b_{cx}\geqslant b_{cy}$，$b_{cy}\leqslant 0.6l$，$b_{cx}\leqslant l$ 时：

$$b=b_{cy}+0.7l \tag{2-12}$$

2)当 $b_{cx}\geqslant b_{cy}$，$0.6l<b_{cy}\leqslant l$，$b_{cx}\leqslant l$ 时：

$$b=0.6b_{cy}+0.94l \tag{2-13}$$

(2)当局部荷载作用面的长边垂直于板跨时，简支板上荷载的有效分布宽度 b 为(如图 2-10b 所示)：

1)当 $b_{cx}<b_{cy}$，$b_{cy}\leqslant 2.2l$，$b_{cx}\leqslant l$ 时：

$$b=\frac{2}{3}b_{cy}+0.73l \tag{2-14}$$

2)当 $b_{cx}<b_{cy}$，$b_{cy}>2.2l$，$b_{cx}\leqslant l$ 时：

$$b=b_{cy} \tag{2-15}$$

式中：l——板的跨度，m；

b_{cx}——荷载作用面平行于板跨的计算宽度，m，$b_{cx}=b_{tx}+2s+h$；

b_{cy}——荷载作用面垂直于板跨的计算宽度，m，$b_{cy}=b_{ty}+2s+h$；

b_{tx}——荷载作用面平行于板跨的宽度，m；

b_{ty}——荷载作用面垂直于板跨的宽度，m；

s——垫层厚度，m；

h——板的厚度，m。

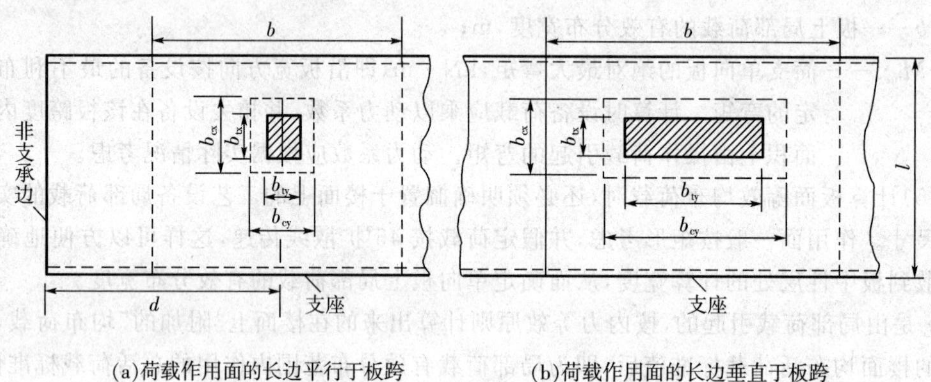

(a)荷载作用面的长边平行于板跨　　(b)荷载作用面的长边垂直于板跨

图 2-10　简支板上局部荷载的有效分布宽度

【例 2-4】 某展览馆的楼面上设有一静止的展品及其墩座，其自重标准值共为 20kN，墩座经厚 50mm 的垫层坐落在板跨为 3m（单向板）、板厚为 150mm 的钢筋混凝土楼板上，该展品的四周为无其他展品的展览区，墩座平面尺寸见图 2-11。求该墩座的有效分布宽度 b，以及其有效分布面积上的活荷载标准值。

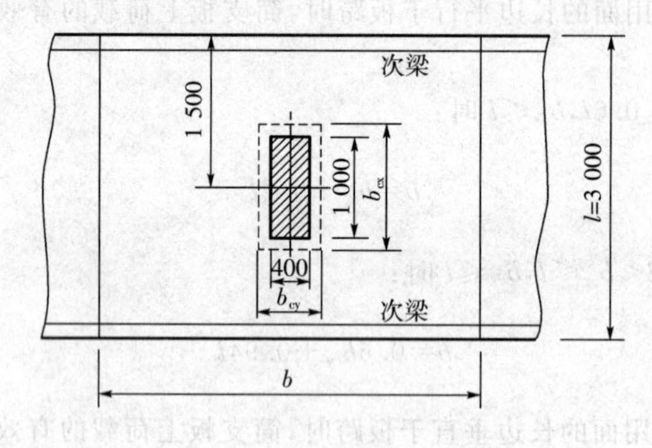

图 2-11　最不利情况设备位置图（单位：mm）

解：（1）扣除墩座面积上楼面活荷载后，墩座和展品在板中的最大弯矩 M_{max}

查表 2-9，得展览馆楼面活荷载标准值为 3.5kN/m²，将局部荷载近似地视为作用于其中心处的集中荷载 20kN。

$$M_{max}=\frac{1}{4}(20-0.40\times1.00\times3.5)\times3.0=13.95\text{kN}\cdot\text{m}$$

(2)局部荷载的有效分布宽度 b

已知板厚0.15m,垫层厚0.05m,则平行、垂直于板跨的荷载作用面计算宽度 b_{cx}、b_{cy} 分别为:

$$b_{cx}=1.00+2\times0.05+0.15=1.25\text{m}$$
$$b_{cy}=0.40+2\times0.05+0.15=0.65\text{m}$$

$b_{cx}>b_{cy}$,且墩座的长边平行于板跨。

由 $b_{cy}=0.65\text{m}<0.6l=0.6\times3.00=1.80\text{m}$,及 $b_{cx}=1.25\text{m}<l=3.00\text{m}$,有效分布宽度 b 为:

$$b=b_{cy}+0.7l=0.65+0.7\times3.00=2.75\text{m}$$

(3)单向板上的等效均布荷载 q_e

按弯矩等值的原则,在有效分布宽度 b 范围内的等效均布荷载 q_e 为:

$$q_e=\frac{8M_{max}}{bl^2}=\frac{8\times13.95}{2.75\times3.00^2}=4.51\text{kN/m}^2$$

(4)墩座有效分布面积上的活荷载标准值 q

在 q_e 的基础上,加上展览馆楼面自身的均布活荷载,即该墩座有效分布面积上的总活荷载标准值 q 为:

$$q=q_e+3.5=4.51+3.5=8.01\text{kN/m}^2$$

3. 双向板上局部荷载的有效分布宽度

双向板的等效均布荷载可按与单向板相同的原则,按四边简支板的绝对最大弯矩等值来确定。

4. 梁、柱上的等效均布活荷载

对于不同用途的工业厂房,板、次梁和主梁的等效均布荷载的比值没有共同的规律,难以给出统一的折减系数。因此,《建筑结构荷载规范》(GB50009—2001)在附录C中对六类工业建筑的板、次梁和主梁分别列出了等效均布荷载的标准值。

当需要计算梁、柱、基础上等效均布荷载时,可按下列规定计算:

(1)次梁(包括槽形板的纵肋)上的局部荷载,应分别计算弯矩和剪力的等效均布活荷载,且取其中较大者;

(2)当荷载分布比较均匀时,主梁上的等效均布活荷载可由全部荷载总和除以全部受荷面积求得;

(3)柱、基础上的等效均布活荷载,在一般情况下,可取与主梁相同,且多层厂房的柱、墙和基础不考虑按楼层数的折减。

不同用途的工业建筑,其工艺设备的动力性质不尽相同,一般情况下,《建筑结构荷载规范》(GB50009—2001)所给的各类车间楼面活荷载取值中已考虑动力系数1.05~1.10,对特殊的专用设备和机器可提高到1.20~1.30。

2.5.4　屋面活荷载

房屋建筑的屋面可分为上人屋面和不上人屋面,当屋面为平屋面,并有楼梯直达屋面时，有可能出现人群的聚集，按上人屋面考虑屋面均布活荷载；当屋面为斜屋面或设有上人孔的平屋面时，仅考虑施工或维修荷载，按不上人屋面考虑屋面均布活荷载。屋面由于环境的需要有时还设有屋顶花园，屋顶花园除承重构件、防水构造等材料外，尚应考虑花池砌筑、卵石滤水层、花圃土壤等重量。

房屋建筑的屋面，其水平投影面上的屋面均布活荷载标准值、组合值系数、频遇值系数及准永久值系数按表 2-11 采用。

表 2-11 屋面均布活荷载

项次	类 别	标准值/(kN/m²)	组合值系数 ψ_c	频遇值系数 ψ_f	准永久值系数 ψ_q
1	不上人屋面	0.5	0.7	0.5	0
2	上人屋面	2.0	0.7	0.5	0.4
3	屋顶花园	3.0	0.7	0.6	0.5

［注］ ① 不上人的屋面，当施工或维修荷载较大时，应按实际情况采用；对不同结构应按有关设计规范的规定，将标准值作 0.2kN/m² 的增减。
② 上人的屋面，当兼作其他用途时，应按相应楼面活荷载采用。
③ 对于因屋面排水不畅、堵塞等引起的积水荷载，应采取构造措施加以防止；必要时，应按积水的可能深度确定屋面活荷载。
④ 屋顶花园活荷载不包括花圃土石等材料自重。

屋面活荷载不应与雪荷载同时考虑（取屋面均布活荷载与雪荷载二者之较大者进行计算）。由于我国大多数地区的雪荷载标准值小于屋面均布活荷载标准值，因此在屋面结构和构件计算时，往往是屋面均布活荷载对设计起控制作用。

高档宾馆、大型医院等建筑的屋面有时还设有直升机停机坪，直升机停机坪荷载应根据直升机总重按局部荷载考虑，同时其等效均布荷载不应低于 5.0kN/m²。

局部荷载应按直升机实际最大起飞重量确定，当没有机型技术资料时，一般可依据轻、中、重 3 种类型的不同要求，按表 2-12 规定选用局部荷载标准值及作用面积。

屋面直升机荷载的组合值系数应取 0.7，频遇值系数应取 0.6，准永久值系数应取 0。

表 2-12 直升机局部荷载标准值及其作用面积

类型	最大起飞重量/t	局部荷载标准值/kN	作用面积
轻	2	20	0.20m×0.20m
中	4	40	0.25m×0.25m
重	6	60	0.30m×0.30m

2.5.5 屋面积灰荷载

屋面积灰荷载是冶金、铸造、水泥等行业的建筑所特有的问题。这类行业在生产过程中有大量排灰产生，易于在厂房及其邻近建筑屋面堆积，形成积灰荷载。影响积灰的主要因素有除尘装置的使用、清灰制度的执行、风向和风速、烟囱高度、屋面坡度和屋面挡风板等。确定积灰荷载只有在考虑工厂设有一定的除尘装置，且能坚持正常的清灰制度的前提下才有意义。

设计生产中有大量排灰的厂房及其邻近建筑时，对于具有一定除尘设施和保证清灰制度的机械、冶金、水泥等的厂房屋面，其水平投影面上的屋面积灰荷载应按表2-13和表2-14采用。

表2-13 屋面积灰荷载

项次	类别	标准值/(kN/m²)			组合值系数 ψ_c	频遇值系数 ψ_f	准永久值系数 ψ_q
		屋面无挡风板	屋面有挡风板				
			挡风板内	挡风板外			
1	机械厂铸造车间(冲天炉)	0.50	0.75	0.30	0.9	0.9	0.8
2	炼钢车间(氧气转炉)	—	0.75	0.30			
3	锰、铬铁合金车间	0.75	1.00	0.30			
4	硅、钨铁合金车间	0.30	0.50	0.30			
5	烧结室、一次混合室	0.50	1.00	0.20			
6	烧结厂通廊及其他车间	0.30	—	—			
7	水泥厂有灰源车间(窑房、磨房、联合贮库、烘干房、破碎房)	1.00	—	—			
8	水泥厂无灰源车间(空气压缩机站、机修间、材料库、配电站)	0.50	—	—			

[注] ① 表中的积灰均布荷载，仅应用于屋面坡度 $\alpha \leqslant 25°$；当 $\alpha \geqslant 45°$ 时，可不考虑积灰荷载；当 $25° < \alpha < 45°$ 时，可按插值法取值。

② 清灰设施的荷载另行考虑

③ 对第1～4项的积灰荷载，仅应用于距烟囱中心20m半径范围内的屋面；当邻近建筑在该范围内时，其积灰荷载对第1、第3、第4项应按车间屋面无挡风板的采用，对第2项应按车间屋面挡风板外的采用。

表2-14 高炉邻近建筑的屋面积灰荷载

高炉容积/m³	标准值/(kN/m²)			组合值系数 ψ_c	频遇值系数 ψ_f	准永久值系数 ψ_q
	屋面离高炉距离/m					
	≤50	100	200			
<255	0.50	—	—	1.0	1.0	1.0
255～620	0.75	0.30	—			
>620	1.00	0.50	0.30			

[注] ① 表2-13中的注①和注②也适用本表；

② 当邻近建筑屋面离高炉距离为表内中间值时，可按插入法取值。

对于屋面上易形成灰堆处，当设计屋面板、檩条时，积灰荷载标准值可乘以下列规定的增大系数：

(1)在高低跨处两倍于屋面高差但不大于6.0m的分布宽度内(图2-12)取2.0；

(2)在天沟处不大于3.0m的分布宽度内(图2-13)取1.4。

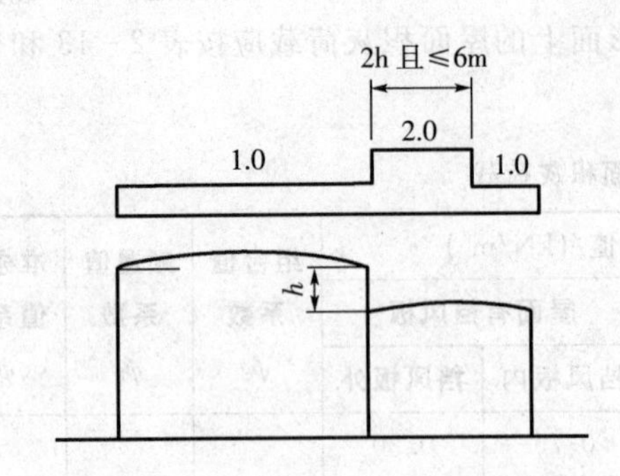

图 2-12 高低跨屋面积灰荷载的增大系数

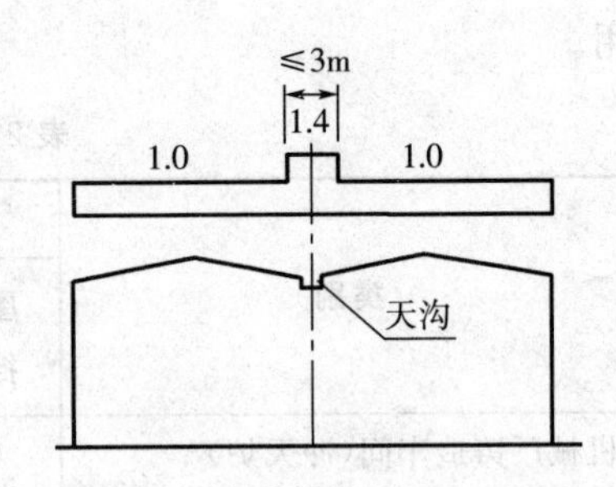

图 2-13 天沟处积灰荷载的增大系数

对有雪地区，积灰荷载应与雪荷载一道考虑；雨季的积灰吸水后重度增加，可通过不上人屋面的活荷载来补偿。因此，积灰荷载应与雪荷载或不上人的屋面均布活荷载两者中的较大值同时考虑。

2.5.6 施工和检修荷载及栏杆水平荷载

(1)设计屋面板、檩条、钢筋混凝土挑檐、雨篷和预制小梁时，施工或检修集中荷载(人和小工具的自重)应取 1.0kN，并应在最不利位置处进行验算。

对于轻型构件或较宽构件，当施工荷载超过上述荷载时，应按实际情况验算，或采用加垫板、支撑等临时设施承受。

当计算挑檐、雨篷承载力时，应沿板宽每隔 1.0m 取一个集中荷载；在验算挑檐、雨篷倾覆时，应沿板宽每隔 2.5～3.0m 取一个集中荷载。

(2)楼梯、看台、阳台和上人屋面等的栏杆顶部水平荷载，应按下列规定采用：

① 住宅、宿舍、办公楼、旅馆、医院、托儿所、幼儿园，应取 0.5kN/m；

② 学校、食堂、剧场、电影院、车站、礼堂、展览馆或体育场，应取 1.0kN/m；

(3)当采用荷载准永久组合时，可不考虑施工和检修荷载及栏杆水平荷载。

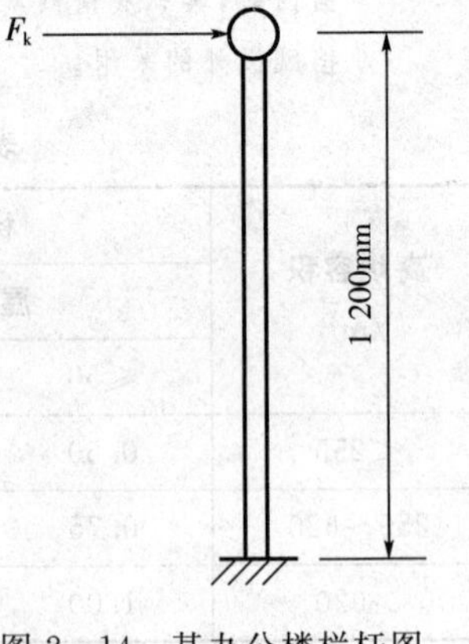

图 2-14 某办公楼栏杆图

【例 2-5】 某办公楼上人屋面栏杆高 1.2m，栏杆柱间距为 1.8m，底部埋入钢筋混凝土板内(图 2-14)。求设计栏杆柱时，由栏杆水平荷载产生的柱底弯矩标准值。

解：办公楼的栏杆顶部水平荷载标准值为 0.5kN/m，每根栏杆柱从属长度为 1.8m，因此，由栏杆水平荷载产生的柱底弯矩标准值为：

$$M=0.5\times1.8\times1.2=1.08\text{kN}\cdot\text{m}$$

2.5.7 动力系数

建筑结构设计的动力计算，在有充分依据时，可将重物或设备的自重乘以动力系数后，按静力计算设计。

(1)搬运和装卸重物以及车辆起动和刹车的动力系数,可采用1.1～1.3;其动力荷载只传至楼板和梁。

(2)直升机在屋面上的荷载,也应乘以动力系数,对具有液压轮胎起落架的直升机可取1.4;其动力荷载只传至楼板和梁。

2.6 人群荷载

1. 人群荷载标准值

人群荷载为可变荷载,在跨径较小时占总荷载的比例较大,当跨径较大时可进行折减,在《公路桥涵设计通用规范》(JTG D60—2004)中作了具体规定。当桥梁计算跨径小于或等于50m时,人群荷载标准值为3.0kN/m^2;当桥梁计算跨径等于或大于150m时,人群荷载标准值为2.5kN/m^2;当桥梁计算跨径在50m到150m之间时,人群荷载标准值可采用线性内插求出。对于计算跨径不等的连续结构,采用最大计算跨径计算人群荷载标准值。

对于城镇郊区行人密集地区的公路桥梁,人群荷载标准值在上述规定的基础上提高15%,即取上述标准值的1.15倍。

对于专用人行桥梁,行人较为密集,参考国内外规范,人群荷载标准值为3.5kN/m^2。

2. 人群荷载的布置

人群荷载分为横向布置和纵向布置,横向应布置在人行道的净宽度内,纵向应布置在使结构产生最不利荷载效应的区段内。

3. 人行道板和人行道栏杆的荷载取值

人行道板按局部构件设计,可取一块板为单元,按标准值4.0kN/m^{2}的均布荷载计算。

计算人行道栏杆时,作用在栏杆立柱顶上的水平推力标准值取0.75kN/m;作用在栏杆扶手上的竖向力标准值取1.0kN/m。

思考题与习题

1. 在计算土的自重应力时,为什么地下水位面也应作为分层的界面?
2. 什么叫基本雪压?它是如何确定的?
3. 我国的基本雪压分布有哪些特点?
4. 试述风对屋面积雪的漂积作用及其对屋面雪荷载取值的影响。
5. 当楼面面积较大时,楼面均布活荷载为什么要折减?如何折减?
6. 工业建筑楼面活荷载是如何确定的?
7. 如何将楼面局部荷载换算为楼面均布活荷载?如何理解"等效"?
8. 屋面均布活荷载有哪些?如何取值?
9. 在结构设计时,对屋面均布活荷载、屋面雪荷载、屋面积灰荷载应如何进行组合?
10. 某会议室和简支钢筋混凝土楼面梁,其计算跨度l_0为9m,如习题10图所示。求楼面梁承受的楼面均布活荷载标准值在梁上产生的均布线荷载。
11. 某车间单层厂房位于安徽省合肥市郊区,为两跨24m跨度并设有天窗的等高排架厂房,如习题11图所示。求该屋面雪荷载标准值,并画出雪荷载分布示意图。

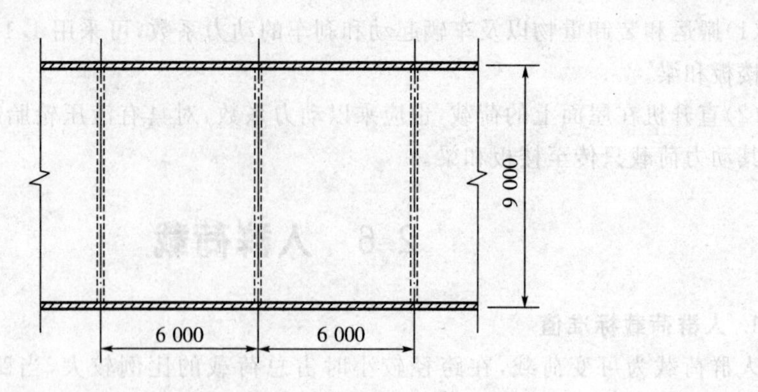

习题 10 图(单位:mm)

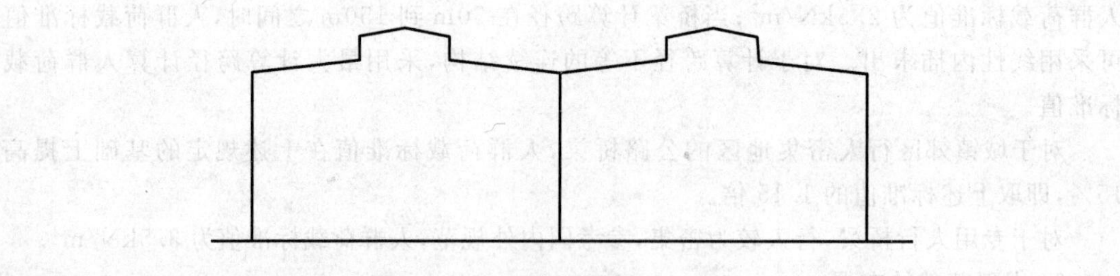

习题 11 图

12. 图 2-5 所示建筑,采用不上人屋面。求设计屋面板时,高跨屋面及低跨屋面上可变荷载的标准值各为多少?

13. 某建筑的屋面为带挑檐的现浇钢筋混凝土板,如习题 13 图。求计算挑檐承载力时,由施工和检修集中荷载在挑檐根部产生的弯矩标准值。

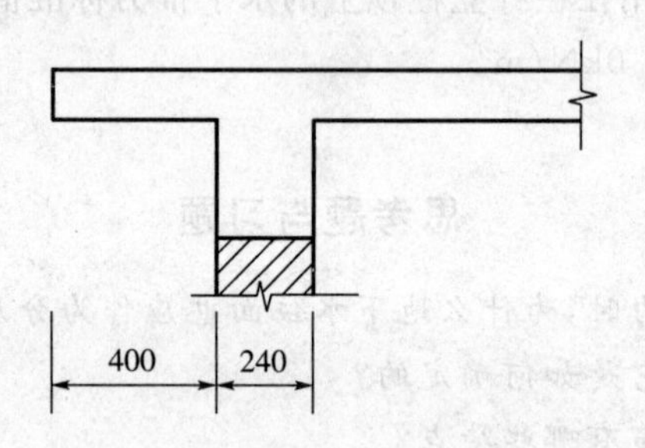

习题 13 图(单位:mm)

第3章 侧压力

3.1 土的侧向压力

3.1.1 基本概念及土压力分类

挡土墙是防止土体坍塌的构筑物，在房屋建筑、水利工程、铁路、桥涵工程中应用广泛。土的侧压力是墙后填土的自重或填土表面上的荷载对墙产生的侧向压力。不论哪种挡土墙，墙背部都受填土的侧向压力。侧向压力的性质和大小与墙身的位移、墙体材料、高度及结构形式、墙后填土的性质、填土表面的形状，以及墙和地基之间的摩擦特性等因素有关。根据墙的位移情况和墙后土体所处的应力状态，土的侧向压力可分为静止土压力、主动土压力和被动土压力。

1. 静止土压力

挡土墙在土压力作用下，不产生任何位移和转动，墙后土体处于弹性平衡状态，这时墙背上的土压力，称为静止土压力，如图 3－1(a)，常用 E_0 表示。例如地下室的外侧墙，由于受到内侧楼面或梁的支撑，几乎没有位移和转动，可以视为静止土压力。

2. 主动土压力

挡土墙受到墙后填土的作用，背离墙背向外转动或平行移动，作用在墙背上的土压力逐渐减小，当墙的移动或转动达到某一数量时，填土内出现滑动面，土体处于主动极限平衡状态。此时，墙背上的土压力减少到最小值，称为主动土压力，如图 3－1(b)，常用 E_a 表示。

3. 被动土压力

挡土墙受外力作用，向着填土方向移动或转动，挤压墙后填土，作用在墙身上的土压力逐渐增大，当墙的移动或转动量足够大时，填土内出现滑动面，土体内的应力处于被动极限平衡状态。此时，作用在墙背上的土压力，增加到最大值，称为被动土压力，如图 3－1(c)，常用 E_p 表示。

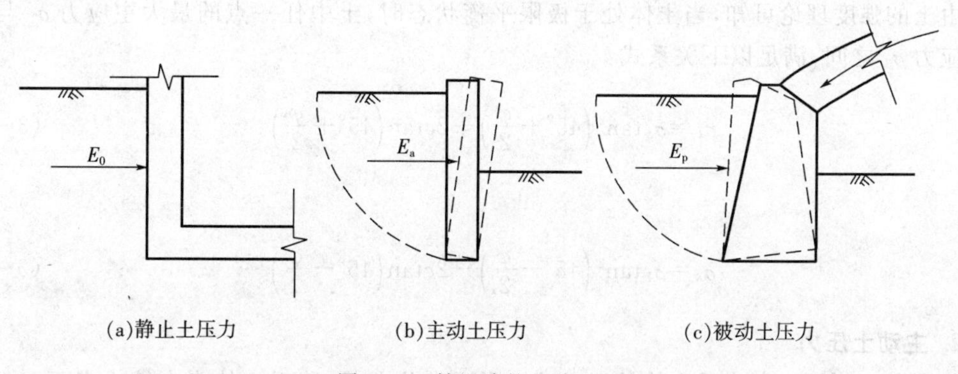

(a)静止土压力　　(b)主动土压力　　(c)被动土压力

图 3－1　挡土墙的三种土压力

一般情况下，在相同的墙高和填土条件下，主动土压力值最小，被动土压力值最大，静止土压力居于两者之间，即 $E_a < E_0 < E_p$。

3.1.2 基本原理

土压力的计算是一个比较复杂的问题。计算主动土压力 E_a 和被动土压力 E_p 时，以土体极限平衡理论为基础，采用朗肯土压力理论或库仑土压力理论计算，本章主要介绍应用较为普遍的朗肯土压力理论。

朗肯于 1857 年提出土压力的计算公式，称为朗肯土压力理论，主要研究弹性半空间土体、应力状态和极限平衡条件导出的土压力计算方法。朗肯土压力理论的基本假定为：对象为弹性半空间土体；不考虑挡土墙及回填土的施工因素；墙背垂直、光滑，填土面水平，无超载。

当墙后土体处于静止状态时，墙后土体中应力为自重应力。当墙远离土体移动时，墙后侧向应力逐渐减小，竖向应力因是自重应力而不会改变，侧向应力减小到一定值时，满足极限平衡条件，这时的应力状态，称为主动朗肯状态。相反，当墙向着土体移动时，侧向应力逐渐增大，直到满足极限平衡条件，这时的应力状态，称为被动朗肯状态。

3.1.3 土压力的计算

1. 静止土压力

静止土压力与水平向自重应力计算方法基本相同。自填土表面向下 z 深度处的静止土压力强度为：

$$\sigma_0 = K_0 \gamma z \tag{3-1}$$

式中：K_0——静止土压力系数，可近似按 $K_0 = 1 - \sin\varphi'$（φ'为土的有效内摩擦角）计算；

γ——墙后填土重度。

若墙后为均质填土，静止土压力沿墙高为三角形分布。取单位墙长计算得到作用在挡土墙背上的静止土压力为：

$$E_0 = \frac{1}{2}\gamma H^2 K_0 \tag{3-2}$$

式中：H——挡土墙高度。

静止土压力强度 σ_0 呈三角形分布，故 E_0 的作用点距墙底 $H/3$ 处。

由土的强度理论可知，当土体处于极限平衡状态时，土中任一点的最大主应力 σ_1 与最小主应力 σ_3 之间，满足以下关系式：

$$\sigma_1 = \sigma_3 \tan^2\left(45° + \frac{\varphi}{2}\right) + 2c\tan\left(45° + \frac{\varphi}{2}\right) \tag{3-3}$$

或

$$\sigma_3 = \sigma_1 \tan^2\left(45° - \frac{\varphi}{2}\right) - 2c\tan\left(45° - \frac{\varphi}{2}\right) \tag{3-4}$$

2. 主动土压力

如图 3-2 所示，当墙后土体处于主动极限平衡状态时，墙后土体中自填土表面向下深

度 z 处的竖向应力 $\sigma_z=\gamma z$ 为最大主应力，侧向应力即主动土压力强度 σ_a 为最小主应力，此时由式(3-4)得：

$$\sigma_a=\sigma_3=\sigma_1\tan^2\left(45°-\frac{\varphi}{2}\right)-2c\tan\left(45°-\frac{\varphi}{2}\right)=\gamma zK_a-2c\sqrt{K_a} \tag{3-5}$$

式中：K_a——主动土压力系数，$K_a=\tan^2\left(45°-\dfrac{\varphi}{2}\right)$；

γ——墙后填土的重度，kN/m^3；

c——填土的粘聚力，kN/m^2，对无黏性土，$c=0$；

φ——填土的内摩擦角，°。

对无黏性土，因 $c=0$，由式(3-5)可知，主动土压力强度 σ_a 与 z 成正比，沿墙高成三角形分布，如图 3-2(b)所示，取单位墙长计算，总主动土压力为：

$$E_a=\frac{1}{2}\gamma H^2K_a \tag{3-6}$$

E_a 作用点距墙底 $H/3$ 处。

对黏性土，由式(3-5)可知，其主动土压力包括两部分：土自重引起的土压力 γzK_a 以及粘聚力 c 引起的负侧压力 $2c\sqrt{K_a}$。这两部分土压力叠加得到主动土压力，如图 3-2(c)所示。其中三角形 ade 部分是负侧压力，对墙背是拉力，由于墙与土体间不能承受拉力，黏性土的土压力分布，仅考虑三角形 abc 部分的土压力分布。

图 3-2(c)中 a 点距填土表面的深度 z_0 称为临界深度。在填土表面无荷载的条件下，由 $\sigma_a=0$，得 z_0 值为：

$$z_0=\frac{2c}{\gamma\sqrt{K_a}} \tag{3-7}$$

取单位墙长计算，总主动土压力为：

$$E_a=\frac{1}{2}(H-z_0)(\gamma HK_a-2c\sqrt{K_a}) \tag{3-8}$$

E_a 的作用点距墙底$(H-z_0)/3$ 处。

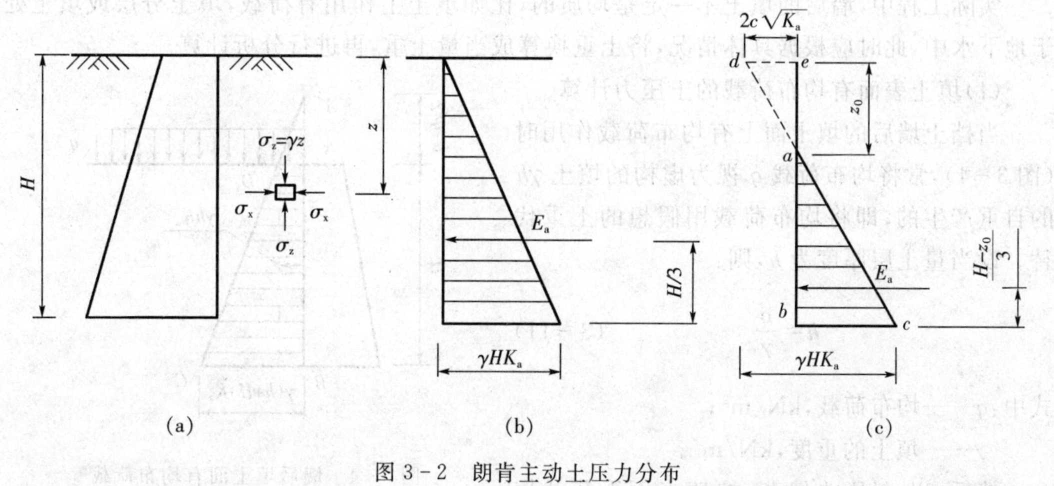

图 3-2 朗肯主动土压力分布

3. **被动土压力**

当墙后土体处于被动极限平衡状态时，土体自填土表面向下 z 深度处的竖向应力 $\sigma_z=\gamma z$ 为最大主应力，侧向应力即被动土压力强度 σ_p 为最大主应力，根据式(3－3)，有：

$$\sigma_p=\sigma_1=\sigma_3\tan^2\left(45^\circ+\frac{\varphi}{2}\right)+2c\tan\left(45^\circ+\frac{\varphi}{2}\right)=\gamma zK_p+2c\sqrt{K_p} \tag{3-9}$$

式中：K_p——被动土压力系数，$K_p=\tan^2\left(45^\circ+\frac{\varphi}{2}\right)$。

由式(3－9)可知，无黏性土($c=0$)的被动土压力强度呈三角形分布；黏性土被动土压力强度呈梯形分布。

取单位墙长计算，总被动土压力分黏性土和无黏性土计算。

黏性土：
$$E_p=\frac{1}{2}\gamma H^2K_p+2cH\sqrt{K_p} \tag{3-10a}$$

无黏性土：
$$E_p=\frac{1}{2}\gamma H^2K_p \tag{3-10b}$$

被动土压力 E_p 的作用点通过三角形或梯形压力分布图的形心，见图 3－3。

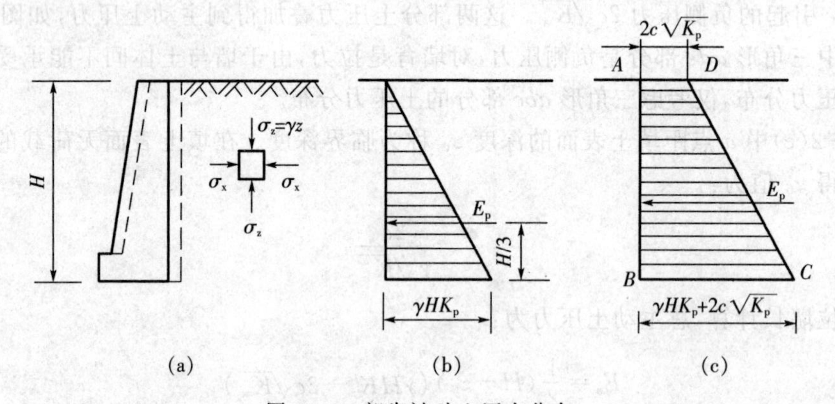

图 3－3 朗肯被动土压力分布

4. **填土表面有荷载时的土压力**

实际工程中，墙后的填土不一定是均质的，比如填土上作用有荷载，填土分层或填土处于地下水中，此时应根据具体情况，将土重换算成当量土重，再进行分析计算。

(1)填土表面有均布荷载的土压力计算

当挡土墙后的填土面上有均布荷载作用时(图 3－4)，常将均布荷载 q 视为虚构的填土 γh 的自重产生的，即将均布荷载用假想的土重代替。设当量土层厚度为 h，则：

$$h=\frac{q}{\gamma} \tag{3-11}$$

式中：q——均布荷载，$\mathrm{kN/m^2}$；

γ——填土的重度，$\mathrm{kN/m^3}$。

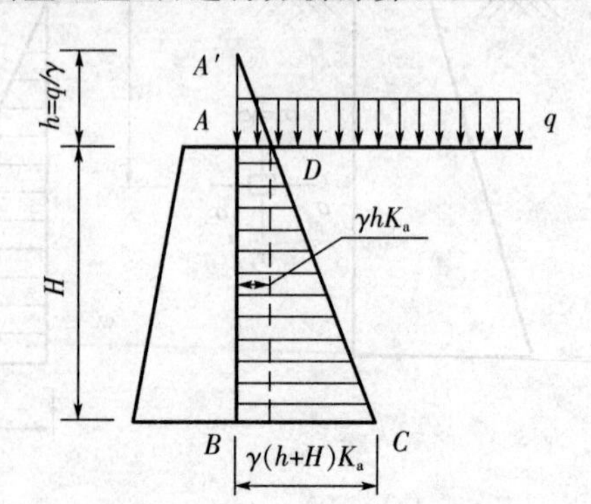

图 3－4 墙后填土面有均布荷载

然后，以 $A'B$ 为墙背，按填土面无荷载情况计算土压力。以无黏性土为例，在填土表面 A 点的土压力强度为：

$$\sigma_{aA}=\gamma h K_a=qK_a \tag{3-12}$$

墙底 B 点的土压力强度为：

$$\sigma_{aB}=\gamma(h+H)K_a=(q+\gamma H)K_a \tag{3-13}$$

由图3-4可以看出，压力分布图为梯形 $ABCD$ 部分。土压力的作用点通过梯形形心。

(2)墙后填土为成层土的土压力

墙后填土由性质不同的土层组成时，土压力将受到不同填土性质的影响，计算土压力时，第一层土的土压力按均质土计算，土压力的分布为图3-5中的 abc 部分(以无黏性土为例)，计算第二层土时，只需将第一层土按重度换算成与第二层重度相同的当量土层来计算，当量土层厚为 $h_1\gamma_1/\gamma_2$，然后按均质土计算第二层土的土压力，计算中应注意各层土计算所采用的土压力系数是不同的。

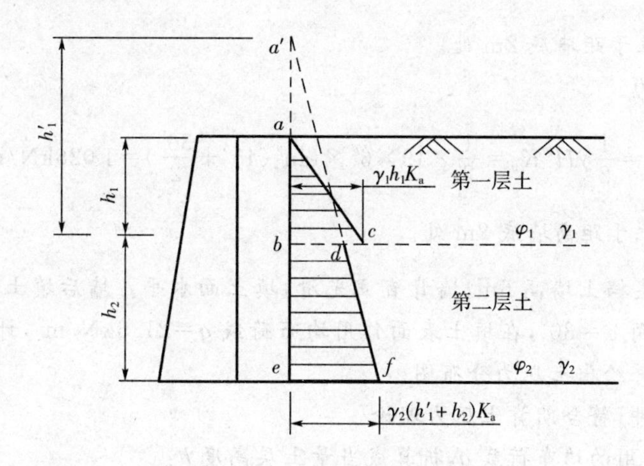

图3-5 墙后填土为成层土

(3)填土中有地下水的土压力

挡土墙后填土中有地下水时，地下水位以下填土重量将因受到水的浮力而减小，计算时应采用有效重度(浮重度)γ'，对黏性填土，地下水将使 c、φ 值减小，从而使土压力增大，同时，地下水对墙背产生静水压力作用。土压力计算时，除了水下采用有效重度外，其他同上。以无黏性土为例，土压力分布如图3-6中 $aced$ 所示。静水压力 cfe 按下式计算：

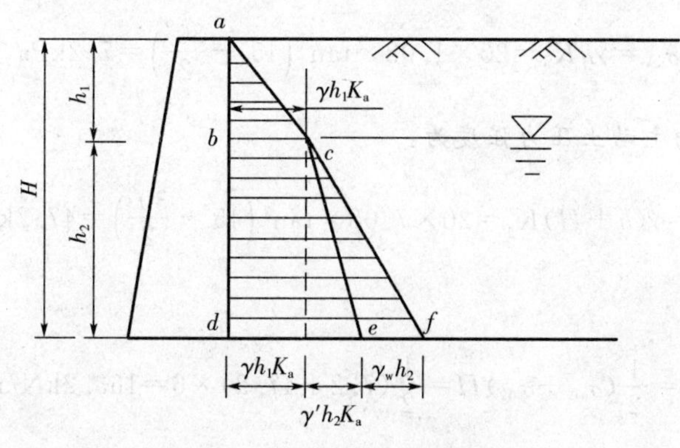

图3-6 填土中有地下水

$$P_w=\frac{1}{2}\gamma_w h_2^2 \tag{3-14}$$

【例 3-1】 挡土墙高 6m，墙背直立、光滑，填土面水平。墙后填土为无黏性砂土，内摩擦角 $\varphi=30°$，重度 $\gamma=19\text{kN/m}^3$。试求挡土墙的静止土压力 E_0、主动土压力 E_a 和被动土压力 E_p。

解：(1)静止土压力：

$$E_0=\frac{1}{2}\gamma H^2 K_0=\frac{1}{2}\times 19\times 6^2\times(1-\sin 30°)=171\text{kN/m}$$

E_0 的作用点位于距墙底 2m 处。

(2)主动土压力：

$$E_a=\frac{1}{2}\gamma H^2 K_a=\frac{1}{2}\times 19\times 6^2\times\tan^2(45°-\frac{30°}{2})=114\text{kN/m}$$

E_a 的作用点位于距墙底 2m 处。

(3)被动土压力：

$$E_p=\frac{1}{2}\gamma H^2 K_p=\frac{1}{2}\times 19\times 6^2\times\tan^2(45°+\frac{30°}{2})=1\,026\text{kN/m}$$

E_p 的作用点位于距离墙底 2m 处。

【例 3-2】 某挡土墙高 6m，墙背直立光滑，填土面水平。墙后填土为中砂，重度 $\gamma=20\text{kN/m}^3$，内摩擦角 $\varphi=30°$，在填土表面作用均布荷载 $q=21.6\text{kN/m}^2$，计算作用在挡土墙上的主动土压力，并绘出土压力分布图。

解：由已知条件，符合朗肯土压力理论。

将填土表面作用的均布荷载 q，折算成当量土层高度 h：

$$h=\frac{q}{\gamma}=\frac{21.6}{20}=1.08\text{m}$$

将墙背 $\overline{AB}$ 向上，延长 $h=1.08\text{m}$ 至 A' 点，以 A' 点为计算挡土墙的墙背，此时墙高为：

$$H+h=6+1.08=7.08\text{m}。$$

原挡土墙 A 点主动土压力强度由均布荷载 q 产生，其值为：

$$\sigma_{aA}=\gamma h K_a=20\times 1.08\times\tan^2\left(45°-\frac{30°}{2}\right)=7.2\text{kPa}$$

挡土墙底 B 点的主动土压力强度为：

$$\sigma_{aB}=\gamma(h+H)K_a=20\times 7.08\times\tan^2\left(45°-\frac{30°}{2}\right)=47.2\text{kPa}$$

总主动土压力为：

$$E_a=\frac{1}{2}(\sigma_{aA}+\sigma_{aB})H=\frac{1}{2}(7.2+47.2)\times 6=163.2\text{kN/m}$$

土压力分布呈梯形 $ABCD$，如图 3-7 所示。总主动土压力作用点在梯形重心。

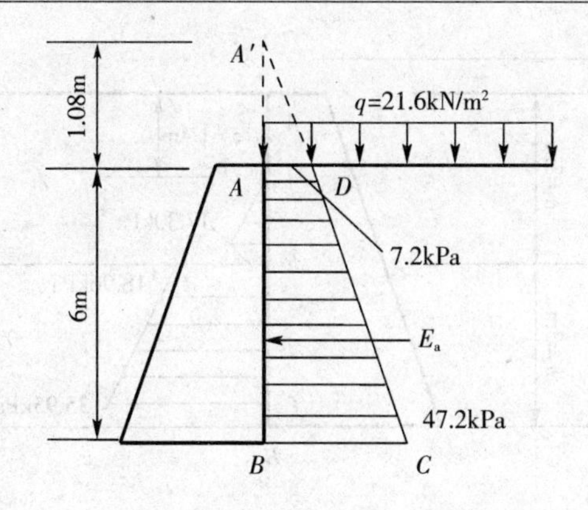

图 3-7 主动土压力分布图

【例 3-3】 某挡土墙高 6m，墙背直立光滑，填土面水平。填土分为等厚度的两层，第一层重度 $\gamma_1=19.0\mathrm{kN/m^3}$，粘聚力 $c_1=10\mathrm{kN/m^2}$，内摩擦角 $\varphi_1=16°$；第二层重度 $\gamma_2=17.0\mathrm{kN/m^3}$，粘聚力 $c_2=0$，内摩擦角 $\varphi_2=30°$。计算作用在挡土墙上的主动土压力，并绘出土压力分布图。

解：由已知条件，符合朗肯土压力理论。

(1)第一层填土为粘性土，墙顶部土压力为零，计算深度为 z_0：

$$z_0=\frac{2c}{\gamma_1\sqrt{K_{a1}}}=\frac{2c}{\gamma_1\sqrt{\tan^2(45°-\varphi_1/2)}}=\frac{2\times10}{19\times0.754}=1.4\mathrm{m}$$

第一层土底部土压力强度为：

$$\sigma_{a1}=\gamma_1 h_1 K_{a1}-2c\sqrt{K_{a1}}=19.0\times3.0\times0.568-2\times10\times0.754=17.30\mathrm{kPa}$$

(2)第二层土压力计算，先将上层土折算成当量厚度为：

$$h_1'=h_1\frac{\gamma_1}{\gamma_2}=3.0\times\frac{19.0}{17.0}=3.35\mathrm{m}$$

第二层土顶面土压力强度：

$$\sigma_{a2}=\gamma_2 h_1' K_{a2}=17.0\times3.35\times\tan^2\left(45°-\frac{30°}{2}\right)=18.96\mathrm{kPa}$$

第二层土底面土压力强度：

$$\sigma_{a3}=\gamma_2(h_1'+h_2)K_{a2}=17.0\times(3.35+3)\times\tan^2\left(45°-\frac{30°}{2}\right)=35.95\mathrm{kPa}$$

(3)总主动土压力计算

$$\begin{aligned}E_a&=\frac{1}{2}\sigma_{a1}(h_1-z_0)+\frac{1}{2}(\sigma_{a2}+\sigma_{a3})h_2\\&=\frac{1}{2}\times17.3\times(3.0-1.4)+\frac{1}{2}(18.96+35.95)\times3.0\\&=13.84+82.37=96.21\mathrm{kN/m}\end{aligned}$$

(4)土压力分布为两部分，如图 3-8 所示，上层土为三角形 abc，下层土为为梯形 $bdef$。

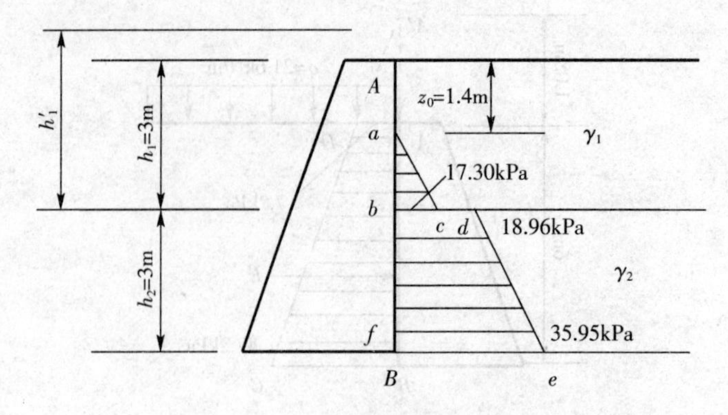

图 3-8 主动土压力分布图

3.2 水压力及流水压力

修建在河流、湖泊或含有地下水的地层中的结构物，经常受到水的作用。水对结构物的作用包括物理作用和化学作用，化学作用表现在水对结构物的腐蚀或侵蚀作用，物理作用表现在水对结构物的力学作用，即水对结构物表面产生的静水压力和流水压力。

3.2.1 静水压力

静水压力指静止的液体对其接触面产生的压力，作用在结构物侧面的静水压力有其特别重要的意义，它可能导致结构物的滑动或倾覆。在建造水闸、堤坝、桥墩、围堰和码头等工程时，必须考虑水在结构物表面产生的静水压力。处于静止或相对静止（相对平衡）状态的液体质点之间，没有相对运动，不产生粘滞切应力。任意一点的静水压力是各向等值的，与作用面的方位无关。

静水压力分布符合阿基米德定律，可以将静水压力分成水平分力和垂直分力，垂直分力等于结构物承压面和经过承压面底部的母线到自由水面所做的垂直面之间的“压力体”体积的水重，如图 3-9 中 abc、$a'b'c'$所示。根据定义其单位厚度上的水压力计算公式为：

$$W=\iint\gamma_w \mathrm{d}x\mathrm{d}y \tag{3-15}$$

式中：γ_w——水的重度，kN/m^3。

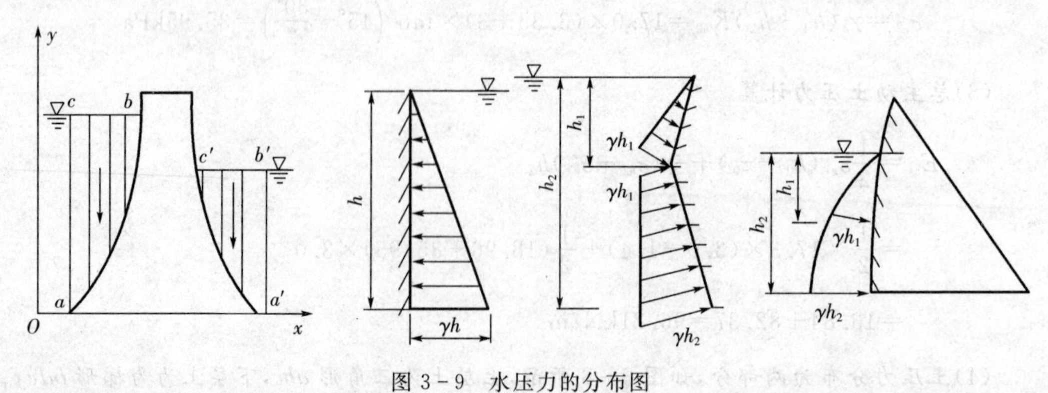

图 3-9 水压力的分布图

静水压力的水平分力和水深成线性关系，在自由液面下作用在结构物表面任意一点 A 的压强为：

$$p_A=\gamma_w h_A \tag{3-16}$$

式中：h_A——结构物上的计算点在水面下的掩埋深度，m。

如果在液体表面作用有压强 p_0，依据帕斯卡定律，则液面下结构物表面上任意一点 A 的压强为：

$$p_A=p_0+\gamma_w h_A \tag{3-17}$$

静水压力属各向等压力，水下结构物受到的总水压力与其埋深、形状、计算方向等有关。对于结构物表面法向静水压力，在受压面为平面的情况下，水压分布图的外包线为直线；当受压面为曲面时，曲面的长度与水深不成直线函数关系，曲面上各点的压强大小与该点的水深有关，压应力分布图的外包线为曲线，如图 3-9 所示。

3.2.2　流水压力

流动性是液体最基本的特征，处于流动水体中（如河流中或河岸）的工程构造物均会受到动水压力。动水压力会对结构物产生切应力和正应力，水的切应力与水流的方向一致，切应力只有在水高速流动时才表现出来。正应力是由于水的重量和水的流速方向发生改变而产生，当水流过结构物时，水流的方向会因结构物构件的阻碍而改变。在一般的荷载计算中，考虑较多的是水流对结构物产生的正应力。

在确定结构物表面上的某点压应力时，用静水压应力和流水引起的动水压应力之和来表示：

$$p=p_s+p_d \tag{3-18}$$

瞬时的动水压应力为时段平均动压应力和脉动压应力之和，因此式(3-18)可写成：

$$p=p_s+\bar{p}_d+p' \tag{3-19}$$

式中：p'——脉动压应力，Pa；

$\bar{p}_d$——时段平均动压应力，Pa。

平均动压应力 $\bar{p}_d$ 和脉动压应力 p' 可以用流速来计算：

$$\bar{p}_d=C_P\rho\frac{v^2}{2} \tag{3-20}$$

$$p'=\delta\rho\frac{v^2}{2} \tag{3-21}$$

式中：C_P——压力系数，可按分析方法或用半经验公式或直接由室内试验确定；

δ——脉动系数；

ρ——水的密度，kg/m^3；

v——水的平均流速，m/s。

脉动压应力是随时间变化的随机变量，因而要用统计学方法来描述脉动过程。

如果按面积取平均值，总动压力可表示为：

$$W=\overline{W}_d \pm W'=A(\overline{p}_d \pm p') \tag{3-22}$$

式中：A——力的作用面积，m^2。

在实际计算中 p' 采用较大的可能值，一般取 3～5 倍的脉动标准。

动水压力的作用还可能引起结构物的振动，甚至使结构物产生自激振动或共振，而这种振动对结构物是非常有害的，在结构设计时，必须加以考虑，以确保设计的安全性。

以迳流为主的河港透空式结构和以潮流为主的海港透空式结构物会作用有水流力，有时还会成为主导作用。在《港口工程荷载规范》(JTJ215—1998)中规定，作用于港口工程结构上的水流标准值 F_w，应按下式计算：

$$F_w=C_w \frac{\rho}{2} V^2 A \tag{3-23}$$

式中：F_w——水流力标准值，kN；

V——水流设计流速，m/s；

C_w——水流阻力系数，不同的结构取不同的值，具体参见规范；

ρ——水的密度，t/m^3，淡水取 $1.0t/m^3$，海水取 $1.025t/m^3$；

A——计算构件在与流向垂直平面的投影面积，m^2。

水流力的作用方向与水流方向一致，合力作用点位置可按下列规定采用，

(1)上部构件：位于阻水面积形心处；

(2)下部构件：顶面在水面以下时，位于顶面以下 1/3 高度处；顶面在水面以上时，位于水面以下 1/3 水深处。

在《公路桥涵设计通用规范》(JTG D60—2004)中，与 JTJ215—1998 类似，以水的密度的表达形式给出了桥墩上流水压力标准值的计算公式：

$$F_w=KA\frac{\gamma v^2}{2g} \tag{3-24}$$

式中：γ——水的重力密度，kN/m^3；

v——设计流速，m/s；

A——桥墩阻水面积，m^2，计算至一般冲刷线处；

g——重力加速度，$g=9.81m/s^2$；

K——桥墩形状系数，方形桥墩取 1.5，矩形桥墩取 1.3，圆形桥墩取 0.8，尖端形桥墩取 0.7，圆端形桥墩取 0.6。

流水作用点在设计水位下 0.3 倍水深处。

桥墩宜做成圆形、圆端形或尖端形，以减少流水压力。

3.3 波浪荷载

3.3.1 波浪的性质与分类

当风持续地作用在水面上时，就会产生波浪。波浪是液体自由表面在外力作用下产生的周期性起伏波动，它是液体质点做复杂的旋转、前进运动，是液体质点振动传播现象，这种运动对结构物产生的附加应力称为波浪压力，又称波浪荷载。

1. 波浪的性质

波浪作为一种波，具有波的三要素，见图3-10，周期τ，波长λ，波高h。影响波浪的形状和各参数值的因素有：风速v，风的持续时间t、水深H和吹程D（吹程等于岸边到构筑物的直线距离）。目前主要用半经验公式确定波浪各要素。

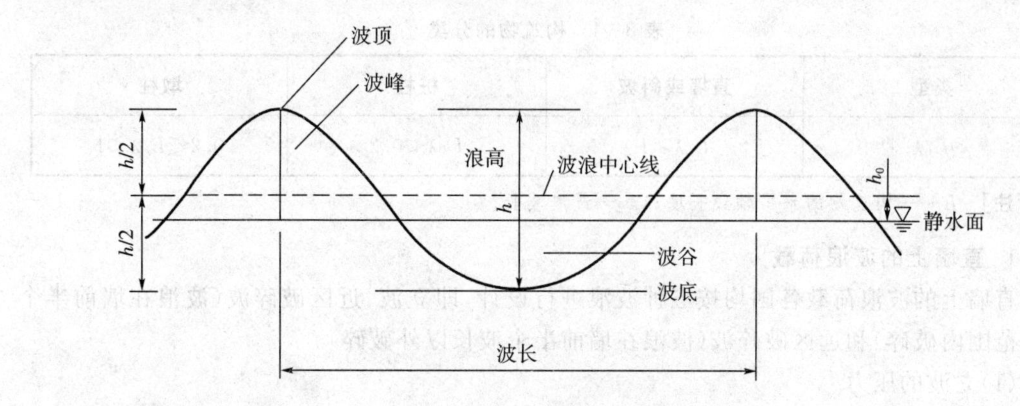

图3-10　波浪参数

(1)波峰——波浪在静水面以上的部分，其最高点称为波顶；

(2)波谷——波浪在静水面以下的部分，其最低点称为波底；

(3)浪高——波顶与波底之间的垂直距离，又称波高，h；

(4)波长——两个相邻的波顶或波底之间的水平距离，λ；

(5)周期——波顶向前推进一个波长所需的时间，τ；

(6)超高——波浪中线与静止水面的垂直距离，h_0。

2. 波浪的分类

影响波浪性质的因素多种多样且多为不确定因素，而且波浪大小不一，形态各异。

现行的波浪分类方法有以下几种。

第一种分类方法是海洋表面的波浪按频率排列来分类的，但目前没有资料得出各种波所具有的能量，因此只能大致按频率进行分类。

第二种分类方法是根据干扰力来分类的。由风力引起的波浪称风成波；由太阳和月球引力引起的波浪称潮汐波；由船舶航行引起的波浪称船行波等。对港口建筑和水工结构来说，风成波影响最大，是工程设计主要考虑对象。

第三种分类方法是把波分成自由波和强迫波。在风力直接作用下，静水表面形成的波称强迫波；当风力渐止后，波浪依其惯性力和重力作用继续运动的波称自由波。若自由波的外形是向前推进的称推进波，不再向前推进的波称驻波。当水域底部对波浪运动无影响时形成的波称深水波，有影响时形成的波称浅水波。

第四种分类方法根据波浪前进时是否有流量产生而把波分为输移波和振动波。输移波指波浪传播时伴随有流量，而振动波传播时则没有流量产生。振动波根据波前进的方向又可分为推进波和立波，推进波有水平方向的运动，立波没有水平方向的运动。

3.3.2　波浪荷载的计算

设计海岸和近海建筑物、构筑物（如防波堤、码头、护岸及采油平台等）时，必须知道波浪对构筑物的作用力。波浪对构筑物的荷载不仅和波浪的特性有关，还和建筑物的形式和受力特性有关，而且当地的地形地貌、海底坡度等也对其有很大的影响，现行确定波浪荷载的方法还带有很大的经验性。根据经验，一般在波高超过 0.5m 时，应考虑波浪对构筑物的作用力。对不同型式的构筑物，其波浪荷载应采用不同的计算方法。根据构筑物对波浪的阻抗、作用方式及结构型式(表 3-1)，波浪荷载的计算按下列种类进行。

表 3-1 构筑物的分类

类型	直墙或斜坡	桩柱	墩柱
L/λ	$L/\lambda \geqslant 1$	$L/\lambda < 0.2$	$0.2 \leqslant L/\lambda < 1$

[注] L——构筑物的水平轴线长度；λ——波浪波长。

1. 直墙上的波浪荷载

直墙上的波浪荷载各国均按三种波浪进行设计，即立波、近区破碎波(波浪在墙前半个波长范围内破碎)和远区破碎波(波浪在墙前半个波长以外破碎)。

(1)立波的压力

计算直墙上立波荷载最古老、最简单的方法是 Sainflow 方法。1928 年，法国工程师 Sainflow 得到浅水有限振幅波的一次近似解，它的适用范围为相对水深 H/λ 介于 0.135～0.20 之间，波陡 $h/\lambda \leqslant 0.035$。如果 h/λ 增大，计算结果偏大。该方法有一定的可靠性，直至现在仍被广泛应用。Sainflow 方法的简化计算公式是把压强简化成图 3-11，同时给定安全系数得到下列计算公式。

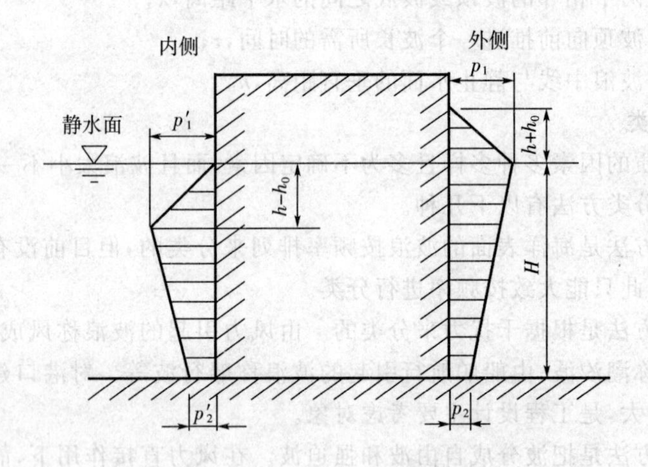

图 3-11 简化的 Sainflow 压强分布

波峰压强为：

$$p_1 = (p_2 + \rho g H)\left(\frac{h + h_0}{h + H + h_0}\right) \tag{3-25}$$

其中，

$$p_2 = \frac{\rho g h}{\cosh\left(\frac{2\pi H}{\lambda}\right)}$$

$$h_0=\frac{\pi h^2}{\lambda}\coth\left(\frac{2\pi H}{\lambda}\right)$$

波谷压强为：

$$p_1'=\rho g(h-h_0) \tag{3-26a}$$

$$p_2'=p_2=\frac{\rho g h}{\cosh\left(\frac{2\pi H}{\lambda}\right)} \tag{3-26b}$$

以上式中符号如图 3-11 所示。为便于应用，各种规范中常给出 Sainflow 方法的计算图表，以备查用。

当相对水深度 $H/\lambda>0.2$ 时，采用 Sainflow 方法计算出的波峰立波压强度将显著偏大，应采取其他方法确定。

(2)远区破碎波的压力

如果直墙处海底有斜坡，使直墙水深减小，则波浪将在抵达直墙以前发生破碎。如果波浪发生破碎的位置距离直墙在半个波长以外，这种破碎波就称为远区破碎波。远区破碎波对直墙的作用力相当于一般水流冲击直墙时产生的水压力。实验表明，这种压力的最大值出现在静水面以上 $\frac{1}{3}h_1$ 处（h_1 为远区破碎波的波高）。其沿直墙的压力分布如图 3-12 所示，向下从最大压力开始按线性递减，到墙底处压力减为最大压力的 $\frac{1}{2}$；向上按直线法则递减，至静水位面以上 $z=h_1$ 时波压力变为零。

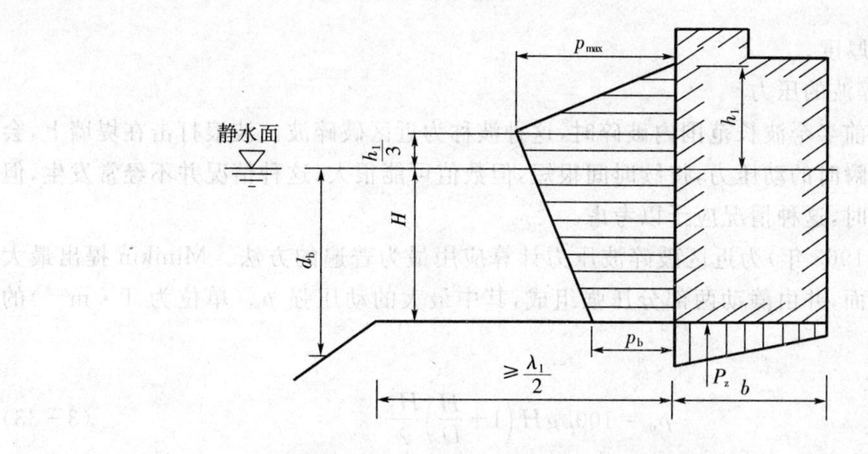

图 3-12 远区破碎波在直墙上的压强分布

作用在直墙上的最大压强为：

$$p_{max}=K\rho g\frac{\mu^2}{2g}=K\rho\frac{\mu^2}{2} \tag{3-27}$$

式中：K——实验资料确定的常数，一般取 1.7；

ρ——水的密度，kg/m³；

μ——波浪冲击直墙的水流速度，m/s；

g——重力加速度，m/s^2。

Plakida 根据试验研究，认为波浪冲击直墙时的水流速度可取为：

$$\mu=\sqrt{gH} \tag{3-28}$$

在破碎波冲击直墙时，墙前水深 H 不易确定，出于安全，建议取 $H=1.8h$ 得最大压强为：

$$p_{\max}=K\rho g\frac{\mu^2}{2g}=1.5\rho gh \tag{3-29}$$

墙底处的波压强为：

$$p_b=\frac{\rho gh_1}{\cosh\dfrac{2\pi H}{\lambda_1}} \tag{3-30}$$

若堤前海岸比较平缓，取 $h_1=0.65H$；若堤前海岸有坡度 m，则 $h_1=0.65H+0.5\lambda_1 m$。图 3-12 中 H 为墙前水深，h_1 为直墙前的波面高度与静水面高度之差，d_b 为波浪破碎时的水深。λ_1 为直墙前远区破碎波的波长（单位为 m），由下式推算：

$$\lambda_1=\lambda\tanh\frac{2\pi H_1}{\lambda_1} \tag{3-31}$$

墙底浮托力为：

$$P_z=0.7\frac{p_b b}{2} \tag{3-32}$$

式中：b——直墙厚度。

(3)近区破碎波的压力

当波浪在墙前半个波长范围内破碎时，这种波称为近区破碎波。波浪打击在堤墙上，会对墙体产生一个瞬时的动压力，持续时间很短，但数值可能很大，这种情况并不经常发生，但进行构筑物设计时，这种情况应予以考虑。

Minikin 法（1963 年）为近区破碎波压力计算应用最为普遍的方法。Minikin 提出最大压强发生在静水面，并由静动两部分压强组成，其中最大的动压强 p_m（单位为 $T\cdot m^{-2}$）的计算公式为：

$$p_m=100\rho gH\left(1+\frac{H}{D}\right)\frac{H_b}{\lambda} \tag{3-33}$$

式中：H——墙前堆石基床上的水深，m；

D——墙前堆石基床外的水深，m；

H_b——近区破碎波的波高，m；

λ——对应水深为 D 处的波长，m。

最大动压强以抛物线形式随距静水面的距离增大而降低，到静水面上下各 $\dfrac{H_b}{2}$ 处衰减为零，如图 3-13 所示。

动水压强形成的总动压力 R_m 为：

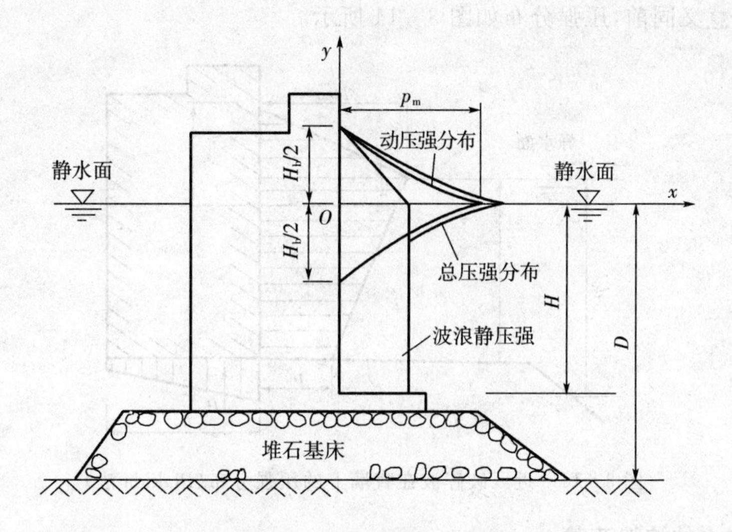

图 3-13　近区破碎波在直墙上的压强分布(Minikin 法)

$$R_m = \frac{p_m H_b}{3} \tag{3-34}$$

在确定构筑物上的总作用力时,还必须考虑因水位上升而引起直墙上的静水压强,静水压强的计算公式为:

$$p_s = \begin{cases} 0.5\rho g H_b\left(1-\dfrac{2y}{H_b}\right), & \text{当 } 0 < y \leqslant \dfrac{H_b}{2} \\ 0.5\rho g H_b, & \text{当 } y \leqslant 0 \end{cases} \tag{3-35}$$

式中:y——静水面到计算点的高度(向上为正),m。

作用在直墙上的总波压力 R_t 为:

$$R_t = R_m + \frac{\rho g H_b}{2}\left(H + \frac{H_b}{4}\right) \tag{3-36}$$

Plakida(1970 年)也提出了近区破碎波在直墙上作用力的计算方法。方法简单,计算公式的形式与 Plakida 法计算远区破碎波的压力公式类似。

作用于静水面直墙处的最大波压强为:

$$p_{max} = 1.5\rho g h \tag{3-37}$$

墙脚处的波压强为:

$$p_b = \frac{\rho g h}{\cosh \dfrac{2\pi H}{\lambda}} \tag{3-38}$$

浮托力合力 P_z 为:

$$P_z = 0.9\,\frac{p_b b}{2} \tag{3-39}$$

式中符号意义同前，压强分布如图 3－14 所示。

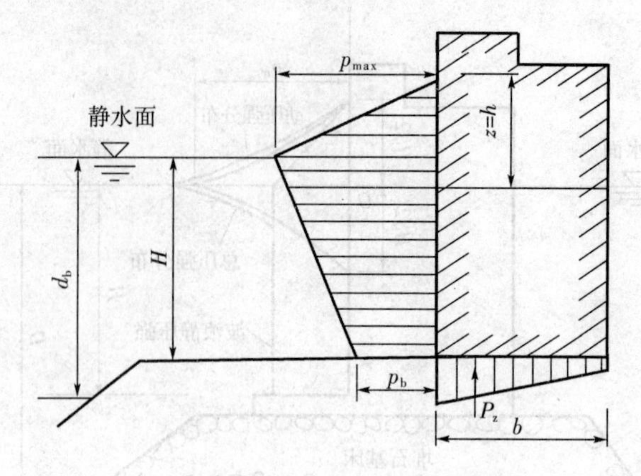

图 3－14 近区破碎波在直墙上的压强分布(Plakida 法)

2. 圆柱体上的波浪荷载

波浪对圆柱的荷载作用理论与直墙不同，在计算中按圆柱的几何尺寸把圆柱分为小圆柱体和大圆柱体两类。一般规定圆柱的直径 D 与波长 λ 之比即 $D/\lambda=0.2$ 作为临界值。当 $D/\lambda<0.2$ 时，称为小圆柱体；当 $D/\lambda\geqslant0.2$ 时，称为大圆柱体。

小圆柱体的荷载计算采用 Morison 的计算公式。Morison 认为在非恒定流中的圆柱体，其受力有两部分组成，即阻力和惯性力。阻力和惯性力的大小比值随条件的不同而变化，在某种条件下阻力是主要的，而在另外条件下，惯性力是主要的。

计算公式为：

$$F=\frac{1}{2}C_D\rho DU|U|+\rho\pi\frac{D^2}{4}C_M U \tag{3-40}$$

式中：F——单位长度的圆柱体的受力，N/m；

C_D——阻力系数；

C_M——惯性力系数；

D——圆柱体直径，m；

U——质点水平方向的速度分量，m/s。

Morison 公式适用于 $D/\lambda\leqslant0.2$ 的情况。可以认为该公式在线性理论范围内具有理论根据。但在计算中选定恰当的 C_D、C_M 值是非常困难的。我国《海港水文规范》(JTJ 213—1998)中规定，对圆形柱体不考虑雷诺数的影响，C_D 取 1.2，C_M 取 2.0。

圆柱体尺寸较小时，波浪流过柱体时除产生漩涡外，波浪本身的性质并不发生变化，但如果圆柱尺寸相对于波长来说较大时，当波浪流过圆柱时就会发生绕射现象，因此大圆柱体的受力较为复杂，具体计算可参阅相关教材。

3.4 冻胀力

3.4.1 冻土的概念、性质及与结构物的关系

具有负温或零温并含有冰的土类和岩石称为冻土。含有水分的土体温度降低到其冻

结温度时，土中的孔隙水冻结成冰，且伴随着析冰（晶）体的产生，并将松散的土颗粒胶结在一起形成冻土。冻土根据其存在的时间长短可分为多年冻土、季节性冻土和瞬时冻土三类，其中季节性冻土是冬季冻结，夏季融化，每年冻融交替一次的土层。季节性冻土地基在冻结和硬化过程中，往往产生冻胀和融沉，过大的冻融变形，将造成结构物的损伤和破坏。

每年寒季冻结、暖季融化，其年平均地温小于0℃的地表层，称为季节融化层（季节活动层），其下卧层为多年冻土层；年平均地温大于0℃的地表层，称为季节冻结层，其下卧层为非冻结层或不衔接多年冻土层。

我国冻土分布极为广阔，多年冻土面积约占全国面积的22.3%，主要分布于青藏高原、大小兴安岭及西部高山等地。季节性冻土分布也相当广泛，遍布于长江流域以北十余个省份，季节性冻土面积约占全国面积的54.0%。

冻土是由固体矿物颗粒、粘塑性冰包裹体、未冻水和强结合水以及气态包裹体组成。冻土的形成过程，实质是土中水结冰并将固体颗粒胶结成整体的物理力学性质发生质变的过程。由于冻土是一种复杂的四相体，所以冻土性质比较复杂。当土体冻结时，并非所有的水都变成冰，土体的颗粒不同，未冻水的含量就不同。随着负温绝对值增加，未冻水的含量逐渐减小。前苏联B.A.奥布鲁切夫冻土学研究所研究了未冻水含量与负温值之间的关系。土越分散（黏性越大），在一定的负温下，其中所含的未冻水量越多。影响冻土性质的主要因素是负温变化，当降低负温时，改变了冻土中未冻水的数量，也改变了未冻水的成分和性质，当然冻土的强度随负温下降而增加。

土中水的冻结过程可以划分为五段，

(1)冷却段：向土层供冷初期，使土体逐渐降温以达到冰点；

(2)过冷段：土体降温至0℃以下时，自由水仍不结冰，呈现过冷现象；

(3)突变段：水过冷后，一旦水结晶就立即放出结冰潜热，出现升温现象；

(4)冻结段：温度上升接近0℃时稳定下来，土体中的水便产生结冰过程，将土颗粒胶结成冻土；

(5)冻土继续冷却段：随着温度的降低，冻土的强度逐渐提高。

冻土作为一个完整的整体主要是内部联结作用的结果。一是土矿物颗粒接触处的纯分子联结作用（范德瓦尔斯-伦敦力），其值决定于矿物颗粒之间直接接触面积、粒间距离、颗粒的可压密性和物理化学性质；二是冰胶结联结作用，它几乎完全制约了冻土的强度与变形性质，但又受负温、总含冰量、粒度等的影响；三是结构构造联结作用，它取决于冻土的形成条件及随后存在的条件。冻土的不均匀性越强，结构缺陷就越多，结构单元和整个冻土的强度就越低。由于冻土的组构非常复杂，这三种作用是互相存在的，从而冻土的变形性能较复杂。

土体冻结体积增大，土体膨胀变形受到约束时，则产生冻胀力。建造在冻胀土上的结构物，相当于对地基的冻胀变形施加约束，地基的冻胀力作用在结构物基础上，引起结构发生变形，产生内力。

3.4.2　土的冻胀原理

所谓冻胀，是指土体在冻结过程中，土中水分冻结成冰，并形成冰层、冰透镜体、多晶体冰晶等形式的冰侵入体，引起土颗粒间的相对位移，使土体积产生不同程度的冻胀现象。土体冻胀一般应具备三个条件:具有冻胀敏感性的土,初始水分及外界水分的供给,以及适宜的冻结条件和时间。

在封闭体系中,由于土体初始含水量冻结,体积膨胀产生向四面扩张的内应力,这个力称为冻胀力,冻胀力随着土体温度的变化而变化。在开放体系中,分凝冰的劈裂作用,使地下水源不断地补给孔隙水而浸入到土颗粒中间,并冻结成冰,使土颗粒被迫移动而产生冻胀力。当冻胀力使土颗粒位移受到束缚时,这种反束缚的冻胀力就表现出来,束缚力越大,冻胀力也就越大。当冻胀力达到一定界限时,就不产生冻胀,这时的冻胀力就是最大冻胀力。

建筑在冻胀土上的工程结构物,使地基土的冻胀变形受到约束,使得地基土的冻结条件发生改变,进而改变着基础周围土体温度,并且将外部荷载传递到地基土中改变地基土冻结时的束缚力。

在进行工程结构设计时必须考虑冻深的影响,影响冻深的因素很多,除气温外尚有地质(岩性)条件、水分状况以及地貌特征等。标准冻深是在下述标准条件下取得的,即地下水位与冻结峰面之间的距离大于 2m,非冻胀黏性土,地表平坦、裸露,在城市之外的空旷场地中多年实测(不少于 10 年)最大冻深的平均值。

3.4.3 冻胀力的分类与计算

一般根据土体冻胀力对结构物的不同作用方向和作用效果,将冻胀力分为切向冻胀力、法向冻胀力和水平冻胀力,如图 3-15 所示,《冻土地区建筑地基基础设计规范》(JGJ118—1998)给出了各自的计算方法。由于基础的埋置深度和基础形式不同,所受的冻胀力也不同,基础受到的冻胀力有可能是单一出现的,也有可能是综合出现的。因此,在进行结构物的防冻设计时,要具体问题具体分析。

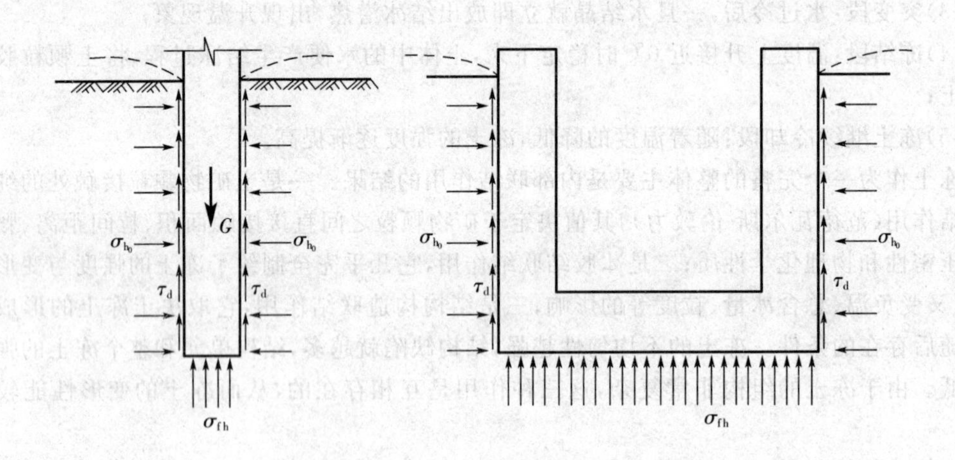

图 3-15 作用在结构物基础上的冻胀力分类示意图

1. 切向冻胀力

地基土冻结膨胀时,沿切向作用在基础侧表面的力,这种作用于基础表面的冻胀力称为切向冻胀力 τ_d。

影响切向冻胀力值大小的因素,除水分、土压与负温三大要素外,还有基础侧表面的粗糙度等。切向冻胀力按单位切向冻胀力取值,一般有两种取法,一种是取平均单位切向冻胀

力 τ_d，一种是取相对平均单位切向冻胀力 T_k。前一种是指作用在基础侧面单位面积上的平均切向冻胀力(单位为 kPa)，后一种是指作用在基础侧面单位周长上的平均切向冻胀力(单位为 kN/m)。

我国采用第一种取法，对于桩和墩基础，按下式计算：

$$T=\sum_{i=1}^{n}\tau_{di}A_{\tau i} \tag{3-41}$$

式中：T——总的切向冻胀力，kN；

τ_{di}——第 i 层土中单位切向冻胀力，kPa，应按实测资料取用，如缺少试验资料时可按表 3-2 的规定选取，在同一冻胀类别内，含水量高者取大值；

$A_{\tau i}$——与第 i 层土冻结在一起的桩侧表面积，m^2；

n——设计冻深内的土层数。

表 3-2　单位切向冻胀力 τ_d　　kPa

冻胀类别 / 基础类型	弱冻胀土	冻胀土	强冻胀土	特强冻胀土
桩、墩基础(平均单位值)	$30<\tau_d\leqslant 60$	$60<\tau_d\leqslant 80$	$80<\tau_d\leqslant 120$	$120<\tau_d\leqslant 150$
条形基础(平均单位值)	$15<\tau_d\leqslant 30$	$30<\tau_d\leqslant 40$	$40<\tau_d\leqslant 60$	$60<\tau_d\leqslant 70$

[注]　表列数值以正常施工的混凝土预制桩为准，其表面粗糙程度系数取 1.0，当基础表面粗糙时其表面粗糙程度系数取 1.1～1.3。

在计算条形基础切向冻胀力时，不计入条形基础的实际埋深，按设计冻深考虑。

对于采暖建筑物的基础，还应考虑采暖对冻深和冻胀力的影响。

我国规范规定了减小和消除切向冻胀力的措施，要求在进行基础浅埋的设计中，首先应采取防止切向冻胀力的措施，将其消除后，再按法向冻胀力计算。

2. 法向冻胀力

地基土冻结膨胀时，沿法向作用在基础底面的力，这种垂直作用于基础底面的冻结力称为法向冻胀力 σ_{fh}。

冻土的特性、冻土层下未冻土的压缩性、作用在冻土层上的外部压力，以及受冻胀作用和影响的结构物抗变形能力等都对法向冻胀力产生影响，因此，法向冻胀力随诸多因素变化而变化，不是固定不变的值。冻胀应力的取值应以实测数据为准；当缺少试验资料时可按图 3-16 查取，具体计算方法参考规范。

3. 水平冻胀力

地基土在冻结膨胀时，沿水平方向作用在结构物或基础表面上的力，这种力称为水平冻胀力 σ_{h_0}，包括切向和法向的作用。

墙后填土的冻胀性、墙体对冻胀的约束程度和墙后土体的含水量对水平冻胀力产生较大影响。水平向冻胀力根据它的形成条件和作用特点可分为两种，一种是对称的水平冻胀力，它作用于结构物侧面，对结构稳定不产生影响；另一种是非对称水平冻胀力，常远大于主动土压力，因此其计算具有十分重要的意义。

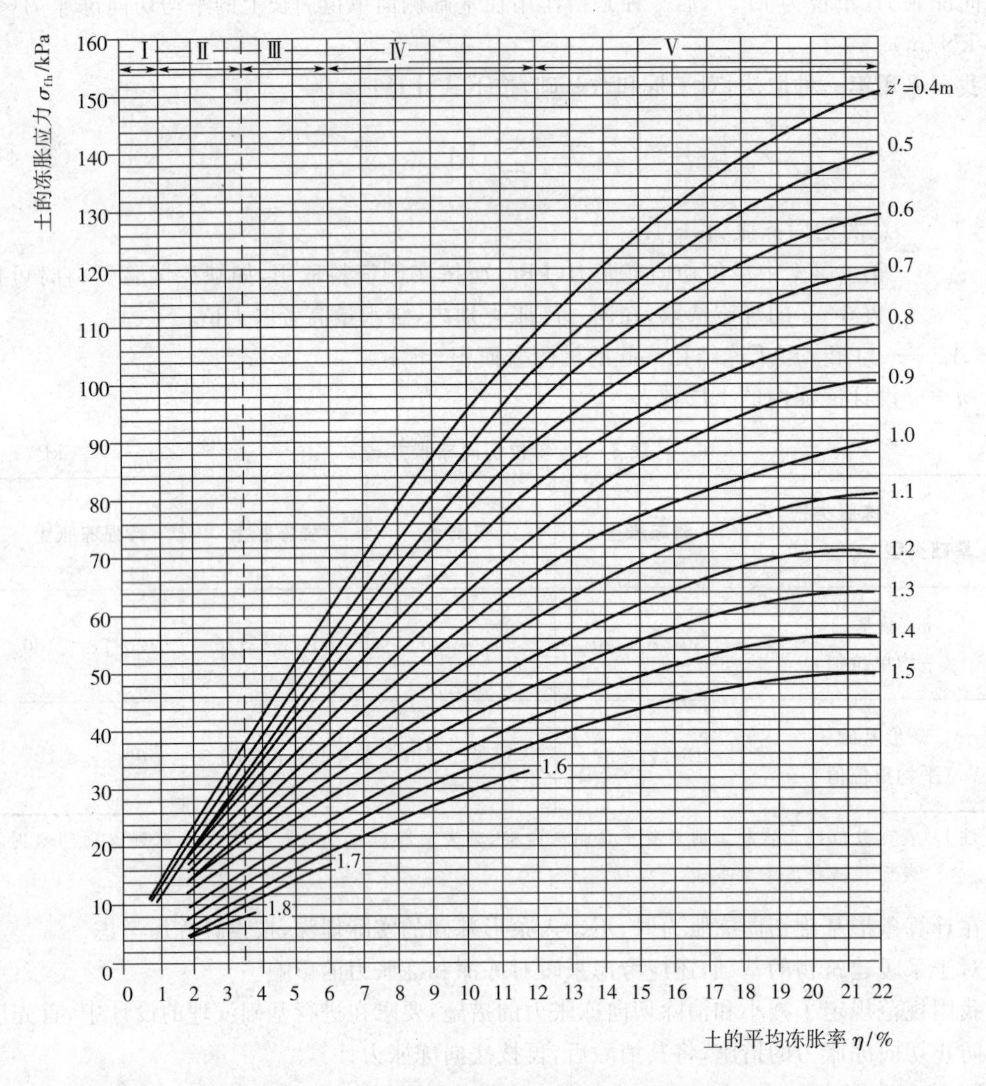

图 3-16　土的平均冻胀率与冻胀应力关系曲线

水平冻胀力的计算至今没有一个确定的计算公式，其大小和分布应通过现场试验确定。《冻土地区建筑地基基础设计规范》(JCJ118—1998)规定，在无条件进行试验时，其分布图式可按图 3-17 选定，图中水平冻胀力的最大值 $\sigma_{h_0,\max}$ 应按表 3-3 的规定选用。

表 3-3　水平冻胀力 σ_{h_0}

冻胀等级	不冻胀	弱冻胀	冻胀	强冻胀	特强冻胀
冻胀率/%	≤1	1～3.5	3.5～6	6～12	>12
水平冻胀力/kPa	<15	15～70	70～120	120～200	≥200

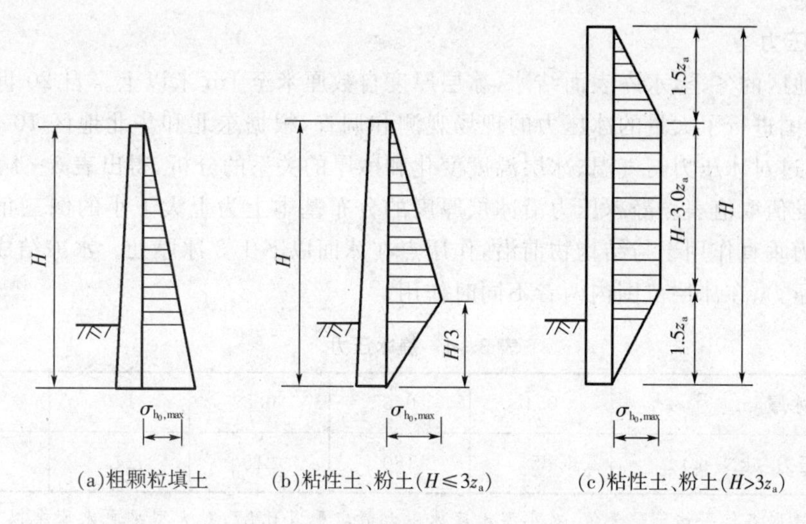

图 3－17　水平向冻胀力分布(z_a 为上限深度)

3.5 冰压力

3.5.1　冰压力概念及分类

位于冰凌河流和水库中的结构物，由于冰层的作用对结构产生一定的压力，此压力称为冰压力。在具体工程设计时，应根据工程所处地冰凌的具体条件及结构形式，考虑有关冰荷载。一般来说，考虑的冰荷载有以下几种类型。

1. **大面积冰场运动时产生的静冰压力**

当大面积冰层在风和水流驱动下以缓慢的速度接触结构物时，受阻于结构物而停滞，形成冰层或冰堆现象，结构物受到挤压，并在冰层破碎前的一瞬间对结构物产生最大压力。该静冰压力大到使冰层破碎时，即不再存在。

2. **流冰产生的撞击力**

在河流、湖泊及水库中，由于冰块的流动对结构物产生的冲击动压力，该力的数值与风和水流的速度及冰的体积有关，可根据流动冰块的面积及流动速度按一般力学原理予以计算。

3. **冻结在结构上的冰因水位升降产生的竖向力**

当冰覆盖层与结构物冻结在一起时，若水位升降，水通过冻结在结构物上的冰盖对结构物产生向上或向下的力。

4. **结构内外的冰因温度变化产生的膨胀力**

对于结构内、外侧的冰，由于温度变化使冰体积发生变化，当此变化受到结构物的约束时，即可形成膨胀力。

3.5.2　冰压力的计算

冰压力的计算应根据上述冰荷载的分类区别对待，但任何一种冰压力都不得大于冰的破坏力。在《水工建筑物荷载设计规范》(DL5077—1997)中，分别给出了静冰压力和动冰压力的计算方法。

1. **静冰压力**

在寒冷地区的冬季，水库表面结冰，冰层厚度自数厘米至1m米以上。自20世纪70年代初开始，我国进行了大量的冰压力的现场观测和调查，根据东北和华北地区10个水库的观测资料，通过对冰压力与气温、冰层温度变化和冰厚的关系的分析，得出表3-4所示的静冰压力的标准值取值表。静冰压力沿冰层厚度的分布基本上为上大下小的倒三角形，可以认为静冰压力垂直作用于与结构物前沿，作用点在冰面以下1/3冰厚处。水冻结成冰后，水压力变成冰压力，在冰层范围内两者不同时作用。

表3-4 静冰压力

冰厚/m	0.4	0.6	0.8	1.0	1.2
静冰压力/(kN/m)	85	180	215	245	280

[注] 冰厚取多年平均年最大值；对小型水库冰压力值应乘以0.87，对大型平原水库乘以1.25；静冰压力值可按表列冰厚内插。

2. **动冰压力**

冰运动时对建筑物的作用力与冰块的抗压强度、厚度、平面尺寸和运动速度等有关。冰块与建筑物发生碰撞时可能破碎，也可能不破碎。但动冰压力与建筑物的形状有关，下面分宽长建筑物和墩柱两种情况进行分析。

(1)作用于铅直坝面或其他宽长建筑物时

当动冰作用在宽长的建筑物前沿时，其动冰压力标准值可按下式计算：

$$F_{bk}=0.07vd_i\sqrt{Af_{ic}} \tag{3-42}$$

式中：F_{bk}——冰块撞击时产生的动冰压力标准值，MN；

v——冰块流速，m/s，应按实测资料确定，无实测资料时，对于河冰可采取水流流速；对于水库冰可取流冰期内最大风速的3%，但不宜大于0.6m/s；对于过冰建筑物可采用该建筑物前的行近流速；

d_i——计算冰厚，m，取当地最大冰厚的0.7～0.8倍，流冰初期取大值；

A——冰块面积，m^2；

f_{ic}——冰的抗压强度，对水库可采用0.3MPa；对河流，在流冰初期可采用0.45MPa，后期可采用0.3MPa。

(2)作用于墩柱时，分墩柱前沿为三角形和其它形状不同按两种情况计算。

1)三角形墩柱

$$F_{p1}=mf_{ib}d_ib \tag{3-43}$$

$$F_{p2}=0.04vd_i\sqrt{mAf_{ib}\tan\gamma} \tag{3-44}$$

式中：F_{p1}——冰块切入三角形墩柱时产生的动冰压力标准值，MN；

F_{p2}——冰块撞击三角形墩柱时产生的动冰压力标准值，MN；

m——墩柱前沿的平面形状系数，按表3-5采用；

γ——三角形夹角的一半，°；

b ——在冰作用高程处的墩柱前沿宽度,m;

f_{ib}——冰的抗挤压强度,在流冰初期可采用0.75MPa,后期可采用0.45MPa。

表3-5 桩或墩迎冰面形状系数

形状 系数	平面	圆形	尖角形的迎冰面角度(2γ)				
			45°	60°	75°	90°	120°
m	1.00	0.90	0.54	0.59	0.64	0.69	0.77

2)作用于前沿为铅直的矩形、多边形或圆形独立墩柱上的动冰压力可按(3-43)式进行计算。

在《公路桥涵设计通用规范》(JTG D60—2004)中,对桥墩所受的冰压力计算做了具体的规定,与DL5077—1997有较大区别的是考虑了冰温的影响。

对于低坝、闸墩等,冰压力有时成为重要的作用。流冰作用于独立的进水塔、墩、柱上的冰压力,也会对建、构筑物产生破坏作用。实际工程中应注意在不宜承受冰压力的部位,加强防冰、破冰措施,如闸门、进水口等处。

3.6 撞击力

汽车在桥梁上行驶时,可考虑汽车对桥梁的撞击力,若桥梁跨越江、河、海湾时,还应考虑船舶或漂流物对桥梁墩台的撞击力,撞击力一般视为偶然作用。

3.6.1 汽车撞击力

我国《公路桥涵设计通用规范》(JTG D60—2004)规定,桥梁结构在必要时可考虑汽车的撞击作用。汽车撞击力标准值在车辆行驶方向取1000kN,在车辆行驶垂直方向取500kN,两个方向的撞击力不同时考虑,撞击力作用于行车道以上1.2m处,直接分布于撞击涉及的构件上。

为防止或减少因撞击而产生的破坏,对易受到汽车撞击的结构构件的相关部位应采取相应的构造措施,并增设钢筋或钢筋网。对于设有防撞设施的结构构件,可视防撞设施的防撞能力,对汽车撞击力标准值予以折减,但折减后的汽车撞击力标准值不应低于上述规定值的1/6。

3.6.2 船舶撞击力

船舶或漂流物与桥梁结构的碰撞过程十分复杂,精确确定船舶或漂流物与桥梁的相互作用十分困难,一般均根据能量相等原理采用一个等效静力荷载表示撞击作用。

1. 撞击作用标准值

当缺乏实际调查资料时,内河上船舶撞击作用标准值可按表3-6采用,其中四、五、六、七级航道内的钢筋混凝土桩墩,顺桥向撞击作用可按表3-6所列数值的50%考虑。当缺乏实际调查资料时,海轮撞击作用标准值可按表3-7采用。

表 3-6 内河船舶撞击作用标准值

内河航道等级	船舶吨级 DWT/t	横桥向撞击作用/kN	顺桥向撞击作用/kN
一	3 000	1 400	1 100
二	2 000	1 100	900
三	1 000	800	650
四	500	550	450
五	300	400	350
六	100	250	200
七	50	150	125

表 3-7 海轮撞击作用标准值

船舶吨级 DWT/t	3 000	5 000	7 500	10 000	20 000	30 000	40 000	50 000
横桥向撞击作用/kN	19 600	25 400	31 000	35 800	50 700	62 100	71 700	80 200
顺桥向撞击作用/kN	9 800	12 700	15 500	17 900	25 350	31 050	35 850	40 100

2. 撞击作用点

内河船舶作用的撞击作用点假定为计算通航水位线以上 2m 的桥墩宽度或长度的中点,海轮船舶撞击作用点需视实际情况而定。

可能遭受大型船舶撞击作用的桥墩,应根据桥墩的自身抗击作用能力、桥墩的位置和外形、水流速度、水位变化、通航船舶类型和撞击速度等因素作桥梁防撞设施的设计。当设有与墩台分开的防撞击的防护结构时,桥墩可不计船舶的撞击作用。

3.6.3 漂流物撞击力

1. 漂流物横桥向撞击力标准值

漂流物对桥梁墩台的撞击作力是巨大的,其标准值可按下式计算:

$$F=\frac{WV}{gT} \tag{3-45}$$

式中:F——漂流物横桥向撞击力标准值,kN;

W——漂流物重力,kN,应根据河流中漂流物情况,按实际调查确定;

V——水流速度,m/s;

T——撞击时间,s,应根据实际资料估计,在无实际资料时,可取 1s;

g——重力加速度,可取 $g=9.81\text{m/s}^2$。

2. 撞击作用点

漂流物的撞击作用点假定在计算通航水位线上桥墩宽度的中点。

思考题与习题

1. 什么是土的侧压力？如何进行土的侧压力计算？

2. 处于流动水体中的工程构造物，如何计算受到的动水压力？

3. 简述波浪的成因，描述波浪参数及影响波浪特性的主要因素。

4. 在计算波浪荷载时，为什么首先要确定构造物的类型？

5. 什么是冻土？土的冻胀原理是什么？如何进行冻胀力的分类与计算？

6. 影响建筑在冻土中的结构物受到的冻胀力的因素有哪些？在结构设计中，如何考虑这些因素？

7. 试举例说明哪些工程结构应考虑冰压力？

8. 某钢筋混凝土挡土墙，墙高5m，墙背直立、光滑，填土面水平。试按下列三种情况计算挡土墙的静止土压力 E_0、主动土压力 E_a 和被动土压力 E_p：

(1)墙后填土为无黏性砂土，内摩擦角 $\varphi=30°$，重度 $\gamma=18kN/m^3$；

(2)墙后填土为黏性土，内摩擦角 $\varphi=25°$，$c=10kN/m^2$，重度 $\gamma=18kN/m^3$；

(3)墙后填土为黏性土，内摩擦角 $\varphi=25°$，$c=10kN/m^2$，重度 $\gamma=18kN/m^3$，且填土表面有连续均布荷载 $q=10kN/m^2$。

9. 某挡土墙高10m，墙背直立、光滑，填土面水平。填土上作用均布荷载 $q=20kN/m^2$，墙后填土分两层，上层为中砂，重度 $\gamma_1=18.5kN/m^3$，内摩擦角 $\varphi_1=30°$，厚度 $h_1=3.0m$；下层为粗砂，$\gamma_2=19.0kN/m^3$，内摩擦角 $\varphi_2=35°$，地下水位离墙顶6.0m，水下粗砂的饱和重度 $\gamma_{sat}=20kN/m^3$，计算作用在此挡土墙上的总主动土压力。

第4章　风荷载

4.1　风的有关知识

4.1.1　风的形成

风是由于空气流动而产生的。空气之所以会流动,是因为地表上各点大气压不同,存在压力差或压力梯度,故而导致气流从气压高的地方流向气压低的地方,就像水从高处流向低处。

我们知道,地球是一个球体,太阳对地球各处辐射程度不同,就理论而言,赤道和低纬度地区受热较多,气温高,空气密度小,气压小,且大气因加热膨胀由地表向高空上升;而极地和高纬度地区受热较少,气温低,空气密度大,气压大,且大气因冷却收缩由高空向地表下沉。因此,在低空,气流从高纬度地区流向低纬度地区;而在高空,气流从低纬度地区流向高纬度地区,这样就形成了全球性南北向大气环流(如图4-1所示)。

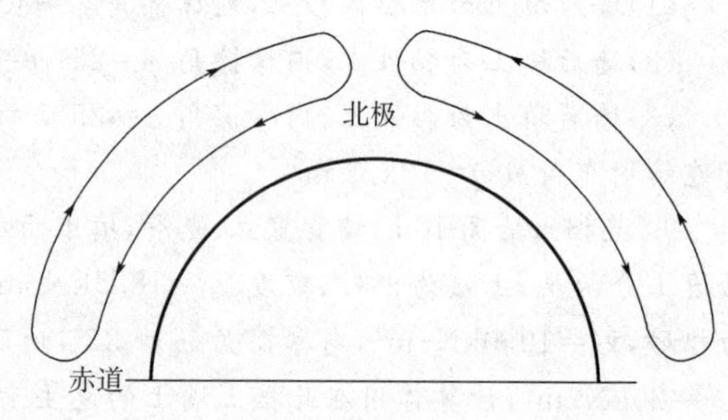

图4-1　大气热力学环流模型

实际上,由于地球自转以及地球表面大陆与海洋吸收和散发热量存在差异等原因,使得大气环流并不像图4-1所示那么简单。观察发现,图4-2所示的三圈环流模型比较接近由观测资料获得的平均径向环流形式。

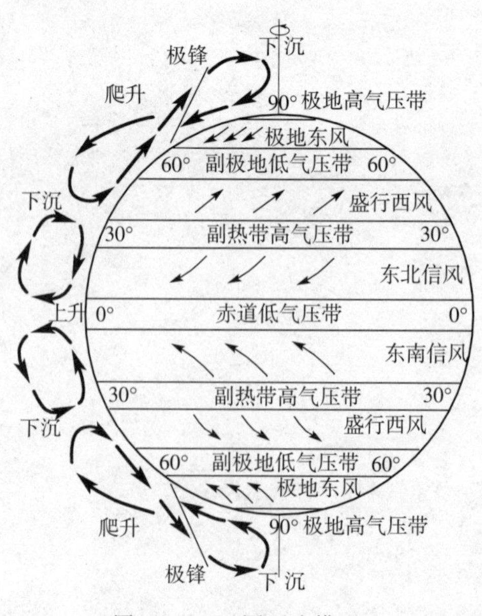

图4-2　三圈环流模型

4.1.2 两类性质的大风

我们已经知道,地面上空大气的运动规律很复杂,因此,有可能形成各种不同性质的大风,例如台风(飓风)、季风、龙卷风、峡谷风等,这里主要介绍两类大风。

1. 台风(飓风)

台风是大气环流的组成部分,是热带洋面上形成的低压气旋。起初只是一个弱的热带气旋性涡旋,在合适的环境下,因摩擦产生复合气流并把大量暖湿空气带入涡旋内部,并发生上升和对流运动,释放热量,提高中心空气的温度,形成暖心,于是涡旋内部空气密度降低,下部海面气压下降,低涡增强,反过来又使复合气流加强,更多水汽向涡旋中心集中,如此循环最终增强为台风。

其实台风和飓风均指风速达到33m/s以上的热带气旋,只是发生的地域不同才有了不同的名称。出现在西北太平洋和我国南海的强烈热带气旋被称为"台风";发生在大西洋、加勒比海和北太平洋东部的则称为"飓风"。

2. 季风

地球表面的大陆和海洋对热的反应存在很大差异,冬季,大陆上辐射冷却强烈,温度低、形成高压,与其相邻的海洋,却因水的热容量大而辐射冷却较大陆缓慢,温度高、形成低压,因此风从大陆吹向海洋;夏季则正好相反。这种随着一年四季更替而变化的风称为季风。

4.1.3 我国的风气候总况

就像前面所说的那样,大气运动与地球运动、纬度、地形地貌等因素密切相关,所以风气候往往也与所在地区的地理位置、地形条件等因素有关。我国的风气候总体情况如下。

1. 台湾、海南和南海诸岛是我国的最大风区

地处海洋,年年受台风直接影响,形成最大风区。台风由台湾岛东岸登陆,因中央山脉屏障作用,西岸风压小于东岸;海南岛主要受南海台风的袭击,东岸偏南有较大风压,而太平洋台风有时在岛的东北端登陆,因此该地区也有很大风压;西沙群岛受南海台风影响,风力较大,虽然南海其余诸岛的风略小于西沙,但仍相当可观。

2. 东南沿海地区是我国大陆上的最大风区

这一地区面临海洋,正对台风来向 —— 从海洋吹到大陆,形成大陆最大风区。登陆后,由于受到山脉、陆地、建筑等的摩擦阻力影响,台风强度削弱很快,一般在离海岸100km处,风速约减小一半。

这一区域内有三个特大风区:① 湛江到琼海一线以东的特大风区,因受太平洋和南海台风影响频繁,加之这里天然的兜风地形所造成;② 浙江与福建交界处;③ 广东与福建交界处。后二者是由于台湾地区对台风屏障作用所造成的。

3. 西北、华北和东北地区北部是我国大陆上的次大风区

这一地区的大风主要由冬季强冷空气入侵造成,风向由北向南。另外,华北地区夏季受季风影响,风速可能超过寒潮大风;黑龙江西北部处于我国纬度最北地区,不在蒙古高压的正前方,因此风速不大。

4. 青藏高原是我国大陆上的较大风区

这一地区除了冷空气侵袭造成的大风外,高海拔地区的高空动量下传也能造成大风。

5. **长江中下游、黄河中下游是我国大陆上的小风区**

一般地，台风到此已大为减弱，寒潮风到此也是强弩之末。

6. **云贵高原是我国最小风区**

云贵高原处于东亚大气环流的死角，空气经常处于静止状态，加之地形闭塞，形成我国最小风区。

4.1.4 风级

为了区分风的大小，常将风划分为13个等级，风速越大，风级越大。由于早期人们还没有仪器来测定风速，所以就根据地面(或海面)物体由风引起的现象来划分风级，见表4-1。

表4-1 风力等级表

风力等级	名称	海面状况		海岸鱼船征象	陆地地面物征象	距地10m高处相当风速		
		浪高/m				km/h	n mile/h	m/s
		一般	最高					
0	静风	—	—	静	静，烟直上	<1	<1	0～0.2
1	软风	0.1	0.1	寻常鱼船略摇动	烟能表示风向，但风向标不能转动	1～5	1～3	0.3～1.5
2	轻风	0.2	0.3	鱼船张帆时可随风移行2～3km/h	人面感觉有风，树叶有微响，风向标能转动	6～11	4～6	1.6～3.3
3	微风	0.6	1.0	鱼船渐觉簸动，随风移行5～6km/h	树叶及微枝摇动不息，旌旗展开	12～19	7～10	3.4～5.4
4	和风	1.0	1.5	鱼船满帆时倾于一方	能吹起地面灰尘和纸张，树的小枝摇动	20～28	11～16	5.5～7.9
5	清劲风	2.0	2.5	鱼船缩帆(即收去帆之一部)	有叶的小树摇摆，内陆水面有波	29～38	17～21	8～10.7
6	强风	3.0	4.0	鱼船加倍缩帆，捕鱼需注意风险	大树枝摇动，电线呼呼有声，举伞困难	39～49	22～27	10.8～13.8
7	疾风	4.0	5.5	鱼船停息港中，在海上下锚	全树摇动，迎风步行感觉不便	50～61	28～33	13.9～17.1
8	大风	5.5	7.5	近港鱼船皆停留不出	微枝折毁，人向前行感觉阻力甚大	62～74	34～40	17.2～20.7

（续表）

风力等级	名称	海面状况		海岸鱼船征象	陆地地面物征象	距地10m高处相当风速		
		浪高/m				km/h	n mile/h	m/s
		一般	最高					
9	烈风	7.0	10.0	汽船航行困难	烟囱顶部及平瓦移动，小屋有损	75～88	41～47	20.8～24.4
10	狂风	9.0	12.5	汽船航行颇危险	陆上少见，有时可使树木拔起或将建筑物吹毁	89～102	48～55	24.5～28.4
11	暴风	11.5	16.0	汽船遇之极危险	陆上很少，有时必有重大损毁	103～117	56～63	28.5～32.6
12	飓风	14.0	—	海浪滔天	陆上绝少，其摧毁力极大	118～133	64～71	32.7～36.9

4.2 风压

4.2.1 风压与风速的关系

当风以一定的速度向前运动遇到阻碍时，将对阻碍物产生压力，即为风压，用w表示。风压w与风速v有关，可以根据流体力学中的伯努利方程得到：

$$w=\frac{1}{2}\rho v^2=\frac{\gamma}{2g}v^2 \tag{4-1}$$

式中：w—— 单位面积上的风压，kN/m^2；

ρ—— 空气密度，t/m^3；

γ—— 空气单位体积重力，kN/m^3；

g—— 重力加速度，m/s^2；

v—— 风速，m/s。

在标准大气压101.325kPa、温度15℃和绝对干燥的情况下，$\gamma=0.012\,018kN/m^3$；纬度45°处、海平面上的$g=9.8m/s^2$，则有：

$$w=\frac{\gamma}{2g}v^2=\frac{0.012\,018}{2\times 9.8}v^2=\frac{v^2}{1\,630}kN/m^2 \tag{4-2}$$

由于各地地理位置不同，大气条件不同，γ和g值也就不同。重力加速度g不仅随高度变化，而且随纬度变化；而空气重度γ与当地气压、气温和湿度有关。因此，各地的$\gamma/2g$值均不相同，如表4-2所示。从表中可以看出：我国东南沿海地区该值约为1/1 750，内陆地区该值随高度增加而减少；对于海拔500m以下地区，该值约为1/1 650；对于海拔3 500m以上的高原或高山地区，该值减小至1/2 600左右。

表 4-2 各地风压系数 γ/2g 值

地区	地点	海拔高度/m	γ/2g	地区	地点	海拔高度/m	γ/2g
东南沿海	青岛	77.0	1/1 710	内陆	承德	375.2	1/1 650
	南京	61.5	1/1 690		西安	416.0	1/1 689
	上海	5.0	1/1 740		成都	505.9	1/1 670
	杭州	7.2	1/1 740		伊宁	664.0	1/1 750
	温州	6.0	1/1 750		张家口	712.3	1/1 770
	福州	88.4	1/1 770		遵义	843.9	1/1 820
	永安	208.3	1/1 780		乌鲁木齐	850.5	1/1 800
	广州	6.3	1/1 740		贵阳	1 071.2	1/1 900
	韶关	68.7	1/1 760		安顺	1 392.9	1/1 930
	海口	17.6	1/1 740		酒泉	1 478.2	1/1 890
	柳州	97.6	1/1 750		毕节	1 510.6	1/1 950
	南宁	123.2	1/1 750		昆明	1 891.3	1/2 040
内陆	天津	16.0	1/1 670		大理	1 990.5	1/2 070
	汉口	22.8	1/1 610		华山	2 064.9	1/2 070
	徐州	34.3	1/1 660		五台山	2 895.8	1/2 140
	沈阳	41.6	1/1 640		茶卡	3 087.6	1/2 250
	北京	52.3	1/1 620		昌都	3 176.4*	1/2 550
	济南	55.1	1/1 610		拉萨	3 658.0	1/2 600
	哈尔滨	145.1	1/1 630		日喀则	3 800.0*	1/2 650
	萍乡	167.1	1/1 630		五道梁	4 612.2*	1/2 620
	长春	215.7	1/1 630		* 非实测高度		

4.2.2 基本风压与基本风速

根据风速可以求出风压，但由于风速在地面附近受到物体的阻碍(或称摩擦)，造成其值随离地面高度不同而变化，离地面越近风速越小；而且地貌环境(如建筑物的密集程度和高低状况)不同，对风的阻碍或摩擦也会不同，导致同样高度处不同环境的风速不同；再者，统计时间的长短也会影响所得到的风速值。故为比较不同地区风速或风压大小，就必须对影响他们的主要因素做出统一规定。

1. 标准高度的确定

风速随高度而变化，离地面越近，由于地表摩擦耗能越大，平均风速越小。因此为了比较不同地点的风速大小，必须规定统一的标准高度。

我国《建筑结构荷载规范》(GB50009—2001) 中规定：以距地面 10m 高为标准高度，并定义标准高度处的最大风速为基本风速。

2. 标准地貌的规定

同一高度处的风速还与地貌或地面粗糙度有关。例如大城市市中心建筑物密集，地面粗糙程度高，消耗风能大，风速就低；田野乡村房屋少，地面相对平坦，消耗风能小，风速就高。显然，地貌粗糙程度影响风速的大小，所以有必要对确定基本风速和基本风压的地貌做统一规定。

我国及世界上大多数国家都规定：按“空旷平坦地貌”确定基本风速和基本风压。

3. 公称风速的时距

由于风速随时间变化，具有瞬时性，为研究方便，常取一定时间段（称为时距）内的平均风速作为计算标准，即为“公称风速”，表达为：

$$v_0=\frac{1}{\tau}\int_0^{\tau}v(t)\,\mathrm{d}t \tag{4-3}$$

式中：v_0—— 公称风速，m/s；

$v(t)$—— 瞬时风速，m/s；

τ—— 时距，s。

显然，工程设计中所关心的最大风速值与时距的大小密切相关。如果时距取的很短，例如 3s，则最大风速只反映了风速记录中最大值附近的较大风速的影响，较低风速在最大风速中的作用难以体现，最大风速值很高；相反，如果时距取的很长，例如 1 天，则必定将 1 天中大量的小风平均进公称风速值中，致使最大风速值较低。一般地，时距越长，最大风速越小；时距越短，最大风速越大。因此，确定不同地点的基本风速时应规定统一的时距。

风速记录表明，10min 至 1h 的平均风速基本稳定，若时距太短则易突出风的脉动峰值作用，使风速值不稳定；另外，风对结构产生破坏需要一定长的作用时间或一定次数的往复作用。因此，我国《建筑结构荷载规范》(GB50009—2001) 所规定的基本风速时距为 10min。

4. 最大风速的样本时间

样本时间对最大风速值的影响较大。以时距 10min 的风速为例，样本时间为 1h 的最大风速是 6 个样本中的最大值，而样本时间为 1 天的最大风速是 144 个样本中的最大值，显然 1 天的最大风速要大于 1h 的最大风速。

通过对风的研究，我们知道它有自然周期，即每年季节性的重复一次。因此，年最大风速最具有代表性，包括我国在内的世界各国基本上都取 1 年作为统计最大风速的样本时间。

5. 基本风速的重现期

取年最大风速为样本可以获得各年的最大风速，每年的最大风速存在差异，是随机变量。工程设计时，一般需考虑结构在使用过程中几十年甚至上百年间可能遭遇到的最大风速的影响，并把该时间范围内的某一最大风速定义为基本风速，而该时间范围可理解为基本风速出现一次所需的时间，即重现期。

设基本风速的重现期为 T_0 年，则 $1/T_0$ 为每年实际风速超过基本风速的概率，相应的每年不超过基本风速的概率或保证率 p_0 为：

$$p_0=1-\frac{1}{T_0} \tag{4-4}$$

显然，基本风速的重现期越长，其年保证率 p_0 越高，基本风速值越大。我国《建筑结构荷载规范》(GB50009—2001) 中规定：对于一般结构，重现期为 50 年；对于高层建筑、高耸结构及对风比较敏感的结构，重现期应适当提高（例如《高层建筑混凝土结构技术规程》(JGJ3—2002) 规定，对特别重要或对风荷载比较敏感的结构，按 100 年重现期考虑）。

综上所述，基本风压是按规定的高度、规定的地貌、规定的时距和规定的样本时间得到最大风速的概率分布，再按规定的重现期（或年保证率）确定基本风速，最后依据风速与风压的关系确定。附录 4 为我国基本风压分布图，是以当地比较空旷平坦地面上离地 10m 高统计所得的 50 年一遇 10min 时距的年最大风速为标准确定的。

4.2.3　非标准条件下的风速和风压

基本风速和基本风压是按照前述标准条件确定的，但进行实际工程结构抗风计算时，往往会遇到非标准条件，因此有必要了解非标准条件与标准条件之间风速或风压的换算关系。

1. 非标准高度时

(1) 风速换算

即使在同一地区，高度不同，风速也将不同，要知道风速与高度之间的关系，必须掌握它们沿高度的变化规律。根据实测结果分析，平均风速沿高度变化规律可用指数函数来描述：

$$\frac{\bar{v}}{\bar{v}_s}=\left(\frac{z}{z_s}\right)^{\alpha} \tag{4-5}$$

式中：$\bar{v}$、z—— 任意点的平均风速、高度；

$\bar{v}_s$、z_s—— 标准高度处的平均风速、高度；

α—— 与地貌或地面粗糙度有关的指数，地面粗糙度越大，α 越大，表 4－3 列出了根据实测数据确定的国内外几个大城市及其邻近郊区的 α 值。

表 4－3　国内外大城市中心及其近邻的实测 α 值

地区	上海近邻	南京	广州	圣路易斯	蒙特利尔	上海	哥本哈根
α	0.16	0.22	0.24	0.25	0.28	0.28	0.34
地区	东京	基辅	伦敦	莫斯科	纽约	列宁格勒	巴黎
α	0.34	0.36	0.36	0.37	0.39	0.41	0.45

(2) 风压换算

有了非标准高度下风速的换算关系后，我们便可以根据风压与风速之间的关系（式 4－1），得到在确定的地貌条件下非标准高度处的风压与标准高度处风压之间的换算关系式：

$$\frac{w_a(z)}{w_{0a}}=\left(\frac{z}{z_s}\right)^{2\alpha_a} \tag{4-6}$$

式中：$w_a(z)$—— 某种地貌条件下，高度 z 处的风压；

w_{0a}—— 某种地貌条件下，标准高度处的风压；

α_a—— 某种地貌条件下的地面粗糙度指数。

2. 非标准地貌时

基本风压(风速)是按空旷平坦地貌测得的数据确定的,若地貌不同,地面摩阻就不同,必定使得该地貌条件下10m高处的风压(风速)不同于基本风压(风速)。图4-3是加拿大风工程专家Davenport根据多次观测资料整理出的不同地貌下平均风速沿高度的变化规律,称为“风剖面”。从图4-3中可以看出:由于地表摩擦,使近地表风速随离地面高度的减小而降低,只有离地300～500m以上的地方,风才不受地表的影响,在气压梯度作用下自由流动,达到所谓梯度速度,我们将出现这种速度的高度称为“梯度风高度”,用 H_T 表示。

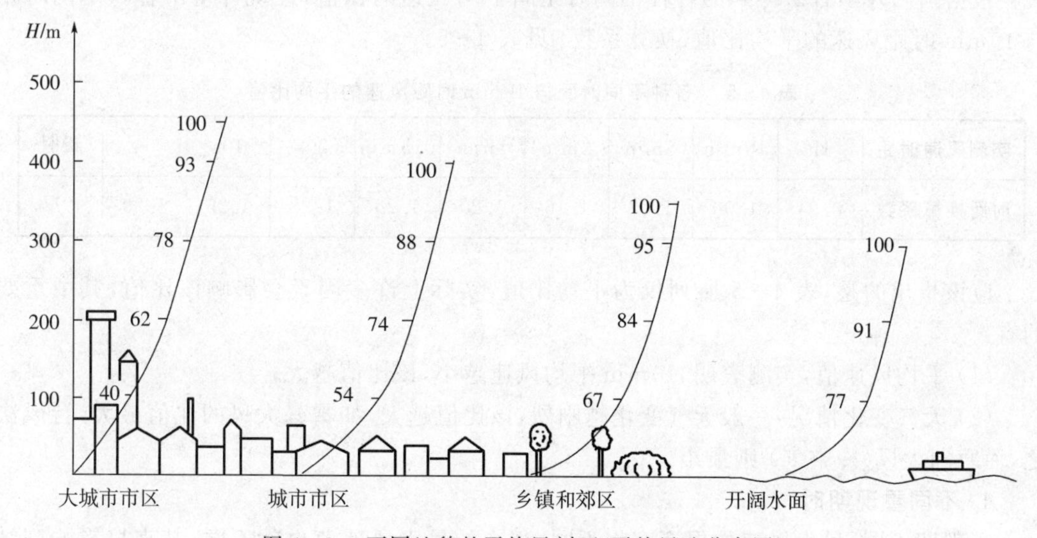

图4-3　不同地貌的平均风剖面(平均风速分布图)

地貌不同(粗糙度不同),近地面风速变化的快慢不同:地面越粗糙,风速变化越慢(α 越大),H_T 越高;地面越平坦,风速变化越快(α 越小),H_T 越低。表4-4列出了各种地貌条件下风速变化指数 α 及梯度风高度 H_T 的参考值。

表4-4　不同地貌的 α 及 H_T 值

地　貌	海　面	空旷平坦地面	城　市	大城市中心
α	0.10～0.13	0.13～0.18	0.18～0.28	0.28～0.44
H_T/m	275～325	325～375	375～425	425～500

设标准地貌的基本风速及其测定高度、梯度风高度和风速变化指数分别为 v_{0s}、z_s、H_{Ts}、α_s,另一任意地貌下的上述各值分别为 v_{0a}、z_a、H_{Ta}、α_a,由于相同气压梯度下各类地貌的梯度风速相同,则根据式(4-5)可得:

$$v_{0s}\left(\frac{H_{Ts}}{z_s}\right)^{\alpha_s}=v_{0a}\left(\frac{H_{Ta}}{z_a}\right)^{\alpha_a} \tag{4-7}$$

或

$$v_{0a}=v_{0s}\left(\frac{H_{Ts}}{z_s}\right)^{\alpha_s}\left(\frac{H_{Ta}}{z_a}\right)^{-\alpha_a} \tag{4-8}$$

再由风压与风速之间的关系(式4－1),得到任意地貌条件下标准高度处的风压 w_{0a} 与标准地貌下基本风压 w_0 之间的换算关系式:

$$w_{0a}=w_0\left(\frac{H_{Ts}}{z_s}\right)^{2\alpha_s}\left(\frac{H_{Ta}}{z_a}\right)^{-2\alpha_a} \tag{4-9}$$

3. 不同时距时

我们知道,时距不同所求得的平均风速将不同。目前多采用 10min 为标准时距,但有时天气变化剧烈,气象台站也会以瞬时或短于 10min 为时距记录风速,因此在某些情况下需进行不同时距间的平均风速换算。

根据国内外学者所得到的各种不同时距间平均风速的比值,经统计得出各种不同时距与 10min 时距风速的平均比值(换算系数)见表 4-5。

表 4-5 各种不同时距与 10min 时距风速的平均比值

实测风速时距	1h	10min	5min	2min	1min	0.5min	20s	10s	5s	瞬时
时距换算系数	0.94	1.00	1.07	1.16	1.20	1.26	1.28	1.35	1.39	1.50

应该指出的是,表 4-5 所列仅为平均比值,实际上许多因素会影响该比值,其中重要的有:

(1) 平均风速值,实测表明,10min 平均风速越小,该比值越大;

(2) 天气变化情况,一般天气变化越剧烈,该比值越大,如雷暴大风的比值最大,台风次之,而寒潮大风(冷空气) 则最小。

4. 不同重现期时

重现期不同,最大风速的保证率将不同,相应的最大风速值也就不同,其直接影响到结构的安全度。对风载较敏感的结构、重要性不同的结构,设计时可能采用不同重现期的基本风压。因此,需要了解不同重现期的风速或风压的换算关系。

根据我国各地风压统计资料,可以得出风压的概率分布,得到不同重现期的风压,它与常规 50 年重现期风压的比值见表 4-6。

表 4-6 各种不同重现期风压与 50 年重现期风压的比值

重现期 / 年	100	60	50	40	30	20	10	5
比　值	1.11	1.03	1.00	0.97	0.93	0.87	0.77	0.66

4.3 结构抗风计算的几个重要概念

4.3.1 结构的风力与风效应

任一水平风作用在任意截面的物体表面(图 4-4),都会在其表面产生风压,我们将物体表面的风压沿其表面积分,能得到三种成分的风力 —— 顺风向力 P_D、横风向力 P_L、扭力矩 P_M。

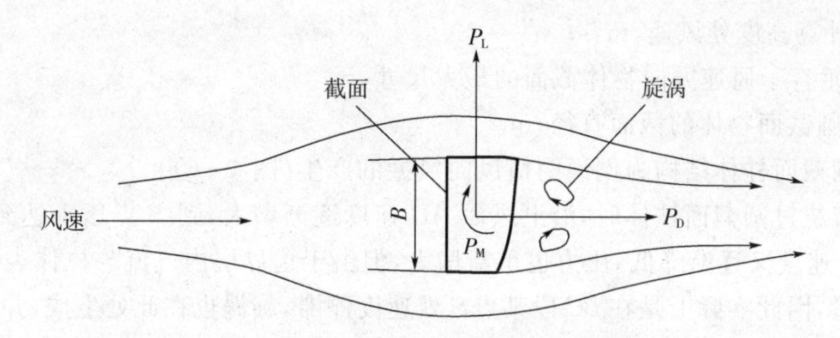

图 4-4　风流经任意截面物体所产生的力

由上述风力引起的结构内力、位移、速度和加速度响应等统称为结构风效应。

4.3.2　顺风向平均风与脉动风

大量实测资料表明，在风的顺风向风速时程曲线中包括两种成分（图 4-5）：一种是长周期成分，其周期一般在 10min 以上；另一种是短周期成分，其周期一般只有几秒左右。根据风的这一特点，实际中常把顺风向风作用分解为平均风和脉动风（即阵风脉动）两部分加以分析。

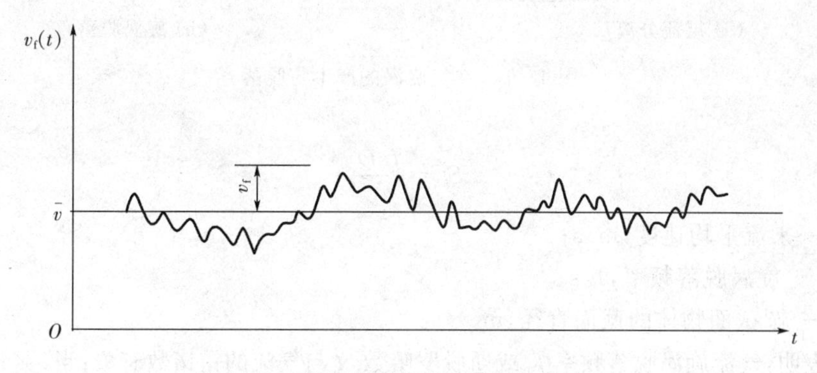

图 4-5　顺风向平均风速 $\bar{v}$ 和脉动风速 v_f

平均风相对稳定，虽然受风的长周期成分影响也存在动力响应，但由于风的长周期远大于一般结构的自振周期，因此这种动力影响很小，可以忽略，按静力作用处理。

脉动风是由于风的不规则性引起的，其强度随时间随机变化，由于脉动周期较短，与一些工程结构的自振周期较接近，因而会使结构产生较强的动力响应，是引起结构顺风向振动的主要原因。

4.3.3　横风向风振

很多情况下，横风向力较顺风向力小得多，对于对称结构更是可以忽略横风向力影响。但是，对于一些细长的柔性结构，例如高耸的塔架、烟囱、缆索等，横风向力可能会引起很大的动力响应，即风振。此时，横风向作用应引起足够重视。

横风向风振是由不稳定的空气动力特性形成的，它与结构截面形状及雷诺数 Re（Reynolds number）有关。雷诺数 Re 是惯性力与黏性力之比，对于空气而言可用下式表达：

$$Re = 69\ 000vB \text{ 或 } Re = 69\ 000vD \tag{4-10}$$

式中：v—— 计算高度处风速，m/s；

B—— 垂直于风速方向物体截面的最大尺寸，m；

D—— 圆截面物体的截面直径，m。

下面以圆截面柱体结构为例说明横风向风振的产生(图 4-6)。

当空气流绕过圆截面柱体时，沿上风面 AB 速度逐渐增大，到 B 点压力达到最低值，再沿下风面 BC 速度又逐渐降低，压力也重新增大，但由于边界层内气流与柱体表面的摩擦要消耗部分能量，因此实际上是在 BC 段某点 S 处速度停滞，旋涡也在此处生成，并在外流影响下以一定周期(频率)脱落，这种现象称为卡门(Karman)涡街。设脱落频率为 f_s，可用一个无量纲参数 —— 斯脱罗哈(Strouhal)数 St 描述：

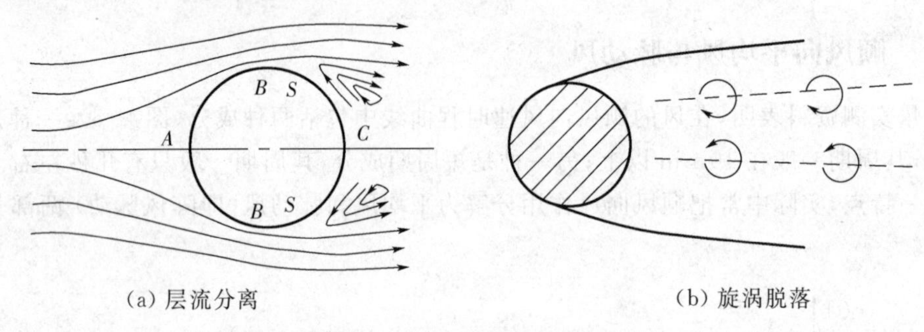

(a) 层流分离　　(b) 旋涡脱落

图 4-6　空气旋涡的产生与脱落

$$St = \frac{f_s D}{v} \tag{4-11}$$

式中：v—— 来流平均速度，m/s；

f_s—— 旋涡脱落频率，1/s；

D—— 圆截面物体的截面直径，m。

试验表明，气流旋涡脱落频率 f_s 或斯脱罗哈数 St 与气流的雷诺数有关：当 $3\times10^2 \leqslant Re < 3\times10^5$ 时，周期性脱落很明显，St 接近于常数，约为 0.2；当 $3\times10^5 \leqslant Re < 3.5\times10^6$ 时，脱落具有随机性，St 离散性很大；当 $Re \geqslant 3.5\times10^6$ 时，脱落又出现大致的规则性，$St = 0.27 \sim 0.3$。当气流旋涡脱落频率与结构自振频率接近时，结构会发生剧烈共振，产生横风向风振。

工程中 $Re < 3.0\times10^2$ 极少遇到。根据上述气流旋涡脱落的三种现象，将圆筒式结构划分为三个临界范围：亚临界范围，$3\times10^2 \leqslant Re < 3\times10^5$，$f_s$ 接近常数，发生横风向风振；超临界范围，$3\times10^5 \leqslant Re < 3.5\times10^6$，$f_s$ 离散，不会发生共振响应，风速也不是很大，通常不作横风向专门处理；跨临界范围，$Re \geqslant 3.5\times10^6$，$f_s$ 稳定，发生横风向风振，且风速较大，是结构横风向抗风设计特别应该注意的问题。

4.4　顺风向结构风作用

4.4.1　顺风向平均风作用

顺风向平均风对结构的作用可等效为静力荷载，且风在不同高度处对不同体型结构产生的风压存在差异，一般地，结构在平均风下的静风载(静风压)$\overline{w}(z)$ 可按下式计算：

$$\bar{w}(z)=\mu_s \cdot \mu_z(z) \cdot w_0 \tag{4-12}$$

式中：$\bar{w}(z)$—— 顺风向平均风在高度 z 处产生的风压，kN/m^2；

μ_s—— 风荷载体型系数；

$\mu_z(z)$—— 风压高度变化系数；

w_0—— 基本风压，kN/m^2。

1. 风荷载体型系数μ_s

(4-1) 式给出的风压与风速的关系仅表示自由气流中的风速因阻碍而完全停滞所产生的对阻碍物表面的压力，一般工程结构物并不能理想地使自由气流停滞，而是让气流以不同途径、不同方式在其表面绕过，故实际结构物所受的风压不能直接按(4-1) 式计算，需修正，此修正系数与结构物的体型和尺寸有关，称为风荷载体型系数。

(1) 单体建筑的风荷载体型系数

下面以一拱形屋顶房屋为例说明风载体型系数的意义(图 4-7)。

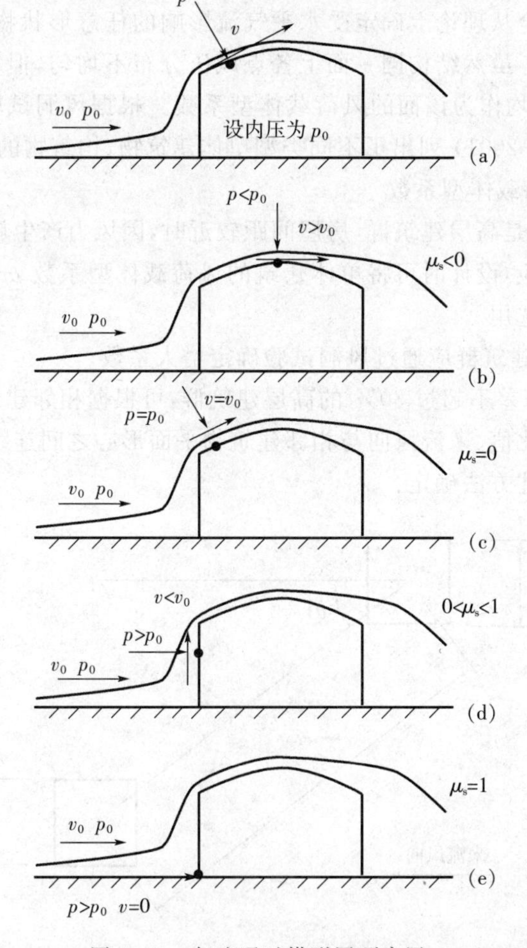

图 4-7　气流通过拱形屋顶房屋

设一水平气流通过该房屋，未受房屋干扰前气流流速为 v_0、压力为 p_0，通过房屋表面某点(除背风面) 的流速为 v、压力为 p，另外假设该气流脱离点在房屋背风面顶点，则房屋迎风面及屋面的压力均可按(4-1) 式确定：

$$p_0+\frac{\gamma}{2g}v_0^2=p+\frac{\gamma}{2g}v^2 \tag{4-13}$$

其中 p_0 相当于大气压，也即房屋内表压，而风压实际为房屋外表压与内表压之差，由式(4-13) 得风压 w：

$$w=p-p_0=\frac{\gamma}{2g}v_0^2-\frac{\gamma}{2g}v^2=\left(1-\frac{v^2}{v_0^2}\right)\frac{\gamma}{2g}v_0^2=\mu_s w_0 \tag{4-14}$$

式中：$\mu_s=1-\frac{v^2}{v_0^2}$—— 风荷载体型系数，与绕过房屋表面的气流速度有关，其值还取决于房屋的几何形状和尺寸；

w_0—— 理想风速风压，即 v_0、p_0 风气流遇到阻碍而完全停滞时的风压。

由 μ_s 表达式可知：在迎风墙面上，因气流受阻，流速降低甚至停滞，$v<v_0$ 或 $v=0$，此时 $0<\mu_s\leqslant 1$，墙面受正风压(压力)；在屋面上，因气流截面收缩，流速增大，$v>v_0$，此时 $\mu_s<0$，屋面受负风压(吸力)。

目前尚做不到完全从理论上确定受水平气流影响的任意形状物体表面风压分布，一般均通过风洞试验获得。虽然结构同一面上各点风压分布不均匀，但实际中通常将同一受风面上各点的 μ_s 加权平均作为该面的风荷载体型系数。根据风洞试验资料，我国《建筑结构荷载规范》(GB50009—2001) 列出了不同类型单体建筑物、构筑物的 μ_s。

(2) 建筑群的风荷载体型系数

对于建筑群，尤其是高层建筑群，房屋间距较近时，因风力产生旋涡的相互干扰，会对建筑物产生动力增大效应，设计时可将单体建筑的风荷载体型系数 μ_s 乘以干扰增大系数，该系数可参考下列规定选用。

1) 布置不规则的建筑群应通过风洞试验确定增大系数。

2) 布置规则、高度差不超过 30% 的高层建筑群，可根据相邻建筑物之间的距离 L 与建筑物迎风面宽度 B 的比值、来流风向与相邻建筑物平面形心之间连线的夹角 θ(图 4-8) 以及地面粗糙度类别按下述方法确定：

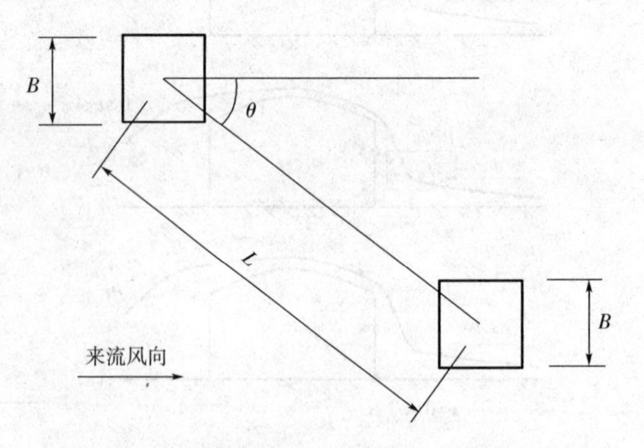

图 4-8　群体建筑的相对位置与来流风向

① 当 $L/B\geqslant 7.5$ 时，增大系数取 1.0；

② 当 $L/B\leqslant 3.5$ 时的顺风向增大系数以及 $L/B\leqslant 2.25$ 时的横风向增大系数，按表 4-7 取用，表中同一格给出的是取值范围，低值适用于验算范围内有两幢高层建筑，而高值适用

于验算范围内有两幢以上高层建筑；

③ 当 L/B 为中间值时，增大系数按线性插值确定。

表 4－7　群体建筑相互干扰的风力增大系数

风向	L/B	粗糙度类别 \ $\|\theta\|$	10°	20°	30°	40°	50°	60°	70°	80°	90°
顺风向	⩽3.5	A、B	1.35	1.45	1.50～1.80	1.45～1.75	1.40	1.40	1.30	1.25	1.15
		C、D	1.15	1.25	1.30～1.55	1.25～1.50	1.20	1.20	1.10	1.10	1.10
	⩾7.5	A、B、C、D	1.00								
横风向	⩽2.25	A、B	1.30～1.50								
		C、D	1.10～1.30								
	⩾7.5	A、B、C、D	1.00								

(3) 局部风荷载体型系数

风压在结构表面的分布很不均匀，而《建筑结构荷载规范》(GB50009—2001) 给出的风荷载体型系数 μ_s 是按加权平均值确定的，实际上在建筑物角隅边棱处、檐口、阳台等突出部位，局部风压会超过平均风压，所以当验算围护构件及其连接的强度时，应考虑风压分布的不均匀性，按下列规定采用局部风荷载体型系数。

① 建筑物外表面分正压区和负压区。正压区按《建筑结构荷载规范》(GB50009—2001) 中风荷载体型系数采用；负压区，对墙面取 －1.0，对墙角取 －1.8，对屋面局部部位(周边和屋面坡度大于 10° 的屋脊部位) 取 －2.2，对檐口、雨篷、遮阳板等外挑构件取 －2.0。

② 封闭式建筑物内表面，按外表面风压的正负情况取 －0.2 或 ＋0.2。

2. 风压高度变化系数μ_z

我们知道，风速随离地面高度不同而变化，离地面越高风速越大，风压也就越大，同时风压还与地貌条件密切相关，故设任意地貌任意高度 z 处的风压为$w_a(z)$，将其与标准地貌下标准高度(一般为 10m) 处的基本风压w_0 之比定义为风压高度变化系数$\mu_z(z)$，即：

$$\mu_z(z)=\frac{w_a(z)}{w_0} \tag{4-15}$$

将前述风压非标准高度换算公式(4－6) 及非标准地貌换算公式(4－9) 代入式(4－15)，得：

$$\mu_z(z)=\left(\frac{H_{Ts}}{z_s}\right)^{2\alpha_s}\cdot\left(\frac{H_{Ta}}{z_a}\right)^{-2\alpha_a}\cdot\left(\frac{z}{z_a}\right)^{2\alpha_a} \tag{4-16}$$

式(4－16) 中$\mu_z(z)$ 是任意地貌下的风压高度变化系数，应按地面粗糙度指数 α、假定的梯度风高度H_{Ta} 确定，并随离地面高度 z 而变化。

我国《建筑结构荷载规范》(GB50009—2001) 将地面粗糙度分为四类，分类情况及相应的 α、H_{Ta} 如下，

A 类：近海海面和海岛、海岸、湖岸及沙漠地区，取$\alpha_A=0.12$，$H_{TA}=300$m；

B 类：田野、乡村、丛林、丘陵及房屋稀疏的乡镇和城市郊区，取$\alpha_B=0.16$，$H_{TB}=350$m；

C 类：有密集建筑群的城市市区，取$\alpha_C=0.22$，$H_{TC}=400$m；

D类：有密集建筑群且房屋较高的城市市区，取$\alpha_D = 0.30$，$H_{TD} = 450\text{m}$。

将以上数据代入(4-16)式，即可得到A～D四类地貌的风压高度变化系数：

A类： $$\mu_z^A(z) = 1.379\left(\frac{z}{10}\right)^{0.24} \quad (4-17)$$

B类： $$\mu_z^B(z) = 1.000\left(\frac{z}{10}\right)^{0.32} \quad (4-18)$$

C类： $$\mu_z^C(z) = 0.616\left(\frac{z}{10}\right)^{0.44} \quad (4-19)$$

D类： $$\mu_z^D(z) = 0.318\left(\frac{z}{10}\right)^{0.60} \quad (4-20)$$

根据式(4-17)～(4-20)可以求出四类地貌下的风压高度变化系数(如表4-8所示)，对于平坦或稍有起伏的地形可以按表4-8直接取用。

表4-8 风压高度变化系数μ_z

离地面或海平面高度/m	地面粗糙度类别			
	A	B	C	D
5	1.17	1.00	0.74	0.62
10	1.38	1.00	0.74	0.62
15	1.52	1.14	0.74	0.62
20	1.63	1.25	0.84	0.62
30	1.80	1.42	1.00	0.62
40	1.92	1.56	1.13	0.73
50	2.03	1.67	1.25	0.84
60	2.12	1.77	1.35	0.93
70	2.20	1.86	1.45	1.02
80	2.27	1.95	1.54	1.11
90	2.34	2.02	1.62	1.19
100	2.40	2.09	1.70	1.27
150	2.64	2.38	2.03	1.61
200	2.83	2.61	2.30	1.92
250	2.99	2.80	2.54	2.19
300	3.12	2.97	2.75	2.45
350	3.12	3.12	2.94	2.68
400	3.12	3.12	3.12	2.91
≥450	3.12	3.12	3.12	3.12

对于山区的建筑物，风压高度变化系数除按平坦地面的粗糙度类别确定外，还应考虑地

形条件的修正，修正系数 η 遵循下述规定。

① 对于山峰和山坡，其顶部 B 处的修正系数为：

$$\eta_B = \left[1 + \kappa\tan\alpha\left(1 - \frac{z}{2.5H}\right)\right]^2 \tag{4-21}$$

式中：$\tan\alpha$—— 山峰或山坡在迎风面一侧的坡度，当 $\tan\alpha > 0.3$ 时，取 $\tan\alpha = 0.3$；

κ—— 系数，对山峰取 3.2，对山坡取 1.4；

H—— 山顶或山坡全高，m；

z—— 建筑物计算位置离地面的高度，m，当 $z > 2.5H$ 时，取 $z = 2.5H$。

对于山峰和山坡的其他部位，可以按图 4-9 所示，取 A、C 处的修正系数 η_A、η_C 为 1，AB 间和 BC 间的修正系数按 η 的线性插值确定。

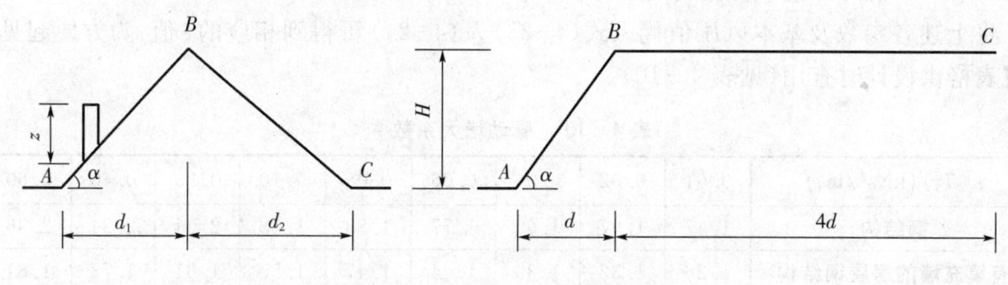

图 4-9　山峰和山坡的示意图

② 对山间盆地、谷地等闭塞地形，$\eta = 0.75 \sim 0.85$；对与风向一致的谷口、山口，$\eta = 1.2 \sim 1.5$。

对于远海海面和海岛的建筑物或构筑物，风压高度变化系数除按 A 类地貌确定外，还应考虑表 4-9 中给出的修正系数。

表 4-9　远海海面和海岛的修正系数 η

距海岸距离 /km	η
< 40	1.0
40 ~ 60	1.0 ~ 1.1
60 ~ 100	1.1 ~ 1.2

4.4.2　顺风向脉动风作用

脉动风是一种随机动力作用，其对结构产生的响应（或效应）需按随机振动理论进行分析，结果表明，对于一般悬臂型结构，如构架、塔架、烟囱等高耸结构，以及高度大于 30m、高宽比大于 1.5 且可忽略扭转影响的高层建筑，可以仅考虑第 1 振型影响，由随机振动理论和结构动力学知识并顾及工程应用方便，总结出顺风向脉动风压 $w_d(z)$ 为：

$$w_d(z) = \xi \cdot \nu \cdot \varphi_1(z) \cdot w_0 \tag{4-22}$$

式中：ξ—— 脉动增大系数；

ν—— 脉动影响系数；

$\varphi_1(z)$—— 振型系数；

w_0—— 考虑当地地面粗糙度后的基本风压。

1. 脉动增大系数 ξ

脉动增大系数 ξ 由随机振动理论推导，并经一定近似简化处理得到：

$$\xi=\sqrt{1+\frac{x_1^2\dfrac{\pi}{6\zeta}}{(1+x_1^2)^{4/3}}} \tag{4-23}$$

$$x_1=30/\sqrt{w_0T_1^2} \tag{4-24}$$

式中：ζ—— 结构阻尼比，对钢结构取 0.01，对有墙体材料填充的房屋钢结构取 0.02，对钢筋混凝土及砖石砌体结构取 0.05；

w_0—— 考虑当地地面粗糙度后的基本风压；

T_1—— 结构的基本自振周期。

将上述各参数及基本风压值代入式(4-23)及(4-24)可得到相应的 ξ 值，为方便起见特制成表格供设计时查用(见表 4-10)。

表 4-10 脉动增大系数 ξ

$w_0T_1^2$/(kNs²/m²)	0.01	0.02	0.04	0.06	0.08	0.10	0.20	0.40	0.60
钢结构	1.47	1.57	1.69	1.77	1.83	1.88	2.04	2.24	2.36
有填充墙的房屋钢结构	1.26	1.32	1.39	1.44	1.47	1.50	1.61	1.73	1.81
混凝土及砌体结构	1.11	1.14	1.17	1.19	1.21	1.23	1.28	1.34	1.38
$w_0T_1^2$/(kNs²/m²)	0.80	1.00	2.00	4.00	6.00	8.00	10.00	20.00	30.00
钢结构	2.46	2.53	2.80	3.09	3.28	3.42	3.54	3.91	4.14
有填充墙的房屋钢结构	1.88	1.93	2.10	2.30	2.43	2.52	2.60	2.85	3.01
混凝土及砌体结构	1.42	1.44	1.54	1.65	1.72	1.77	1.82	1.96	2.06

需要注意的是：查表前计算 $w_0T_1^2$ 时，对地面粗糙度为B类的地区可直接代入基本风压，而对 A 类、C 类和 D 类地区应按当地基本风压分别乘以 1.38、0.62 和 0.32 后代入。

2. 结构基本自振周期 T_1

结构基本自振周期本应按结构动力学方法求解，但对无限自由度体系或多自由度体系，此计算十分冗繁，实际工程中，常采用在实测基础上回归得到的经验公式近似获得 T_1。

(1) 高耸结构

① 一般情况：

$$T_1=(0.007\sim0.013)H \tag{4-25}$$

式中：T_1—— 结构基本自振周期，s；

H—— 结构总高度，m。

系数对钢结构可取高值，钢筋混凝土结构可取低值。

② 具体结构，如烟囱、石油化工塔架的 T_1 可参阅《建筑结构荷载规范》(GB50009—2001) 确定。

(2) 高层建筑

① 一般情况：

钢结构：

$$T_1=(0.10\sim0.15)n \tag{4-26}$$

钢筋混凝土结构：　　$T_1=(0.05\sim0.10)n$　　(4-27)

式中：n—— 建筑层数。

② 具体结构：

钢筋混凝土框架和框剪结构：$T_1=0.25+0.53\times10^{-3}\ H^2/\sqrt[3]{B}$　　(4-28)

钢筋混凝土剪力墙结构：$T_1=0.03+0.03\ H/\sqrt[3]{B}$　　(4-29)

式中：H—— 房屋总高度，m；

B—— 房屋宽度，m。

3. 第1振型函数$\varphi_1(z)$

结构的第1振型函数应根据结构动力学原理确定，为便于工程应用，也可依据结构类型，采用近似公式计算，例如：

对于低层建筑结构，按剪切型考虑，取：

$$\varphi_1(z)=\sin\frac{\pi z}{2H} \tag{4-30}$$

对于高层建筑结构，当以剪力墙工作为主时，按弯剪型考虑，取：

$$\varphi_1(z)=\tan\left[\frac{\pi}{4}\left(\frac{z}{H}\right)^{0.7}\right] \tag{4-31}$$

对于截面沿高度不变的悬臂高耸结构，按弯曲型考虑，取：

$$\varphi_1(z)=2\left(\frac{z}{H}\right)^2-\frac{4}{3}\left(\frac{z}{H}\right)^3+\frac{1}{3}\left(\frac{z}{H}\right)^4 \tag{4-32}$$

式中：H—— 结构的总高，m。

当悬臂型高耸结构的外形由下向上逐渐收进，截面沿高度按连续规律变化时，其振型计算公式十分复杂，此时可根据结构迎风面顶部宽度 B_H 与底部宽度 B_0 的比值，按表4-11确定第1振型系数。

表4-11　截面沿高度连续规律变化的高耸结构第1振型系数

相对高度 z/H	高耸结构 B_H/B_0				
	1.0	0.8	0.6	0.4	0.2
0.1	0.02	0.02	0.01	0.01	0.01
0.2	0.06	0.06	0.05	0.04	0.03
0.3	0.14	0.12	0.11	0.09	0.07
0.4	0.23	0.21	0.19	0.16	0.13
0.5	0.34	0.32	0.29	0.26	0.21
0.6	0.46	0.44	0.41	0.37	0.31
0.7	0.59	0.57	0.55	0.51	0.45
0.8	0.79	0.71	0.69	0.66	0.61
0.9	0.86	0.86	0.85	0.83	0.80
1.0	1.00	1.00	1.00	1.00	1.00

4. 脉动影响系数 ν

脉动影响系数主要反映风压脉动相关性对结构的影响，同样涉及随机振动理论，计算烦琐，为方便使用，《建筑结构荷载规范》(GB50009—2001) 编写中结合我国实测数据与工程设计经验，总结计算给出了高耸结构和高层建筑结构考虑外形、质量分布等因素时的 ν 值(表 4-12、表 4-14)。

(1) 结构迎风面宽度远小于其高度时(如高耸结构等)

1) 若外形、质量沿高度比较均匀，可按表 4-12 确定。

表 4-12 脉动影响系数 ν

总高度 H/m		10	20	30	40	50	60	70	80	90	100	150	200	250	300	350	400	450
粗糙度类别	A	0.78	0.83	0.86	0.87	0.88	0.89	0.89	0.89	0.89	0.89	0.87	0.84	0.82	0.79	0.79	0.79	0.79
	B	0.72	0.79	0.83	0.85	0.87	0.88	0.89	0.89	0.90	0.90	0.89	0.88	0.86	0.84	0.83	0.83	0.83
	C	0.64	0.73	0.78	0.82	0.85	0.87	0.88	0.90	0.91	0.91	0.93	0.93	0.92	0.91	0.90	0.89	0.91
	D	0.53	0.65	0.72	0.77	0.81	0.84	0.87	0.89	0.91	0.92	0.97	1.00	1.01	1.01	1.01	1.00	1.00

2) 当结构迎风面和侧风面的宽度沿高度按直线或接近直线变化，而质量沿高度按连续规律变化时，表 4-12 中的脉动影响系数应再乘以修正系数 θ_B 和 θ_ν。θ_B 应为构筑物迎风面在 z 高度处的宽度 B_z 与底部宽度 B_0 的比值；θ_ν 可按表 4-13 确定。

表 4-13 修正系数 θ_ν

B_H/B_0	1.0	0.9	0.8	0.7	0.6	0.5	0.4	0.3	0.2	≤0.1
θ_ν	1.00	1.10	1.20	1.32	1.50	1.75	2.08	2.53	3.30	5.60

[注] 表中 B_H、B_0 分别为构筑物迎风面在顶部和底部的宽度。

(2) 结构迎风面宽度较大时，应考虑宽度方向风压空间相关性(如高层建筑等)的情况：若外形、质量沿高度比较均匀，脉动影响系数可根据总高度 H 及其与迎风面宽度 B 的比值，按表 4-14 确定。

表 4-14 脉动影响系数 ν

H/B	粗糙度类别	总高度 H/m							
		≤30	50	100	150	200	250	300	350
≤0.5	A	0.44	0.42	0.33	0.27	0.24	0.21	0.19	0.17
	B	0.42	0.41	0.33	0.28	0.25	0.22	0.20	0.18
	C	0.40	0.40	0.34	0.29	0.27	0.23	0.22	0.20
	D	0.36	0.37	0.34	0.30	0.27	0.25	0.24	0.22
1.0	A	0.48	0.47	0.41	0.35	0.31	0.27	0.26	0.24
	B	0.46	0.46	0.42	0.36	0.36	0.29	0.27	0.26
	C	0.43	0.44	0.42	0.37	0.34	0.31	0.29	0.28
	D	0.39	0.42	0.42	0.38	0.36	0.33	0.32	0.31

（续表）

H/B	粗糙度类别	总高度 H/m							
		≤30	50	100	150	200	250	300	350
2.0	A	0.50	0.51	0.46	0.42	0.38	0.35	0.33	0.31
	B	0.48	0.50	0.47	0.42	0.40	0.36	0.35	0.33
	C	0.45	0.49	0.48	0.44	0.42	0.38	0.38	0.36
	D	0.41	0.46	0.48	0.46	0.46	0.44	0.42	0.39
3.0	A	0.53	0.51	0.49	0.42	0.41	0.38	0.38	0.36
	B	0.51	0.50	0.49	0.46	0.43	0.40	0.40	0.38
	C	0.48	0.49	0.49	0.48	0.46	0.43	0.43	0.41
	D	0.43	0.46	0.49	0.49	0.48	0.47	0.46	0.45
5.0	A	0.52	0.53	0.51	0.49	0.46	0.44	0.42	0.39
	B	0.50	0.53	0.52	0.50	0.48	0.45	0.44	0.42
	C	0.47	0.50	0.52	0.52	0.50	0.48	0.47	0.45
	D	0.43	0.48	0.52	0.53	0.53	0.52	0.51	0.50
8.0	A	0.53	0.54	0.53	0.51	0.48	0.46	0.43	0.42
	B	0.51	0.53	0.54	0.52	0.50	0.49	0.46	0.44
	C	0.48	0.51	0.54	0.53	0.52	0.52	0.50	0.48
	D	0.43	0.48	0.54	0.53	0.55	0.55	0.54	0.53

4.4.3　顺风向总风作用

1. 对主要承重结构

因结构为弹性体系，故顺风向总风作用就是顺风向平均风作用与脉动风作用的线性组合，即顺风向总风压标准值表达为：

$$w_k(z)=\overline{w}(z)+w_d(z)=\mu_s\cdot\mu_z(z)\cdot w_0+\xi\cdot\nu\cdot\varphi_1(z)\cdot\mu_s\cdot w_0 \tag{4-33}$$

将上式简写为：

$$w_k(z)=\beta_z\cdot\mu_s\cdot\mu_z(z)\cdot w_0 \tag{4-34}$$

式中：β_z—— 结构在 z 高度处的风振系数，按下式计算，

$$\beta_z=1+\frac{\xi\cdot\nu\cdot\varphi_1(z)}{\mu_z(z)} \tag{4-35}$$

式中各符号含义及确定方法已在前文详细叙述，计算时参照执行即可。

当已知拟建工程所在地的地貌环境和结构基本条件后，可根据前述方法逐一确定结构的基本风压、风载体型系数、风压高度变化系数、风振系数等，并利用式(4-34)计算获得垂直于建筑物表面的顺风向风压标准值。

2. 对围护结构

对于围护结构，包括玻璃幕墙在内，脉动引起的振动很小，可不考虑风振影响，但应考虑脉动风压的分布，即在平均风的基础上乘以阵风系数 β_{gz}，计算直接承受风压的幕墙构件(包括门窗）风载时的 β_{gz} 按表 4-15 取值，对于其他屋面、墙面构件可仅通过局部风压体型系数予以增大而不考虑阵风系数(即取 $\beta_{gz}=1$)。

表 4-15 阵风系数 β_{gz}

离地面高度 /m	地面粗糙度类别			
	A	B	C	D
5	1.69	1.88	2.30	3.21
10	1.63	1.78	2.10	2.76
15	1.60	1.72	1.99	2.54
20	1.58	1.69	1.92	2.39
30	1.54	1.64	1.83	2.21
40	1.52	1.60	1.77	2.09
50	1.51	1.58	1.73	2.01
60	1.49	1.56	1.69	1.94
70	1.48	1.54	1.66	1.89
80	1.47	1.53	1.64	1.85
90	1.47	1.52	1.62	1.81
100	1.46	1.51	1.60	1.78
150	1.43	1.47	1.54	1.67
200	1.42	1.44	1.50	1.60
250	1.40	1.42	1.46	1.55
300	1.39	1.41	1.44	1.51

此时，顺风向总风压标准值按下式计算：

$$w_k(z)=\beta_{gz}\cdot\mu_{s1}\cdot\mu_z(z)\cdot w_0 \tag{4-36}$$

式中：μ_{s1}—— 局部风压体型系数。

4.4.4 示例

一般地，风荷载是水平作用于建筑物上的，沿高度方向大致成倒梯形分布。在实际工程中为了简化计算，对单层或多层混合结构、单层厂房排架结构等，可选择一个或几个有代表性的单元计算水平风荷载，有时还将风荷载简化为作用于某处的集中力，下面以例题分别说明具体计算方法。

1. 单层厂房结构的风荷载

【例 4-1】 某单层排架结构工业厂房，建于某市郊区，其平面图与剖面图如图 4-10 所示。该地区基本风压为 $w_0=0.45\text{kN/m}^2$，该厂房的风荷载体型系数如图4-11所示。求该厂房顺风向风荷载标准值。

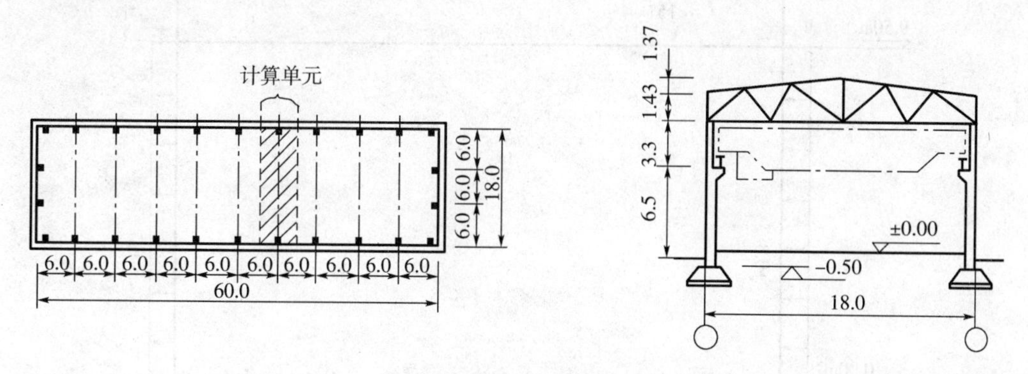

图4-10 某单层工业厂房平面、剖面图(单位:m)

对于单层工业厂房排架结构，进行内力分析时一般取一榀有代表性的排架作为计算单元，本题取中间轴线上的一榀排架计算风荷载，图4-10中阴影范围内的竖向荷载及风荷载均由该榀排架承受，其受风面宽度为6m。

作用在柱顶以下墙面上的风荷载按均布考虑，其风压高度变化系数μ_z可按柱顶标高对应取值(偏安全)，应算至室外地坪。当基础顶面距室外地坪的距离不大时，为简化计算，风荷载可按柱全高计算，不再减去基础顶面至室外地坪那一小段多算的风荷载；若基础埋置较深，则按实际情况计算，避免误差过大。

柱顶至屋脊间屋盖部分的风荷载，仍按均布计算，而它对排架的作用则以换算成柱顶水平集中荷载$\overline{W}_k$考虑。此时的风压高度变化系数μ_z可按下述情况确定：有矩形天窗时，按天窗檐口标高取值；无矩形天窗时，按厂房檐口标高取值。$\overline{W}_k$包含两部分：

$$\overline{W}_k=\overline{W}_{1k}+\overline{W}_{2k} \tag{4-37}$$

式中：$\overline{W}_{1k}$—— 作用在竖直面上的风荷载标准值，按柱顶至檐口顶部的距离h_1计算(图4-11a)；

$\overline{W}_{2k}$—— 作用在坡屋面上的风荷载水平分力标准值之合力，按檐口顶部至屋脊的距离h_2计算(图4-11a)。

应注意屋面坡面上风荷载本身是垂直于坡面的，因此对于图4-11(b)所示的双坡屋面有：

$$\overline{W}_{2k}=F_2-F_1=(\mu_{s2}-\mu_{s1})\mu_z w_0 h_2 B \tag{4-38}$$

式中：μ_{s2}、μ_{s1}—— 分别为迎风和背风屋面坡面上的风载体型系数，因已考虑了力的方向，故这里取其绝对值；

B—— 排架计算单元的宽度；

μ_z—— 计算时按上述规定取用的风压高度变化系数。

解：(1) 求q_{1k}、q_{2k}

风压高度变化系数按B类地貌、柱顶离室外地坪的高度$9.5+0.3=9.8\text{m}$取值，则$\mu_z=1.0$；由于该房屋高度小于30m，且高宽比小于1.5，因此取$\beta_z=1.0$。故有：

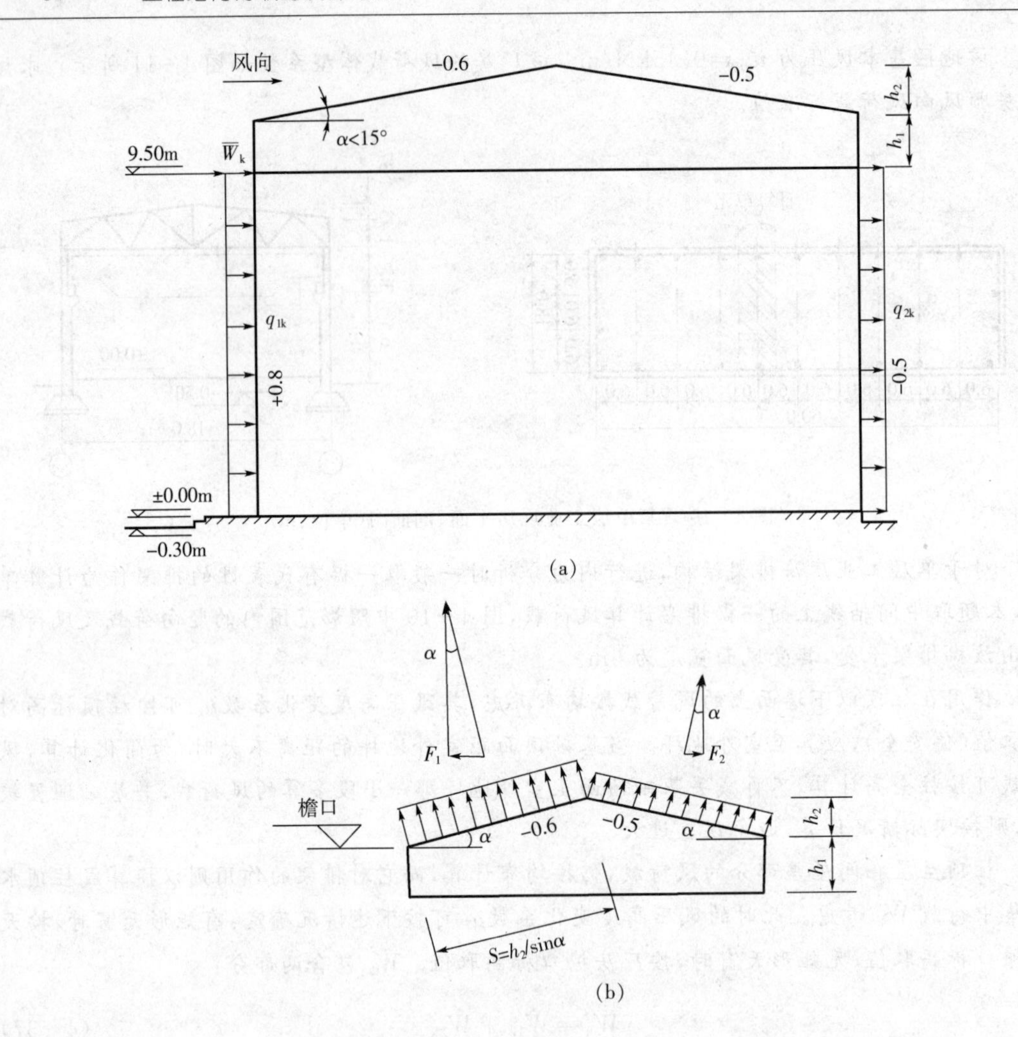

图 4-11　风荷载计算简图

$$q_{1k}=\beta_z \cdot \mu_s \cdot \mu_z \cdot w_0 \cdot B=1.0\times0.8\times1.0\times0.45\times6=2.16\text{kN/m}$$

$$q_{2k}=\beta_z \cdot \mu_s \cdot \mu_z \cdot w_0 \cdot B=1.0\times0.5\times1.0\times0.45\times6=1.35\text{kN/m}$$

(2) 求$\overline{W}_k$

风压高度变化系数按檐口离室外地坪的高度9.8＋1.43＝11.23m取值。查表4-8得：离地面10m时，$\mu_z=1.0$；离地面15m时，$\mu_z=1.14$，用插入法求出离地面11.23m的μ_z值：

$$\mu_z=1+\frac{1.14-1.0}{15-10}(11.23-10)=1.034$$

$$\begin{aligned}\overline{W}_k&=[(0.8+0.5)h_1+(0.5-0.6)h_2]\beta_z \cdot \mu_z \cdot w_0 \cdot B\\&=[1.3\times1.43-0.1\times1.37]\times1.0\times1.034\times0.45\times6\\&=4.81\text{kN}\end{aligned}$$

2. 多层建筑结构的风荷载

【例4-2】　有一建在湖岸边的4层框架结构房屋，其平面、剖面图如图4-12所示。已知该地区基本风压$w_0=0.75\text{kN/m}^2$，计算该房屋顺风向水平风荷载标准值。

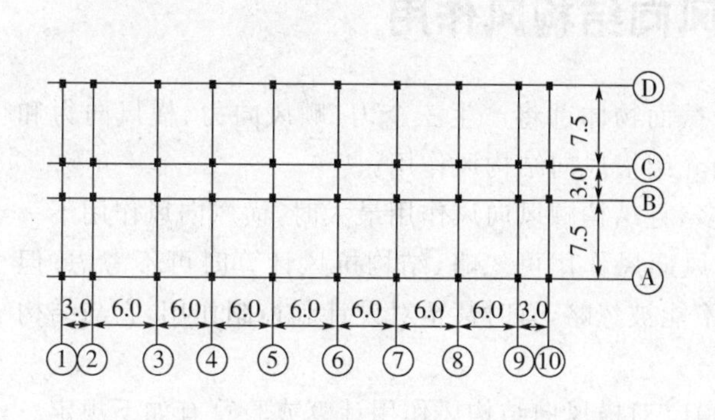

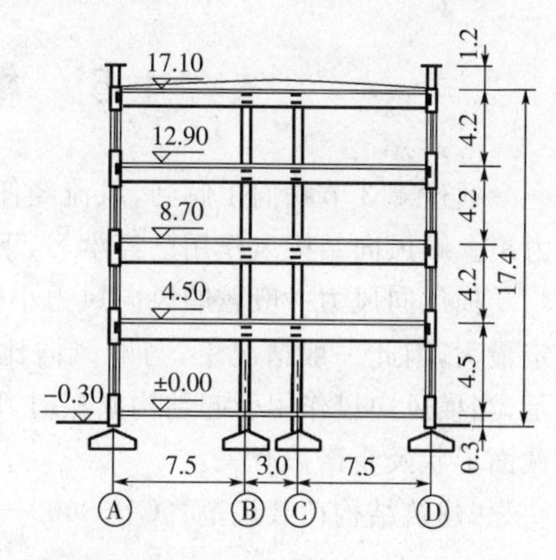

图4-12　某4层框架结构房屋平面、剖面图(单位:m)

解:由于该房屋高度小于30m,且高宽比小于1.5,因此取$\beta_z=1.0$;

体型系数μ_s可由《建筑结构荷载规范》(GB50009—2001)查得:迎风面+0.8、背风面−0.5;

风压高度变化系数μ_z按A类地貌、根据各层楼面处至室外地坪高度查表4-8,用插入法确定,结果列于表4-16中;各层楼面高度处风压标准值按$w_k=\beta_z\cdot\mu_s\cdot\mu_z\cdot w_0$计算,结果列于表4-16中。

表4-16　各层面高度处风压标准值的计算结果

楼层节点号	离地高度 z/m	β_z	μ_z	μ_s	w_0/(kN/m²)	w_k/(kN/m²)
4	17.4	1.0	1.57	1.3	0.75	1.53
3	13.2		1.47			1.43
2	9.0		1.34			1.31
1	4.8		1.17			1.14

再将作用在墙面沿高度方向的面分布风压简化为作用在各楼层处的集中力,受风面依计算单元选取决定,此处取受风宽为房屋纵向长度B为48m;各楼层节点受风高度取上下层高各半之和,顶层取至女儿墙顶,底层取至室外地坪,则有:

$$P_1=1.14\times48\times\frac{1}{2}(4.8+4.2)=246.2\text{kN}$$

$$P_2=1.31\times48\times\frac{1}{2}(4.2+4.2)=264.1\text{kN}$$

$$P_3=1.43\times48\times\frac{1}{2}(4.2+4.2)=288.3\text{kN}$$

$$P_4=1.53\times48\times\left(\frac{1}{2}\times4.2+1.2\right)=242.4\text{kN}$$

该房屋在顺风向风载作用下的计算简图如图4-13所示。

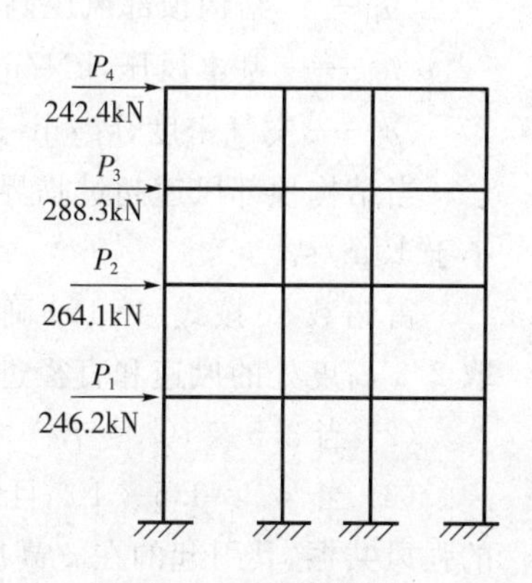

图4-13　计算简图

4.5 横风向结构风作用

通过4.3节我们了解到，风流经任意截面物体都将产生三个力：顺风向力、横风向力和力矩。顺风向结构风作用已经学习，下面介绍横风向结构风作用。

横风向风力一般较顺风向风力小很多，且结构顺风向风作用最大时，横风向风作用不一定最大，因此一般情况下，与顺风向比横风向风作用可忽略，结构抗风计算时可不考虑；但是，当横风向风作用引起结构共振时，则不能被忽略，有时甚至对设计起控制作用，它与结构截面形状及雷诺数有关。

《建筑结构荷载规范》(GB50009—2001)对横风向结构风作用计算或验算有如下规定。

4.5.1 圆形截面结构的横风向风振

对圆形截面的柱体结构，当发生旋涡脱落时，若脱落频率与结构的自振频率相符，结构将出现共振。通过4.3节讨论我们知道，根据雷诺数 Re 的不同，可以将圆筒结构分为亚临界范围、超临界范围和跨临界范围。当风速较低时一般处于亚临界范围，产生的共振称为微风共振；当风速较高时一般处于跨临界范围，产生的共振称为强风共振。当风速在亚临界范围和超临界范围内，即使发生微风共振，也不至于使结构破坏，只要采用适当的构造措施即可。而当风速在跨临界范围内时，结构可能出现严重的振动，甚至引起结构构件的破坏，结构计算时必须加以重视。下面分情况进行讨论。

(1) 当 $Re < 3\times10^5$ 时，且结构顶部风速 v_{H} 超过临界风速 v_{cr} 时可发生亚临界的微风共振，v_{H} 和 v_{cr} 可按下列公式确定：

$$v_{\mathrm{cr}}=\frac{D}{T_i St} \tag{4-39}$$

$$v_{\mathrm{H}}=\sqrt{\frac{2\,000\,\mu_{\mathrm{H}}\,w_0}{\rho}} \tag{4-40}$$

式中：T_i—— 结构振型 i 的自振周期，验算亚临界微风共振时取基本自振周期 T_1；

St—— 斯脱罗哈数，对圆形截面结构取0.2；

μ_{H}—— 结构顶部风压高度变化系数；

w_0—— 基本风压，$\mathrm{kN/m^2}$；

ρ—— 空气密度，$\mathrm{kg/m^3}$。

当结构顶部风速超过临界风速时，可在构造上采取防振措施，或控制结构的临界风速不小于15m/s。

雷诺数 Re 按式(4-10)确定，当结构的截面沿高度缩小时(倾斜度不大于0.02)，可近似取2/3高度处的风速和直径进行计算。

(2) 当 $3.5\times10^5 \leqslant Re < 3.5\times10^6$ 时，风速处于超临界范围内，可不进行处理。

(3) 当 $Re \geqslant 3.5\times10^6$ 且结构顶部风速 v_{H} 的1.2倍大于临界风速 v_{cr} 时，可发生跨临界的强风共振，其引起的在 z 高度处振型 j 的等效横风荷载由下式确定：

$$w_{\mathrm{czj}}=|\lambda_j|\cdot v_{\mathrm{cr}}^2\cdot\frac{\varphi_{zj}}{12800\,\zeta_j}(\mathrm{kN/m^2}) \tag{4-41}$$

式中：λ_j—— 计算系数，按表4-17确定；

φ_{zj}—— 在z高度处结构的j振型系数，由计算确定或参考表4-18确定；

ζ_j—— 第j振型的阻尼比；对第1振型，钢结构取0.01，房屋钢结构取0.02，混凝土结构取0.05；对高振型，若无实测资料，可近似按第1振型取用。

表4-17　λ_j 计算用表

结构类型	振型序号	H_1/H										
		0	0.1	0.2	0.3	0.4	0.5	0.6	0.7	0.8	0.9	1.0
高耸结构	1	1.56	1.55	1.54	1.49	1.42	1.31	1.15	0.94	0.68	0.37	0
	2	0.83	0.82	0.76	0.60	0.37	0.09	−0.16	−0.33	−0.38	−0.27	0
	3	0.52	0.48	0.32	0.06	−0.19	−0.30	−0.21	0.00	0.20	0.23	0
	4	0.30	0.33	0.02	−0.20	−0.23	0.03	0.16	0.15	−0.05	−0.18	0
高层建筑	1	1.56	1.56	1.54	1.49	1.41	1.28	1.12	0.91	0.65	0.35	0
	2	0.73	0.72	0.63	0.45	0.19	−0.11	−0.36	−0.52	−0.53	−0.36	0

临界风速v_{cr}起始高度H_1可按下式计算：

$$H_1 = H \cdot \left(\frac{v_{cr}}{1.2 v_H}\right)^{1/\alpha} \qquad (4-42)$$

式中：α—— 地面粗糙度指数，对A、B、C、D四类地貌分别取0.12、0.16、0.22和0.30。终结点高度H_2近似取结构全高H，即共振区范围为$H_1 \sim H$。

表4-18　高耸结构和高层建筑的振型系数

相对高度 z/H	振型序号(高耸结构)				振型序号(高层建筑)			
	1	2	3	4	1	2	3	4
0.1	0.02	−0.09	0.23	−0.39	0.02	−0.09	0.22	−0.38
0.2	0.06	−0.30	0.61	−0.75	0.08	−0.30	0.58	−0.73
0.3	0.14	−0.53	0.76	−0.43	0.17	−0.50	0.70	−0.40
0.4	0.23	−0.68	0.53	0.32	0.27	−0.68	0.46	0.33
0.5	0.34	−0.71	0.02	0.71	0.38	−0.63	−0.03	0.68
0.6	0.46	−0.59	−0.48	0.33	0.45	−0.48	−0.49	0.29
0.7	0.59	−0.32	−0.66	−0.40	0.67	−0.18	−0.63	−0.47
0.8	0.79	0.07	−0.40	−0.64	0.74	0.17	−0.34	−0.62
0.9	0.86	0.52	0.23	−0.05	0.86	0.58	0.27	−0.02
1.0	1.00	1.00	1.00	1.00	1.00	1.00	1.00	1.00

另外需要了解的是，校核横风向风振时所考虑的高振型序号不大于4，对一般悬臂型结构，可只取第1或第1、2振型。

4.5.2　非圆形截面结构的横风向风振

对非圆形截面的结构，横风向风振的等效风荷载宜通过空气弹性模型的风洞试验确定，或参考有关资料确定。

4.5.3 结构的总风效应

在结构发生横风向风振时，必作用有顺风向风荷载，二者都将对结构产生效应，应该将其叠加计算结构的总风效应，以此进行结构抗风设计。

结构的总风效应 S 按下式确定：

$$S=\sqrt{S_C^2+S_A^2} \tag{4-43}$$

式中：S_C—— 横风向风振产生的效应；

S_A—— 顺风向风载产生的效应。

思考题与习题

1. 风是怎样形成的？

2. 试述风速与风压的关系。

3. 基本风压是如何定义的？说明影响基本风压的主要因素。

4. 何谓梯度风、梯度风高度？

5. 计算顺风向风作用时，为什么要区分平均风与脉动风？

6. 说明风载体型系数、风压高度变化系数、风振系数的意义及确定方法。

7. 高层建筑为何要考虑群体间风的相互干扰？如何考虑？

8. 结构横风向风振产生的原因是什么？

9. 在什么条件下需考虑结构横风向风振作用，如何考虑？

10. 我国《建筑结构荷载规范》(GB50009—2001) 将地面粗糙度分为 A、B、C、D 四类，设基本风压按10m高处风压确定，标准地貌为B类，求其他三类地貌基本风压与标准地貌基本风压之间的数量关系？

11. 某三层钢筋混凝土框架结构，平面为矩形，纵向各轴线间距离为 3.9m，横向总宽 13.2m，层高均为 3.4m，室内外高差 0.45m，屋顶女儿墙高 0.6m，地貌为 B 类，所在地区基本风压值 $w_0=0.60\text{kN/m}^2$。求：顺风向风对一榀横向中框架各层节点产生的风荷载标准值。

第5章　地震作用

5.1　地震基本知识

地震和刮风下雨一样，是一种自然现象。地球上每天都在发生地震，全世界每年大约发生500万次，绝大多数地震因震级较小，人体感觉不到。其中有感地震（里氏2～4级）大约有15万次，造成严重破坏的地震（里氏5级以上）约20次，毁灭性的地震约2次，大多发生在人烟稀少地区。

减少地震的危害主要有两种方法，一是对地震进行预报；二是对工程结构进行抗震设计。然而就目前来说，我们还没有具体的方法对地震进行精确预报。因此，为了达到减少地震灾害的目的，有必要加强对工程结构进行抗震分析和抗震设计，增强结构物抵御地震作用的能力。

5.1.1　地震的类型与成因

地球是一个平均半径约6 400km的椭圆球体。随着科学的发展，人们逐渐从火山喷发出来的物质中了解到地球内部的物理性质和化学组成，同时利用地震波揭示了地球内部的许多秘密。

长期的研究观测表明，地球主要由三层不同的物质构成（图5-1）。

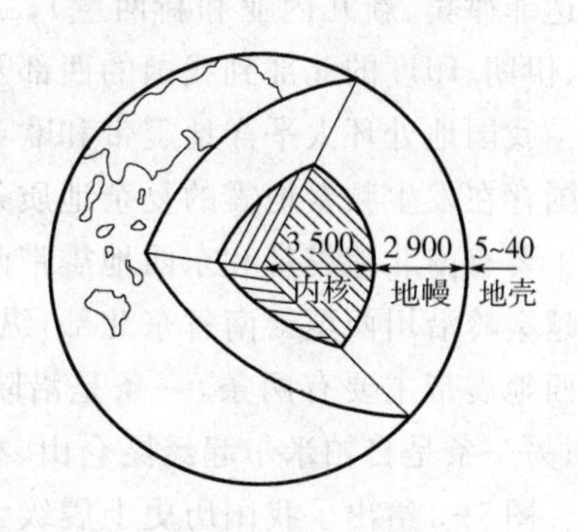

图5-1　地球的构造（单位：km）

第一层为地壳，厚约5～40km，地壳分上下两层，上部地壳主要为花岗岩，下部地壳主要为玄武岩。绝大多数地震均发生在这一层。

第二层为地幔，厚约2 900km。地幔也分上下两层，分界面约在1 000km左右。上部地幔主要有超基性岩组成，下部地幔主要有超高压矿物组成的超基性岩构成。

第三层为地核，厚约3 500km，其主要物质为铁镍。地核又可分为外核和内核，外核厚约2 100km，据推测为液态，内核则可能为固态。

由地球的构造可以看到，地壳如同浮在水面上的筏板。当地球的转速不均匀或底下的地幔软流体产生运动时，都将对地壳的板块产生力的作用。当这种力集聚到一定程度后，将使地壳的薄弱岩层产生褶皱和弯曲，最终产生断裂破碎（图5-2）。

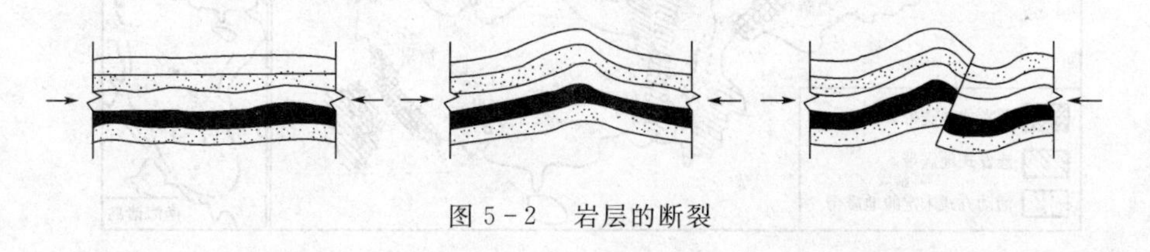

图5-2　岩层的断裂

按引起地震的原因不同,可将地震分为天然地震、诱发地震和人工地震三大类。

1. 天然地震

天然地震主要有构造地震、火山地震和坍塌地震。其中构造地震约占地震总数的90%以上,它是由于地下深处岩石破裂、错动把长期积累起来的能量急剧释放出来,以地震波的形式向四面八方传播出去,到地面引起的房摇地动。由火山喷发引发的地震叫火山地震,由岩层坍塌引发的地震叫坍塌地震。

2. 诱发地震

诱发地震主要是指矿山冒顶、水库蓄水等人为因素引发的地震。

3. 人工地震

人工地震主要是指人类的活动引发的地震,如人工爆破、核爆炸等。

诱发地震和人工地震发生的频率很低,影响区域也相对较小。

地壳的板块构造学说认为,地球的表面岩层由六大板块构成,即美洲板块、太平洋板块、澳洲板块、南极板块、欧亚板块和非洲板块。这些板块在相对缓慢地运动着,在它们的边界处产生挤压、拉伸和剪切,甚至有些板块呈现插入另一板块之下欲将其翘起的趋势。地球上大多数地震就发生在这些板块的交界处。由此在世界范围形成了两大主要地震活动地带,一是环太平洋地震带(沿南北美洲西海岸、阿留申群岛转向到日本列岛,再经我国的东海岸到达菲律宾、新几内亚和新西兰);二是欧亚地震带(从大西洋的亚速岛,经过意大利、土耳其、伊朗、印度的北部到我国的西部及西南地区,再过缅甸至印度尼西亚)。

我国地处环太平洋地震带和欧亚地震带之间,是一个多地震国家。从地震地质背景看,我国存在发生频繁地震的复杂地质条件,因此,我国境内地震活动频度较高,强度较大。我国主要有南北地震带和东西地震带两条地震带。南北地震带为北起贺兰山,向南经六盘山、穿越秦岭沿川西至云南省东北部,纵贯南北。2008年汶川大地震就发生在这条地震带上。东西地震带主要有两条,一条是沿陕西、山西、河北北部向东延伸,直至辽宁北部的千山一带;另一条是自帕米尔起经昆仑山、秦岭、直至大别山。

图5-3给出了我国历史上震级大于6级的地震活动分布图,从中可以看出,共有10个地

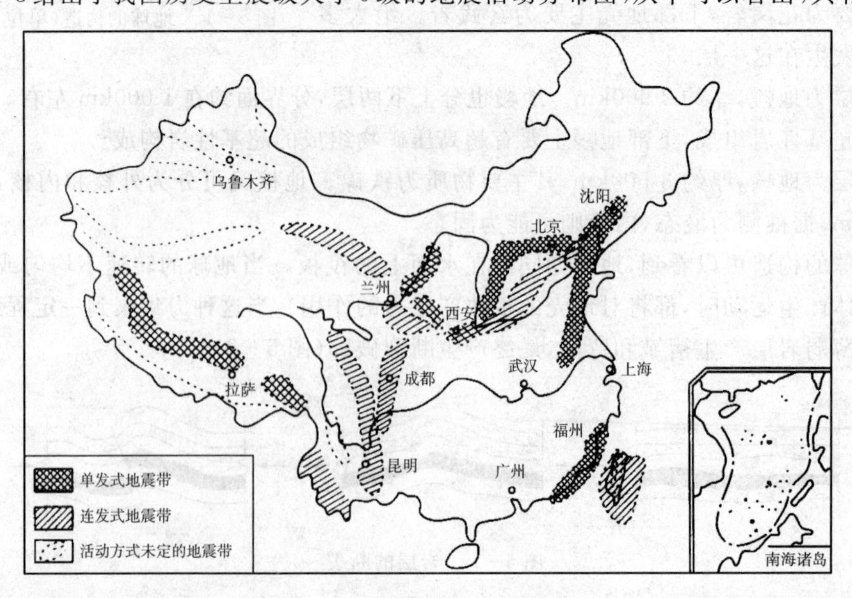

图5-3 中国地震分布示意图

震区:台湾地震区、南海地震区、华南地震区、华北地震区、东北地震区、青藏高原南部地震区、青藏高原中部地震区、青藏高原北部地震区、新疆中部地震区和新疆北部地震区。

5.1.2　震级与烈度

1. 地震震级

地震的震级是衡量一次地震释放能量大小的度量。地震的震级一般采用里氏震级,Richter在1935年首次提出了里氏震级的概念,即:在离震中100km处由Wood-Anderson式标准地震仪(摆的自振周期为0.8s,阻尼系数0.8,放大倍数为2 800)所记录到的最大地面水平位移A(单振幅,单位为μm)的常用对数M:

$$M = \lg A \tag{5-1}$$

此处M即为里氏震级。当震中距不是正好等于100km时,则需按修正公式进行计算:

$$M = \lg A - \lg A_0 \tag{5-2}$$

式中:A_0—— 被选为标准的某一特定地震的最大振幅。

当$M \geqslant 6$时,则由式(5-1)可知$A \geqslant 1$m,这与实际情况不符,故式(5-1)实际仅适用于6级以下地震的直接定义。当地面振幅较大时,表土将产生较大的粘塑性变形,消耗地面振动能量,震级与地面振幅不再符合式(5-1)的关系。对于6级以上的地震,一般通过其他方式定义震级。

构造地震是由于岩体破裂释放能量引起的,地震震级与地震释放的能量有如下经验关系式:

$$\lg E = 1.5M + 11.8 \tag{5-3}$$

式中:E—— 地震释放的能量,单位为erg。

一个6级地震释放的能量相当于一个2万吨级的原子弹所含有的能量。M每增加一级,释放的能量将增加32倍。一次地震对地面的影响程度与许多因素有关,除了震级以外,还与震源深度、震中距等因素有关(图5-4)。

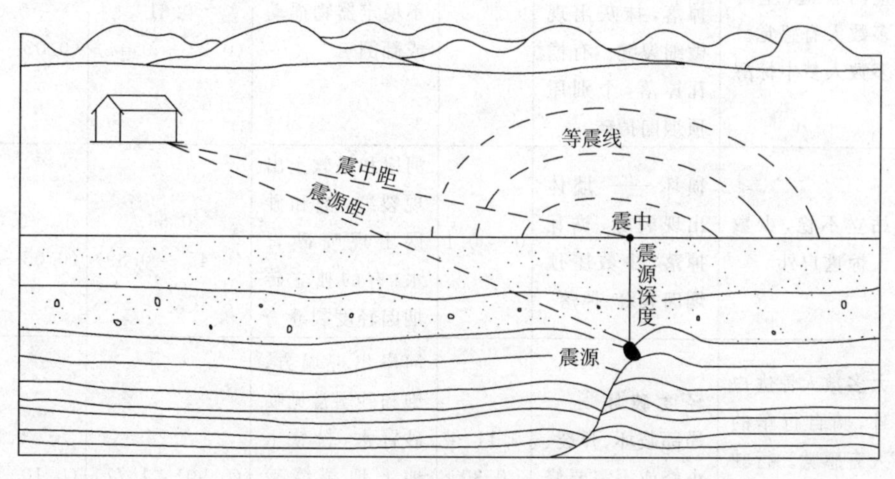

图5-4　地震术语示意图

地震波发源的地方,叫做震源。震源在地面上的垂直投影,叫做震中。震中到震源的深度叫做震源深度。通常将震源深度小于70公里的叫浅源地震,深度在70～300公里的叫中源地震,深度大于300公里的叫深源地震。破坏性地震一般是浅源地震,如1976年的唐山地震的震源深度约为12公里,2008年汶川大地震的震源深度约为10公里。

2. 烈度

(1) 地震烈度

地震烈度是指某一地区的地面和各类建筑物、构筑物遭受到一次地震影响的强弱程度。对于一次确定的地震,其释放的能量是一致的,故只有一个震级。但由于各地区距震中的远近不同,地质情况也不同,所以各地区所遭受到的地震破坏程度有较大差别。因此一次地震对于不同的地区有多个烈度,即地震烈度。

我国根据房屋建筑震害指数、地表破坏程度及地面运动加速度指标将地震烈度分为十二等级,制定了《中国地震烈度表》(表5-1)。

表5-1 中国地震烈度表(1999)

烈度	在地面上人的感觉	房屋震害程度		其他现象	物理参量	
		震害现象	平均震害指数		峰值加速度/(m/s^2)	峰值速度/(m/s)
1	无感					
2	室内个别静止中的人有感觉					
3	室内少数静止中的人有感觉	门,窗轻微作响		悬挂物微动		
4	室内多数人、室外少数人有感觉,少数人梦中惊醒	门,窗作响		悬挂物明显摆动,器皿作响		
5	室内普遍、室外多数人有感觉。多数人梦中惊醒	门窗、屋顶、屋架颤动作响,灰土掉落,抹灰出现微细裂缝。有檐瓦掉落,个别屋顶烟囱掉砖		不稳定器物摇动或翻倒	0.31 (0.22～0.44)	0.03 (0.02～0.04)
6	站立不稳,少数人惊逃户外	损坏——墙体出现裂缝,檐瓦掉落、少数屋顶烟囱裂缝、掉落	0～0.1	河岸和松软土出现裂缝,饱和砂层出现喷砂冒水;有的独立砖烟囱轻度裂缝	0.63 (0.45～0.89)	0.06 (0.05～0.09)
7	大多数人惊逃户外,骑自行车的人有感觉。行驶中的汽车驾乘人员有感觉	轻度破坏——局部破坏、开裂、小修或不需要修理可继续使用	0.11～0.30	河岸出现塌方;饱和砂层常见喷砂冒水,松软土地上地裂缝较多;大多数独立砖烟囱中等破坏	1.25 (0.90～1.77)	0.13 (0.10～0.18)

（续表）

烈度	在地面上人的感觉	房屋震害程度		其他现象	物理参量	
		震害现象	平均震害指数		峰值加速度/(m/s^2)	峰值速度/(m/s)
8	多数人摇晃颠簸，行走困难	中等破坏——结构破坏，需要修复才能使用	0.31～0.50	干硬土上亦有裂缝；大多数独立砖烟囱严重破坏；树梢折断；房屋破坏导致人畜伤亡	2.50 (1.78～3.53)	0.25 (0.19～0.35)
9	行动的人摔跤	严重破坏——结构严重破坏，局部倒塌，修复困难	0.51～0.70	干硬土上许多地方出现裂缝。基岩可能出现裂缝、错动、滑坡塌方常见；独立砖烟囱出现倒塌	5.00 (3.54～7.07)	0.50 (0.36～0.71)
10	骑自行车的人会摔倒，处不稳状态的人会摔出，有抛起感	大多数倒塌	0.71～0.90	山崩和地震断裂出现；基岩上拱桥破坏；大多数独立砖烟囱从根部破坏或倒毁	10.00 (7.08～14.14)	1.00 (0.72～1.41)
11		普遍倒塌	0.91～1.00	地震断裂延续很长；大量山崩滑坡		
12				地面剧烈变化，山河改观		

［注］　①1～5度以地面上人的感觉为主；6～10度以房屋震害为主，人的感觉仅供参考；11，12度以地表现象为主。

② 在高楼上人的感觉要比地面上人的感觉明显，应适当降低评定值。

③ 表中房屋为单层或数层、未经抗震设计或未加固的砖混和砖木房屋。对于质量特别差或特别好的房屋，可根据具体情况，对表中各烈度相应的震害程度和震害指数予以提高或降低。

④ 表中震害指数是从各类房屋的震害调查和统计中得出的，反映破坏程度的数字指标，0表示无震害，1表示倒平。平均震害指数可以在调查区内用普查或随机抽查方法确定。

⑤ 凡有地面强震记录资料的地方，表列物理参量可作为综合评定烈度和制定建设工程抗震设防要求的依据。

⑥ 在农村可以自然村为单位，在城镇可以分区进行烈度的评定，面积以1平方公里左右为宜。

⑦ 表中数量词：个别为10%以下；少数为10～50%；多数为50～70%；大多数为70～90%；普遍为90%以上。

一般来说,地震烈度随着震中距的增加而递减。我国根据 153 个等震线资料统计出的烈度(I)— 震级(M)— 震中距(R) 的经验关系式为:

$$I = 0.92 + 1.63M - 3.49\lg R \tag{5-4}$$

(2) 基本烈度

基本烈度是指一个地区在一定时期(我国取 50 年)内、在一般场地条件下、按一定的超越概率(我国取 10%)可能遭遇到的最大地震烈度,它是一个地区进行抗震设防的依据。

(3) 抗震设防烈度

抗震设防烈度是按国家规定的权限批准作为一个地区抗震设防依据的地震烈度。一般情况下取 50 年内超越概率为 10% 的基本烈度。但还须根据建筑物所在城市的大小,建筑物的类别、高度以及当地的抗震设防小区规划进行确定。

5.1.3 地震波与地面运动

地震引起的震动以波的形式从震源向各个方向传播并释放能量,这就是地震波。地震波是一种弹性波,它包括在地球内部传播的体波和在地面附近传播的面波。

1. 体波

体波主要有两种成分,即压缩波和剪切波。

(1) 压缩波,又称纵波。它使得质点的振动方向与波的前进方向一致,可在固体或液体中传播,其特点是周期短、振幅小。从物理学可知,压缩波的波速为:

$$V_P = \sqrt{\frac{E(1-\mu)}{\rho(1+\mu)(1-2\mu)}} \tag{5-5}$$

式中:E—— 介质的弹性模量;

ρ—— 介质密度;

μ—— 介质的泊松比。

(2) 剪切波,又称横波。它使得介质的振动方向与波的前进方向垂直,仅能在固体中传播,其特点是周期较长、振幅大。从物理学可知,剪切波的波速为:

$$V_S = \sqrt{\frac{G}{\rho}} \tag{5-6}$$

式中:$G = \frac{E}{2(1+\mu)}$—— 介质的剪切模量,若取 $\mu = 0.25$,由上式有 $V_P = \sqrt{3}V_S$。

可见,压缩波比剪切波的传播速度高。

2. 面波

当体波从基岩射到上层土时,经分层地质界面的多次反射和折射,在地表面形成一种次生波 —— 面波,它主要有两种成分,即乐甫波(L 波)和瑞雷波(R 波)。

如图 5-5 所示,乐甫波(L 波)主要使地面产生水平的摆动,质点振动方向垂直于波的方向;瑞雷波(R 波)不仅使地面产生水平方向的摆动,还使地面上下颠簸振动。面波的波速比体波低,且具有随土层深度增加而急剧减小的趋势。

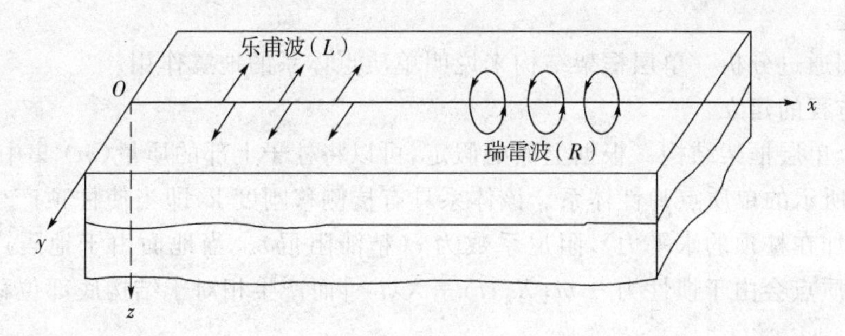

图 5-5　面波的振动形式

根据记录的地震波曲线(图 5-6)可看到,压缩波(P 波)最先到达,然后是剪切波(S 波),再后是面波(L 波和 R 波)到达。

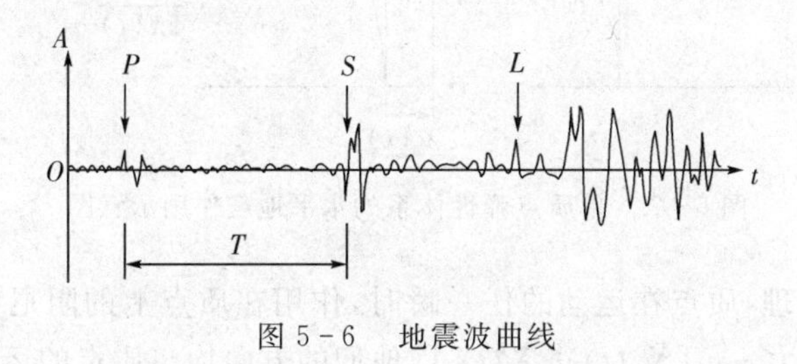

图 5-6　地震波曲线

利用 P 波与 S 波到达测量仪位置的时间差 T 可得到震源距 A:

由于

$$T=\frac{A}{V_{\mathrm{S}}}-\frac{A}{V_{\mathrm{P}}}=\frac{A}{\dfrac{V_{\mathrm{P}}V_{\mathrm{S}}}{V_{\mathrm{P}}-V_{\mathrm{S}}}}=\frac{A}{V}$$

故有

$$A=T\cdot V \tag{5-7}$$

式中:$V=\dfrac{V_{\mathrm{P}}V_{\mathrm{S}}}{V_{\mathrm{P}}-V_{\mathrm{S}}}$——虚波波速。

根据测量仪附近的地质情况可事先求得虚波 V,一般情况下波速 $V\approx 8\mathrm{km/s}$。

5.2　单质点体系地震作用

5.2.1　单质点体系地震反应

我们知道,各类建筑物均为连续体,其质量沿结构高度是连续分布的。为了便于分析,我们进行了必要的离散化假设,即将结构全部的质量假想地集中到若干质点上,结构杆件本身则看成是无重量的弹性直杆,这就是目前在抗震分析中应用最为广泛的“集中质量法”。

在结构抗震分析中,水塔、单层厂房等通常只考虑质点作单向水平振动,因而可以将这类结构处理成单质点弹性体系进行分析。例如单层厂房,大部分质量集中在楼盖,可把质点位置定在柱顶,并把墙、柱等质量全部折算到柱顶标高处,使计算得到简化,并能较好地反映它的动力性能。

下面我们通过分析一单层框架结构来说明单质点体系的地震作用。

1. 运动方程的建立

分析一个单层框架结构。根据上面的假定,可以将柱子上部的质量(m)集中于柱顶,形成如图5-7所示的单质点弹性体系。该体系具有抗侧移刚度k(即当使柱顶产生单位水平位移时,需施加在柱顶的水平力),阻尼系数为c(粘滞阻尼)。当地面由于地震产生水平位移$X_g(t)$时,质点会由于惯性力$-m[\ddot{X}_g(t)+\ddot{X}(t)]$而产生相对于结构底部位移$X(t)$。

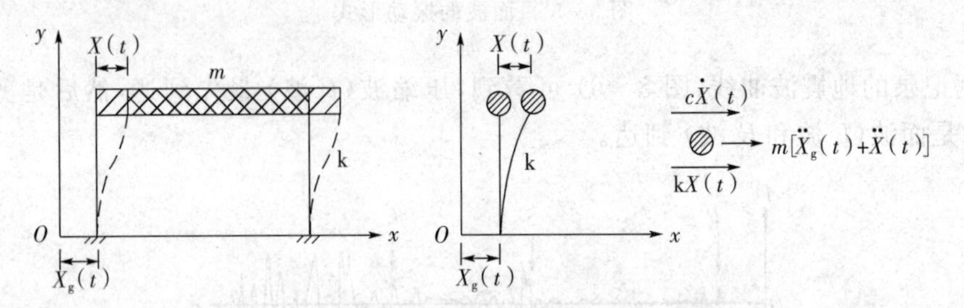

图5-7 单质点弹性体系的水平地震作用示意图

根据达朗贝尔原理,质点在运动的任一瞬时,作用在质点上的阻尼力$-c\dot{X}(t)$、弹性恢复力$-\mathrm{k}X(t)$和惯性力$-m[\ddot{X}_g(t)+\ddot{X}(t)]$(他们的方向均与质点的运动方向相反,故都带负号)处于瞬时平衡状态,即:

$$-m[\ddot{X}_g(t)+\ddot{X}(t)]-c\dot{X}(t)-\mathrm{k}X(t)=0 \tag{5-8}$$

令$P(t)=-m\ddot{X}_g(t)$,整理后得:

$$m\ddot{X}(t)+c\dot{X}(t)+\mathrm{k}X(t)=P(t) \tag{5-9}$$

式中:$X(t)$、$\dot{X}(t)$、$\ddot{X}(t)$—— 分别为质点相对于结构底部的位移、速度、加速度;

$\ddot{X}_g(t)$—— 地震时地面水平向运动加速度。

式(5-9)即为阻尼弹性单质点体系的一般受迫振动的微分方程。

2. 运动方程的解答

(1) 齐次微分方程的解(自由振动)

将式(5-9)的右端设为零,即得到相应于自由振动的齐次微分方程:

$$m\ddot{X}(t)+c\dot{X}(t)+\mathrm{k}X(t)=0 \tag{5-10}$$

为便于求解,令$\omega^2=\dfrac{\mathrm{k}}{m}$, $\zeta=\dfrac{c}{2\omega m}$,

当$\zeta<1$时有如下通解:

$$X(t)=\mathrm{e}^{-\zeta\omega t}(A\cos\omega' t+B\sin\omega' t) \tag{5-11}$$

式中:ω—— 体系的自振频率(也称圆频率);

ζ—— 体系的阻尼比;

$\omega'=\omega\sqrt{1-\zeta^2}$ —— 有阻尼的自振频率。

将初始条件初位移 $X(0)$ 和初速度 $\dot{X}(0)$ 带入方程(5-11)，得到齐次微分方程的解：

$$X(t)=\mathrm{e}^{-\zeta\omega t}\left[X(0)\cos\omega' t+\frac{\dot{X}(0)+\zeta\omega X(0)}{\omega'}\sin\omega' t\right] \tag{5-12}$$

(2) 瞬时冲量作用下单质点弹性体系的动力反应

如图 5-8 所示，在结构的质点上作用一荷载 P，该荷载作用的时间很短，为 Δt；我们称 $P\cdot\Delta t$ 为有限冲量。当 $\Delta t\rightarrow \mathrm{d}t$ 时，这个冲量 $P\cdot \mathrm{d}t$ 称为瞬时冲量。根据动量定律，冲量等于动量的改变量，即：

$$P\cdot \mathrm{d}t=mv-mv_0 \tag{5-13}$$

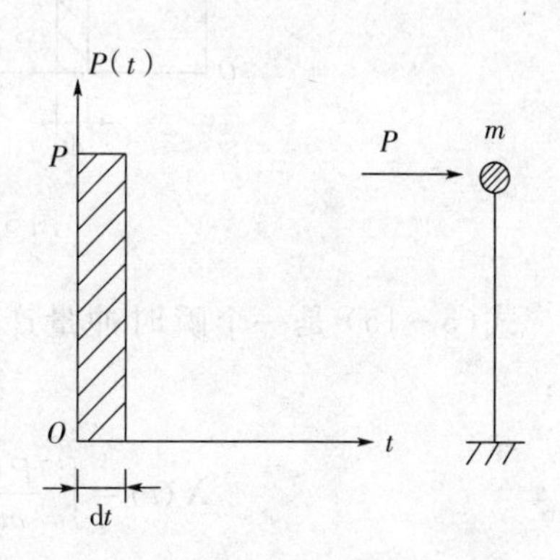

图 5-8　瞬时冲量作用下的单质点弹性体系

在冲击荷载作用之前，初速度初位移均为零；在冲击荷载完成瞬间，体系在瞬时冲量作用下获得速度 $v=P\mathrm{d}t/m$，此时体系位移是二阶微量，在荷载作用期间 $\mathrm{d}t$ 内可认为位移为零。这样，原来静止的体系在瞬时冲量作用之后，将以初位移为零，初速度为 $P\mathrm{d}t/m$ 作自由振动。由自由振动的解(5-12)，令其中的初位移 $X(0)=0$、初速度 $\dot{X}(0)=P\mathrm{d}t/m$，得：

$$X(t)=\mathrm{e}^{-\zeta\omega t}\frac{P\mathrm{d}t}{m\omega'}\sin\omega' t \tag{5-14}$$

若冲击力 P 不是从 $t=0$ 开始作用，而是从 τ 开始作用(图 5-9)，则有：

$$\mathrm{d}X(t)=\mathrm{e}^{-\zeta\omega(t-\tau)}\frac{P\mathrm{d}\tau}{m\omega'}\sin\omega'(t-\tau) \tag{5-15}$$

(3) 任意冲击荷载作用下单质点弹性体系的反应

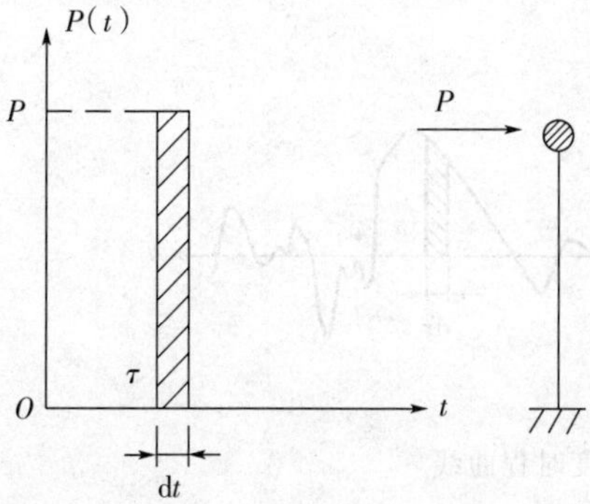

图 5-9　瞬时冲量从 $t=\tau$ 开始作用

图 5-10 为一任意冲击荷载随时间 t 而变的规律 $P(t)$。

设将时间划分为无限多个微段 $\mathrm{d}t$，则在每一微段 $\mathrm{d}t$ 内的 $P(t)$ 可视为常量 P，它与 $\mathrm{d}t$ 的乘积构成一个瞬时冲量。那么图 5-10 所示的任意冲击荷载 $P(t)$ 对质点 m 的作用就可看作无限多个瞬时冲量对它作用的结果。

根据线性微分方程的特性，运用叠加原理，将各个瞬时冲量独立作用的影响分别求出，然后再叠加以求得原来冲击荷载的影响。

考察某一时间 t 时的位移 $X(t)$，计算时应考虑时间 t 以前各个瞬时冲量 $\mathrm{d}S_\tau=P(\tau)\mathrm{d}\tau$ 的

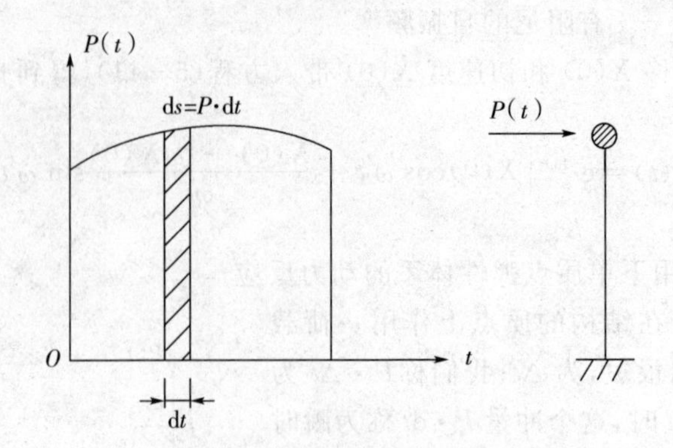

图 5-10 任意冲击荷载

影响。式(5-15)是一个瞬时冲量产生的影响，若为多个瞬时冲量的影响，则可用积分得到：

$$X(t)=\int_0^t \frac{P(\tau)}{m\omega'}\mathrm{e}^{-\omega\zeta(t-\tau)}\sin\omega'(t-\tau)\,\mathrm{d}\tau \tag{5-16}$$

上式即为杜哈美积分，它即是一般受迫振动微分方程(5-9)的解。

通常情况下，结构的阻尼比 ζ 很小，$\omega'\approx\omega$，故(5-16)也可近似写成：

$$X(t)=\int_0^t \frac{P(\tau)}{m\omega}\mathrm{e}^{\omega\zeta(t-\tau)}\sin\omega(t-\tau)\,\mathrm{d}\tau \tag{5-17}$$

(4) 单质点弹性体系在水平地震作用下的反应

考虑式(5-8)，令任意冲击荷载 $P(t)=-m\ddot{X}_{\mathrm{g}}(t)$，则微分方程(5-8)的解可由杜哈美积分(5-17)写出：

$$X(t)=-\frac{1}{\omega}\int_0^t \ddot{X}_{\mathrm{g}}(\tau)\,\mathrm{e}^{-\zeta\omega(t-\tau)}\sin\omega(t-\tau)\,\mathrm{d}\tau \tag{5-18}$$

上式即为单质点弹性体系在水平地震在时间 t 处的位移反应。

若我们已知某一结构和其所遭遇的地面运动加速度历程(图 5-11)，则可通过式(5-18)用数值积分得到任一时间 t 时的质点位移 $X(t)$。

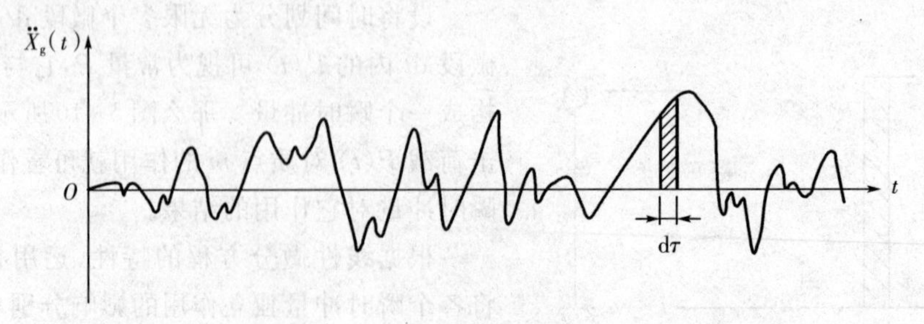

图 5-11 地面运动加速度时程曲线

5.2.2　加速度反应谱法

1. 水平地震作用的基本公式

由结构动力学可知，作用在质点上的惯性力等于质量 m 乘以质点的绝对加速度，即：

$$F(t) = -m[\ddot{X}_g(t) + \ddot{X}(t)] \tag{5-19}$$

由式(5－8)可知有：

$$-m[\ddot{X}_g(t) + \ddot{X}(t)] = c\dot{X}(t) + \mathrm{k}X(t) \tag{5-20}$$

考虑到一般结构的 $c\dot{X}(t) \ll \mathrm{k}X(t)$，可忽略不计，故有：

$$F(t) = \mathrm{k}X(t) \tag{5-21}$$

由式(5－21)可知，单自由度弹性体系在地震作用下质点产生的相对位移 $X(t)$ 与惯性力 $F(t)$ 成正比，某瞬间结构所受地震作用可以看成该瞬间结构自身质量产生的惯性力的等效力。这种力虽然不能直接作用于质点上，但它对结构体系的作用和地震对结构体系的作用相当。利用等效力对结构进行抗震设计，可使抗震计算这一动力问题转化为静力问题进行处理。我们将 $F(t)$ 看成一种等效力，它使具有侧移刚度k的结构产生水平位移 $X(t)$。将(5－18)代入(5－21)，并注意到 $\mathrm{k} = m\omega^2$，有：

$$F(t) = -m\omega \int_0^t \ddot{X}_g(\tau) e^{-\omega\zeta(t-\tau)} \sin\omega(t-\tau) d\tau \tag{5-22}$$

可见，水平地震作用 $F(t)$ 是时间 t 的函数，它的大小和方向随时间 t 而变化。而结构设计时，我们只对它的最大值 F 感兴趣，并且不考虑它的作用方向：

$$F = m\omega \left| \int_0^t \ddot{X}_g(\tau) e^{-\omega\zeta(t-\tau)} \sin\omega(t-\tau) d\tau \right|_{\max} \tag{5-23}$$

把上式看作最大绝对加速度和质量的乘积，最大绝对加速度以 S_a 表示，则

$$F = mS_a \tag{5-24}$$

其中：

$$S_a = \omega \left| \int_0^t \ddot{X}_g(\tau) e^{-\omega\zeta(t-\tau)} \sin\omega(t-\tau) d\tau \right|_{\max} \tag{5-25}$$

令

$$S_a = \beta \left| \ddot{X}_g(t) \right|_{\max} \tag{5-26}$$

$$\left| \ddot{X}_g(t) \right|_{\max} = k \cdot g \tag{5-27}$$

式中：β—— 动力系数；

k—— 地震系数；

g—— 重力加速度；

$\left| \ddot{X}_g(t) \right|_{\max}$—— 地震时地面水平向运动加速度最大值的绝对值。

则有　　$F = mS_a = \beta \left| \ddot{X}_g(t) \right|_{\max} \cdot m$

或　　$F = \beta k g m$

令 $G = m \cdot g$，称作重力荷载代表值，则有

$$F=\beta \cdot k \cdot G \tag{5-28}$$

令 $\alpha=\beta \cdot k$,称作地震影响系数,则式(5-28)又可写为:

$$F=\alpha \cdot G \tag{5-29}$$

式(5-29)即为我国现行抗震规范中关于单质点体系的水平地震作用标准值的计算式。可见,反应谱法使一个复杂的动力学问题变得像一个普通静力学问题一样简单。也就是说,只要先确定了 F,则可将 F 作用在结构上,像求解静力结构问题一样求解结构的内力或变形。关键问题是求出 α。

2. 地震系数 k

由式(5-27)可知,地震系数 k 是地震时地面水平向运动加速度最大值的绝对值与重力加速度的比值,即

$$k=\frac{|\ddot{X}_g(t)|_{\max}}{g} \tag{5-30}$$

地震系数 k 反映了地面运动的强弱程度,地面加速度越大,地震系数 k 也越大。经统计分析,地震系数 k 主要与地震烈度 I 有关,这两个参数均表示地面运动的强弱程度。假如在某一次地震中,某处有强震加速度记录,其最大值可确定 k 值,同时根据该处宏观破坏现象又可评定地震烈度 I,这样就找到了地震系数 k 与地震烈度 I 之间的对应关系。经统计调整,我国采用如表5-2所示的 k 与 I 的关系。

表5-2 地震系数 k 与地震烈度 I 的关系

烈度 I	6	7	8	9
k	0.054	0.107	0.215	0.429

从表5-2可看出,烈度 I 每增加一度,地震系数 k 就约增加一倍。

3. 动力系数 β

由式(5-26)可知,动力系数 β 是单质点弹性体系质点最大绝对加速度与地震时地面水平向运动加速度最大值的绝对值的比值,反映的是结构将地面运动加速度的放大倍数。即

$$\beta=\frac{S_a}{|\ddot{X}_g(t)|_{\max}} \tag{5-31}$$

若结构是完全刚性的,质点的绝对加速度与地面运动加速度完全相同,则质点与地面同步同幅运动,此时 $\beta=1.0$;若结构的抗侧移刚度为零,即绝对柔性,则质点与地面无联系,此时 $\beta=0$;一般情况下,β 将大于1.0,即结构对地面运动有放大作用。

由式(5-26)可知,只要选取了一条地面运动加速度时程曲线 $\ddot{X}_g(t)$,在时间轴上取一系列的 t,则 S_a 可以通过数值积分求得。那么,对于不同自振周期 T 的结构,就可以求取一系列与 T 有关的 S_a,而 $|\ddot{X}_g(t)|_{\max}$ 可以在地面加速度时程曲线上找到,则 β 就可通过公式(5-31)求出。图5-12是根据某一实际地震记录 $\ddot{X}_g(t)$ 并取阻尼比 $\zeta=0.05$,采用数值积分的方法计算与绘制的 β-T 关系曲线。

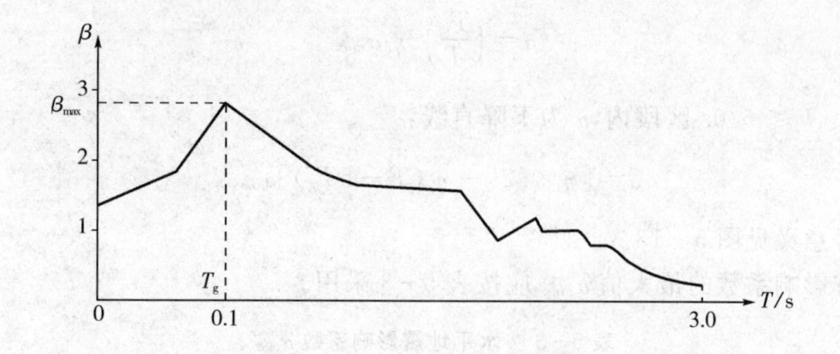

图 5-12　根据某实际地震记录绘制的 β-T 关系曲线

从图 5-12 可看出，当自振周期 $T=0.1$s 时，结构有最大的动力系数 β_{max}，此处 $T=0.1$s 对应的实际上是场地的卓越周期 T_g，我国规范称作特征周期。当 $T>T_g$ 后，β 值逐步下降。

据统计分析发现，对于一般的多高层建筑结构 β_{max} 值与烈度、场地类别及震中距的关系都不大，基本上趋于一个定值，我国《建筑抗震设计规范》(GB50011－2001) 规定 $\beta_{max}=2.25$。

4. 地震影响系数 α

将公式(5-30)，(5-31) 带入 $\alpha=\beta\cdot k$，可得如下关系式：

$$\alpha=\frac{S_a}{|\ddot{X}_g(t)|_{max}}\cdot\frac{|\ddot{X}_g(t)|_{max}}{g}=\frac{S_a}{g}\tag{5-32}$$

α 称为地震影响系数，它是单质点弹性体系在地震时的最大反映加速度与重力加速度的比值，是一个无量纲的系数。α 与 β 之间仅差一个常系数 k，故知 α-T 关系曲线的形状应与 β-T 关系曲线相同。我国《建筑抗震设计规范》(GB50011－2001) 给出了 α 与结构自振周期 T 的关系曲线(图 5-13)。

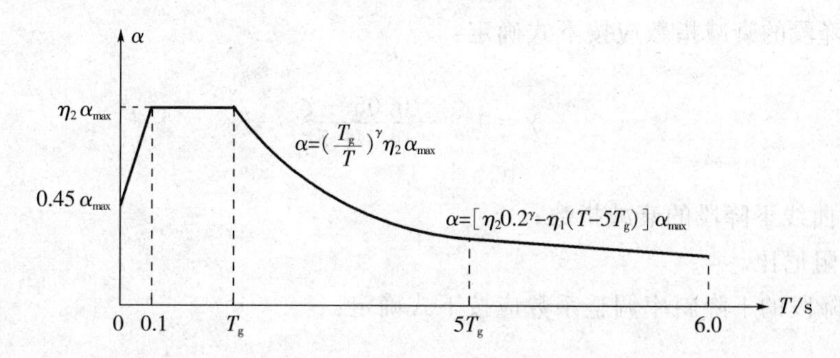

α—— 地震影响系数；α_{max}—— 地震影响系数最大值；η_1—— 直线下降段的下降斜率调整系数；γ—— 衰减指数；T_g—— 特征周期；η_2—— 阻尼调整系数；T—— 结构自振周期

图 5-13　地震影响系数曲线

分析图 5-13 所示的地震影响系数曲线，不难发现该曲线有四部分组成：

在 $T\leqslant 0.1$s 段内，α 为向上倾斜的直线；

在 $0.1\text{s}<T\leqslant T_g$ 区段内，α 采用水平线；

在 $T_g<T\leqslant 5T_g$ 区段内，α 按下降的曲线规律变化：

$$\alpha=\left(\frac{T_g}{T}\right)^{\gamma}\eta_2\alpha_{\max} \tag{5-33}$$

在 $5T_g < T \leqslant 6.0\text{s}$ 区段内，α 为下降直线：

$$\alpha=[\eta_2\ 0.2^{\gamma}-\eta_1(T-5T_g)]\alpha_{\max} \tag{5-34}$$

式中符号意义见图 5-13。

水平地震影响系数的最大值 $\alpha_{\max}$ 应按表 5-3 采用。

表 5-3　水平地震影响系数 $\alpha_{\max}$

地震影响	6 度	7 度	8 度	9 度
多遇地震	0.04	0.08(0.12)	0.16(0.24)	0.32
罕遇地震	—	0.50(0.72)	0.90(1.20)	1.40

[注]　括号中数值分别用于设计基本地震加速度为 $0.15g$ 和 $0.30g$ 的地区。

特征周期 T_g 应根据场地类别和设计地震分组按表 5-4 采用。

表 5-4　特征周期 T_g　　s

设计地震分组	场地类别			
	Ⅰ	Ⅱ	Ⅲ	Ⅳ
第一组	0.25	0.35	0.45	0.65
第二组	0.30	0.40	0.55	0.75
第三组	0.35	0.45	0.65	0.90

[注]　计算 8、9 度罕遇地震作用时，T_g 应按表中数值增加 0.05s。

当建筑物的阻尼比按有关规定不等于 0.05 时，地震影响系数曲线的阻尼调整系数和形状参数应符合下列规定：

曲线下降段的衰减指数应按下式确定：

$$\gamma=0.9+\frac{0.05-\zeta}{0.5+5\zeta} \tag{5-35}$$

式中：γ—— 曲线下降段的衰减指数；

　ζ—— 阻尼比。

直线下降段的下降斜率调整系数应按下式确定：

$$\eta_1=0.02+(0.05-\zeta)/8 \tag{5-36}$$

式中：η_1—— 直线下降段的下降斜率调整系数，小于 0 时取 0。

阻尼调整系数应按下式确定：

$$\eta_2=1+\frac{0.05-\zeta}{0.06+1.7\zeta} \tag{5-37}$$

式中：η_2—— 阻尼调整系数，当小于 0.55 时，应取 0.55。

除有专门规定外，建筑结构的阻尼比ζ应取0.05。这时，$\gamma=0.9$，$\eta_1=0.02$，$\eta_2=1.0$。对于周期大于6.0s的结构，地震影响系数应专门研究。

【例5-1】 某钢筋混凝土排架结构，抗震设计时简化成如图5-14所示的单质点体系，集中于柱顶标高处的结构质量$m=4\times10^4$kg，刚度k=1207kN/m。已知该结构处于设防烈度为7度的Ⅰ类场地土上，设计地震分组为第二组，阻尼比$\zeta=0.05$。计算多遇地震下的水平地震作用标准值F_{Ek}。

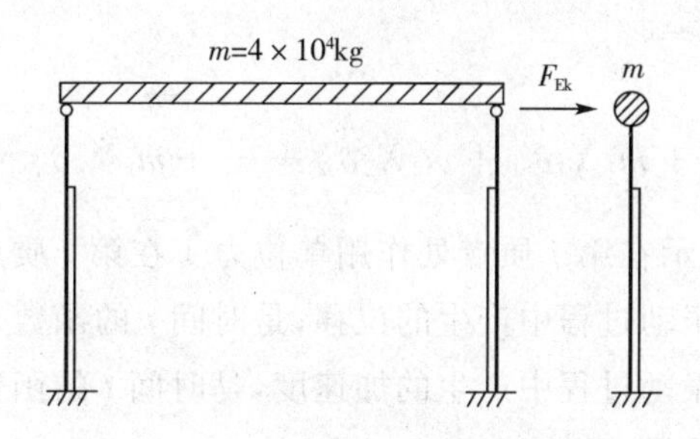

图5-14　单质点体系

解：自振频率 $\omega=\sqrt{\dfrac{k}{m}}=\sqrt{\dfrac{1207\times1000}{4\times10^4}}=5.49\text{s}^{-1}$

查表得$\alpha_{\max}=0.08$，$T_g=0.30$s，因为阻尼比$\zeta=0.05$，所以$\gamma=0.9$，$\eta_2=1$，

$T=\dfrac{2\pi}{\omega}=1.144\text{s}$，$5T_g=1.50\text{s}$，$T_g<T<5T_g$

故　$\alpha=\left(\dfrac{T_g}{T}\right)^{0.9}\eta_2\alpha_{\max}=\left(\dfrac{0.30}{1.144}\right)^{0.9}\times1.0\times0.08=0.024$

水平地震作用：

$$F_{Ek}=\alpha G=0.024\times40000\times9.81=9418\text{N}=9.418\text{kN}$$

5.3　多质点弹性体系的水平地震反应

在上一节中，我们运用集中质量法讨论了单质点体系的计算方法。然而在实际工程中，我们所遇到的结构要将其质量相对集中于若干高度处，简化成多质点体系才能进行计算，如多高层建筑结构、不等高厂房、烟囱等结构，通常将质量集中于楼盖及屋盖处，形成如图5-15所示的多质点弹性体系。这种多质点弹性体系在地面水平运动加速度的影响下，多质点均会由于惯性力的产生而相对于结构底部作水平运动，即产生地震反应。同单质点体系一样，我们首先从自由振动开始研究。

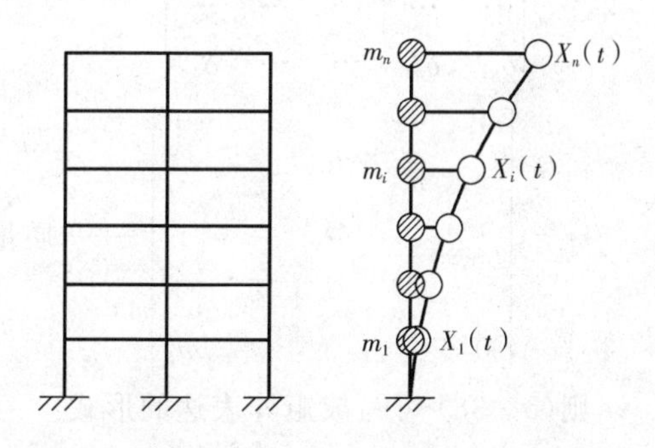

图5-15　多质点弹性体系

5.3.1　多质点弹性体系的无阻尼自由振动

当不考虑阻尼影响时，图 5-15 所示结构作自由振动时的位移方程可写为：

$$\begin{cases} X_1 + m_1\ddot{X}_1\delta_{11} + m_2\ddot{X}_2\delta_{12} + \cdots + m_n\ddot{X}_n\delta_{1n} = 0 \\ X_2 + m_1\ddot{X}_1\delta_{21} + m_2\ddot{X}_2\delta_{22} + \cdots + m_n\ddot{X}_n\delta_{2n} = 0 \\ \cdots \\ \cdots \\ X_n + m_1\ddot{X}_1\delta_{n1} + m_2\ddot{X}_2\delta_{n2} + \cdots + m_n\ddot{X}_n\delta_{nn} = 0 \end{cases} \tag{5-38}$$

式中：δ_{ij}—— 柔度系数，表示在第 j 质点处作用单位力 1 在第 i 质点处产生的水平位移；

X_i—— 第 i 质点在振动过程中产生的位移，是时间 t 的函数；

$\ddot{X}_i$—— 第 i 质点在振动过程中产生的加速度，是时间 t 的函数；

m_i—— 第 i 质点的质量。

设

$$X = \begin{bmatrix} X_1 \\ X_2 \\ \vdots \\ \vdots \\ X_n \end{bmatrix} \text{—— 位移矩阵；}$$

$$\ddot{X} = \begin{bmatrix} \ddot{X}_1 \\ \ddot{X}_2 \\ \vdots \\ \vdots \\ \ddot{X}_n \end{bmatrix} \text{—— 加速度矩阵；}$$

$$\delta = \begin{bmatrix} \delta_{11} & \delta_{12} & \cdots & \cdots & \delta_{1n} \\ \delta_{21} & \delta_{22} & \cdots & \cdots & \delta_{2n} \\ \cdots & \cdots & \cdots & \cdots & \cdots \\ \cdots & \cdots & \cdots & \cdots & \cdots \\ \delta_{n1} & \delta_{n2} & \cdots & \cdots & \delta_{nn} \end{bmatrix} \text{—— 柔度系数矩阵；}$$

$$m = \begin{bmatrix} m_1 & & & & 0 \\ & m_2 & & & \\ & & \ddots & & \\ & & & \ddots & \\ 0 & & & & m_n \end{bmatrix} \text{—— 质量矩阵(对角矩阵)。}$$

则(5-38)可写成矩阵表达的形式

$$X + \delta m\ddot{X} = 0 \tag{5-39}$$

将上式各项左乘 $K = \delta^{-1}$（δ 的逆矩阵），得到自由振动的动力平衡方程：

$$KX + m\ddot{X} = 0 \tag{5-40}$$

式中：K—— 刚度系数矩阵。

设(5－40) 的解为

$$X = Ae^{i\omega t} \tag{5-41}$$

式中：$A = \{A_1 \quad A_2 \quad \cdots \quad A_n\}$ 为振幅列向量矩阵。

将(5－41) 代入(5－40)，整理后可得到：

$$(K - m\omega^2) A = 0 \tag{5-42}$$

欲使 A 具有非零解，则其系数行列式的值必须等于零，即：

$$|K - m\omega^2| = 0 \tag{5-43}$$

展开上式是一个关于 ω^2 的一元 n 次方程，解此方程可得到 n 个频率 $\omega_1, \omega_2, \cdots, \omega_n$。将求得的频率(例如第 k 个频率 ω_k) 代入(5-42)，即可求得体系的振幅向量 A(例如相应于第 k 个频率的振幅向量 $A^{(k)}$)。

令

$$L = K - m\omega^2 \tag{5-44}$$

将第 k 个频率 ω_k 代入(5－42)，则有：

$$L^{(k)} A^{(k)} = 0 \tag{5-45}$$

上式是一个齐次线性方程，它的未知数比独立方程的个数多 1，因此只能有不定解。即只能假定其中的一个未知数时，才能从(5－45) 中求出其他的未知数。也就是说，只能求出 $A_1^{(k)}$， $A_2^{(k)}$， …… $A_n^{(k)}$ 的相对比值。为此，我们设：

$$A^{(k)} = A_1^{(k)} x^{(k)} = A_1^{(k)} \begin{bmatrix} x_{1k} \\ x_{2k} \\ \vdots \\ x_{nk} \end{bmatrix} \tag{5-46}$$

式中：$x^{(k)} = \dfrac{A_i^{(k)}}{A_1^{(k)}}$ —— 振型向量的元素(或称相对位移)。

$x^{(k)} = \begin{bmatrix} x_{1k} \\ x_{2k} \\ \vdots \\ x_{nk} \end{bmatrix}$ —— 振型向量(相对位移向量) 矩阵，并可知 $x_{1k} = 1$。

将(5－46) 代入(5－45)，有：

$$L^{(k)} A^{(k)} = L^{(k)} A_1^{(k)} x^{(k)} = 0$$

消去 $A_1^{(k)}$，有：

$$L^{(k)} x^{(k)} = 0 \tag{5-47}$$

展开(5－47)，可写成：

$$\left[\begin{array}{c:cccc} L_{11}^{(k)} & L_{12}^{(k)} & \cdots & \cdots & L_{1n}^{(k)} \\ \hdashline L_{21}^{(k)} & L_{22}^{(k)} & \cdots & \cdots & L_{2n}^{(k)} \\ \cdots & \cdots & \cdots & \cdots & \cdots \\ \cdots & \cdots & \cdots & \cdots & \cdots \\ L_{n1}^{(k)} & L_{n2}^{(k)} & \cdots & \cdots & L_{nn}^{(k)} \end{array}\right]\begin{bmatrix} 1 \\ x_{2k} \\ \vdots \\ \vdots \\ x_{nk} \end{bmatrix}=\begin{bmatrix} 0 \\ 0 \\ \vdots \\ \vdots \\ 0 \end{bmatrix}$$

将上面矩阵分块，得：

$$\begin{bmatrix} L_{11}^{(k)} & L_{10}^{(k)} \\ L_{01}^{(k)} & L_{00}^{(k)} \end{bmatrix}\begin{bmatrix} 1 \\ x_0^{(k)} \end{bmatrix}=\begin{bmatrix} 0 \\ 0 \end{bmatrix} \tag{5-48}$$

展开上式，得：

$$L_{11}^{(k)}+L_{10}^{(k)}x_0^{(k)}=0 \tag{5-49}$$

$$L_{01}^{(k)}+L_{00}^{(k)}x_0^{(k)}=0 \tag{5-50}$$

由式(5-50)各项左乘$(L_{00}^{(k)})^{-1}$得：

$$x_0^{(k)}=-(L_{00}^{(k)})^{-1}L_{01}^{(k)} \tag{5-51}$$

式中：$(L_{00}^{(k)})^{-1}$——$L_{00}^{(k)}$的逆矩阵。

因此，第k振型向量即为：

$$x^{(k)}=\begin{bmatrix} 1 \\ x_0^{(k)} \end{bmatrix} \tag{5-52}$$

运用上述方法可将n个振型向量全部求出来。

5.3.2 多质点弹性体系水平地震作用的确定——阵型分解反应谱法

在了解了单质点弹性体系的无阻尼自由振动后，我们就可以利用振型矩阵关于刚度矩阵和质量矩阵的正交性将多质点体系分解为一个一个单质点体系来考虑，即利用单质点弹性体系水平地震作用的反应谱来确定多质点弹性体系的地震作用，从而简化我们要解决的问题，这也是我们常说的振型分解反应谱法。我国《建筑抗震设计规范》(GB50011－2001)规定：采用振型分解反应谱法时，不进行扭转藕联计算的结构，应按下列规定计算其地震作用和作用效应。

1. 结构j振型i质点的水平地震作用标准值

$$F_{ji}=\alpha_j\gamma_jX_{ji}G_i \qquad (i=1,2,\cdots n;j=1,2,\cdots m) \tag{5-53}$$

$$\gamma_j=\frac{\sum_{i=1}^{n}X_{ji}G_i}{\sum_{i=1}^{n}X_{ji}^2G_i} \tag{5-54}$$

式中：F_{ji}——j振型i质点的水平地震作用标准值；

α_j—— 相应于 j 振型自振周期的地震影响系数；

X_{ji}——j 振型 i 质点的水平相对位移；

γ_j——j 振型的参与系数。

2. 水平地震作用效应

求出了 F_{ji} 以后，就可以用结构力学的方法计算各振型下地震作用在结构上产生的效应 S_j（如弯矩 M、轴力 N、剪力 V 及变形 f 等）。但根据振型分解反应谱法确定的相应各振型的地震作用 F_{ji} 均为最大值，因此 S_j 也为最大值。但各振型下的最大值（F_{ji} 和 S_j）不会在同一时间 t 发生，因而就有一个如何组合效应的问题。

我国现行《建筑抗震设计规范》(GB50011－2001) 根据概率的方法，得到了水平地震作用效应（弯矩、剪力、轴向力和变形）的计算公式：

$$S_{\mathrm{Ek}} = \sqrt{\sum_{j=1}^{n} S_j^2} \tag{5-55}$$

式中：S_{Ek}—— 水平地震作用标准值的效应；

S_j—— j 振型水平地震作用标准值的效应，可只取前 2～3 个振型，当基本自振周期大于 1.5s 或房屋高宽比大于 5 时，振型个数应适当增加。

【例 5-2】 某二层钢筋混凝土框架结构，建筑在 8 度区的 Ⅰ 类场地土上，设计地震分组为第二组，自振周期 $T_1 = 0.425\mathrm{s}$，$T_2 = 0.175\mathrm{s}$，阻尼比 $\zeta = 0.05$，集中于楼盖和屋盖处的结构质量及第一振型、第二振型如图 5-16 所示，$X_{11} = 1.000$，$X_{12} = 1.467$，$X_{21} = 1.000$，$X_{22} = -1.135$。试用振型分解法计算每层楼面处的多遇地震作用。

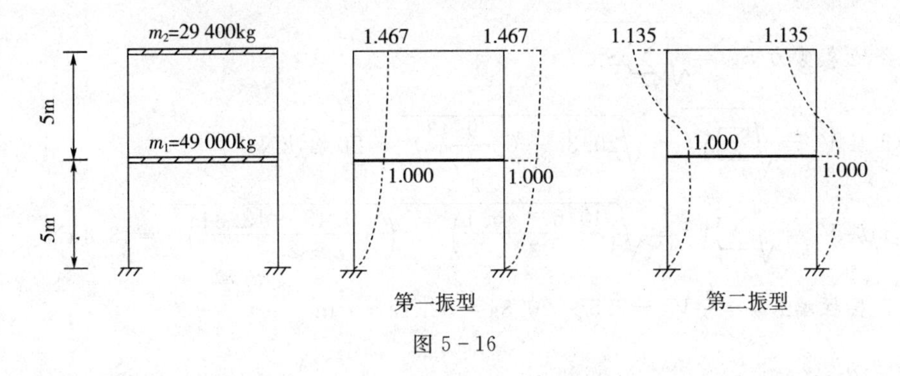

图 5-16

解：分别查表 5-3、5-4 可得：$\alpha_{\max} = 0.16$、$T_g = 0.3\mathrm{s}$，因为阻尼比 $\zeta = 0.05$，所以 $\gamma = 0.9$，$\eta_2 = 1$；

第一振型：$T_1 = 0.425\mathrm{s}$，由 $T_g = 0.3\mathrm{s} < T_1 = 0.425\mathrm{s} < 5T_g = 1.5\mathrm{s}$ 可知：

$$\alpha_1 = \left(\frac{T_g}{T_1}\right)^{0.9} \alpha_{\max} = \left(\frac{0.3}{0.425}\right)^{0.9} \times 0.16 = 0.117$$

$$\gamma_1 = \frac{\sum_{i=1}^{n} X_{1i} G_i}{\sum_{i=1}^{n} X_{1i}^2 G_i} = \frac{49\,000 \times 1 + 29\,400 \times 1.467}{49\,000 \times 1^2 + 29\,400 \times 1.467^2} = 0.82$$

第一振型水平地震作用为：

$$F_{11} = \alpha_1 \gamma_1 X_{11} G_1 = 0.117 \times 0.82 \times 1 \times 49\,000 \times 9.81 \times 10^{-3} = 46.1\mathrm{kN}$$

$F_{21}=\alpha_1\gamma_1X_{12}G_2=0.117\times0.82\times1.467\times29\,400\times9.81\times10^{-3}=40.6\text{kN}$

第二振型：$T_2=0.175\text{s}$，由 $0.1\text{s}<T_2=0.175\text{s}<T_g=0.3\text{s}$ 可知：$\alpha_2=\eta_2\alpha_{\max}=0.16$

$$\gamma_2=\frac{\sum_{i=1}^{n}X_{2i}G_i}{\sum_{i=1}^{n}X_{2i}^2G_i}=\frac{49\,000\times1+29\,400\times(-1.135)}{49\,000\times1^2+29\,400\times1.135^2}=0.18$$

第二振型水平地震作用为：

$F_{12}=\alpha_2\gamma_2X_{21}G_1=0.16\times0.18\times1\times49\,000\times9.81\times10^{-3}=13.84\text{kN}$

$F_{22}=\alpha_2\gamma_2X_{22}G_2=0.16\times0.18\times(-1.135)\times29\,400\times9.81\times10^{-3}=-9.43\text{kN}$

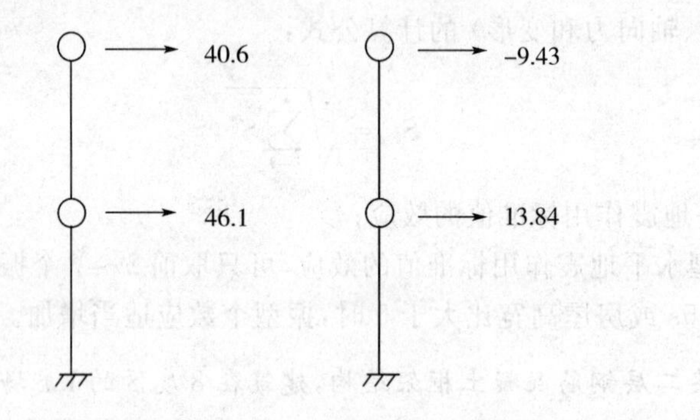

图 5－17(单位：kN)

组合地震剪力 $S_{\text{Ek}}=\sqrt{\sum_{j=1}^{n}S_j^2}$

第 2 层 $V_2=\sqrt{\sum_{j=1}^{2}V_j^2}=\sqrt{20.3^2+\left(-\frac{9.43}{2}\right)^2}=20.84\text{kN}$

第 1 层 $V_1=\sqrt{\sum_{j=1}^{2}V_j^2}=\sqrt{\left(\frac{40.6+46.1}{2}\right)^2+\left(\frac{-9.43+13.84}{2}\right)^2}=43.4\text{kN}$

第 2 层柱端 $M_2=\frac{h_2}{2}V_2=2.5\times20.84=52.1\text{kN}\cdot\text{m}$

$M_1=\frac{h_1}{2}V_1=2.5\times43.4=108.5\text{kN}\cdot\text{m}$

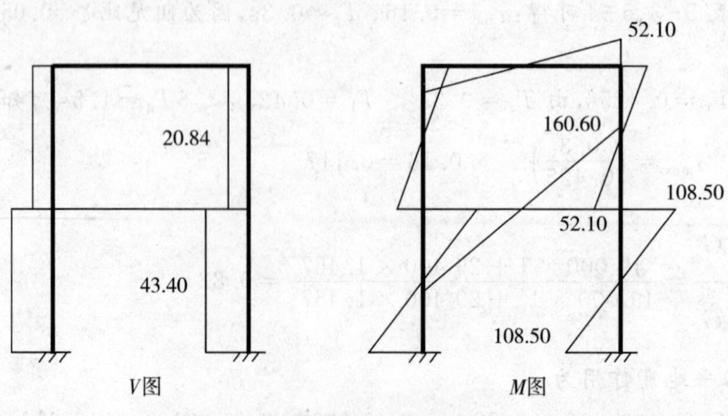

图 5－18 内力图(V：kN，M：kN · m)

5.3.3　多质点弹性体系水平地震作用的近似计算法——底部剪力法

采用阵型分解反应谱法确定地震作用计算结构最大地震反应精度较高，但是必须先确定各阶周期和阵型，这样只有通过计算机才能完成。另外，结构各处的各种最大地震反应并没有统一的总地震作用与之对应，总地震作用并不直观。为便于手算，将阵型分解反应谱法加以简化，提出了底部剪力法。该法将地震作用等效为静力作用，首先计算地震产生的结构底部最大剪力，然后将剪力分配到结构各质点作为地震作用。底部剪力法采用两个假定：(1) 结构地震反应以第一振型为主，忽略其他振型反应；(2) 结构第一振型为线性倒三角形分布。

理论分析表明，对于质量和刚度沿高度分布比较均匀、高度不超过40米、以剪切变形为主的结构，振动时具有以下特点：水平位移以基本振型为主，基本振型接近直线（如图5-19），可以采用底部剪力法计算。

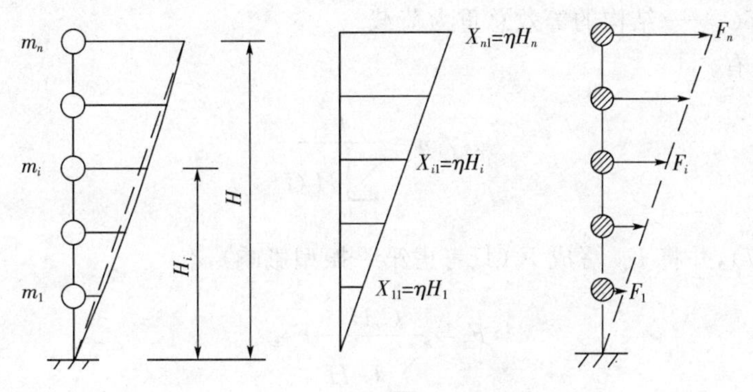

图5-19　底部剪力法的基本假定

因此，在计算上述结构各质点上的水平地震作用时，可仅考虑基本振型，而且各质点的相对水平位移 X_{i1} 与质点的计算高度 H_i 成正比：

$$X_{i1}=\eta H_i \tag{5-56}$$

式中：η—— 比例常数。

于是，作用在第 i 质点上的水平地震作用可写为

$$F_{i1}=\alpha_1\gamma_1\eta H_i G_i \tag{5-57}$$

结构底部总的剪力应是各质点水平地震作用之和：

$$F_{\mathrm{Ek}}=\sum_{i=1}^{n}F_{i1}=\alpha_1\gamma_1\eta\sum_{i=1}^{n}H_iG_i \tag{5-58}$$

而

$$\gamma_1=\frac{\sum_{i=1}^{n}m_iX_{i1}}{\sum_{i=1}^{n}m_iX_{i1}^2}=\frac{\sum_{i=1}^{n}G_i\eta H_i}{\sum_{i=1}^{n}G_i(\eta H_i)^2}=\frac{\sum_{i=1}^{n}G_iH_i}{\eta\sum_{i=1}^{n}G_iH_i^2} \tag{5-59}$$

令 $G=\sum_{i=1}^{n}G_i$，将 $\dfrac{G}{\sum_{i=1}^{n}G_i}$ 乘以(5-58)右端，并将(5-59)代入(5-58)得

$$F_{\mathrm{Ek}}=\alpha_1\frac{(\sum_{i=1}^{n}G_iH_i)^2}{\sum_{i=1}^{n}G_iH_i^2}\cdot\frac{G}{\sum_{i=1}^{n}G_i}=\alpha_1\xi G \tag{5-60}$$

式中：$\xi=\frac{(\sum_{i=1}^{n}G_iH_i)^2}{\sum_{i=1}^{n}G_iH_i^2\cdot\sum_{i=1}^{n}G_i}$——重力等效系数。

经过大量计算和分析，ξ 的变化范围不大，约等于 0.85。我国现行规范《建筑抗震设计规范》(GB50011－2001) 取 $\xi=0.85$。

故有

$$F_{\mathrm{Ek}}=\alpha_1G_{\mathrm{eq}} \tag{5-61}$$

式中：$G_{\mathrm{eq}}=0.85G$—— 结构的等效总重力荷载。

由(5－58) 有

$$\alpha_1\gamma_1\eta=\frac{F_{\mathrm{Ek}}}{\sum_{j=1}^{n}H_jG_j} \tag{5-62}$$

代入(5－57)，并将 F_{i1} 写成 F_i(只考虑第一振型影响)，有

$$F_i=\frac{G_iH_i}{\sum_{j=1}^{n}G_jH_j}F_{\mathrm{Ek}} \tag{5-63}$$

对于自然周期比较长的结构，计算发现结构顶部的剪力按上式计算的值比实际值偏小，为了调整这一误差，《建筑抗震设计规范》(GB50011－2001) 采用了调整地震作用分布的办法，适当加大顶层水平地震作用的比例，即顶部附加的地震作用(图 5－20)：

$$\Delta F_n=\delta_nF_{\mathrm{Ek}} \tag{5-64}$$

各层的水平地震作用为：

$$F_i=\frac{G_iH_i}{\sum_{j=1}^{n}G_jH_j}F_{\mathrm{Ek}}(1-\delta_n) \tag{5-65}$$

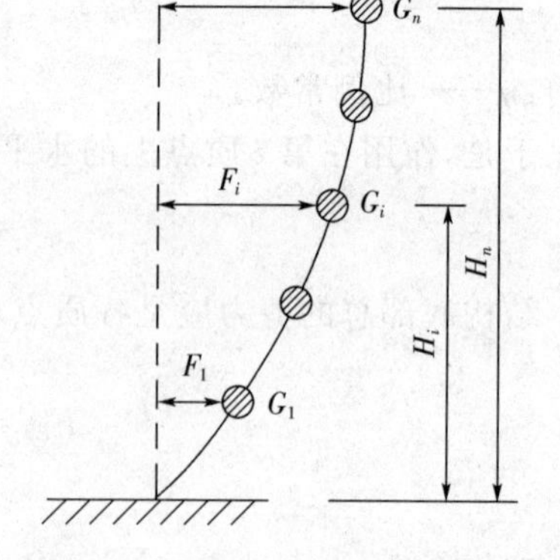

图 5－20 结构水平地震作用计算简图

式中：F_{Ek}—— 结构总水平地震标准值；

α_1—— 相应于结构基本自振周期的水平地震影响系数，多层砌体房屋、底部框架和多层内框架砖房，宜取水平地震影响系数最大值；

G_{eq}—— 结构等效总重力荷载，单质点应取总重力荷载代表值，多质点可取总重力荷载代表值的 85％；

F_i—— 质点 i 的水平地震作用标准值；

G_i, G_j—— 分别为集中于质点 i, j 的重力荷载代表值；

H_i, H_j—— 分别为质点 i, j 的计算高度；

δ_n—— 顶部附加地震作用系数，对于多层钢筋混凝土和钢结构房屋，按表5-5采用；多层内框架砖房取0.2；其房屋取0.0；

ΔF_n—— 顶部附加水平地震作用。

表5-5　顶部附加作用系数

T_g/s	$T_1 > 1.4T_g$	$T_1 \leqslant 1.4T_g$
$T_g \leqslant 0.35$	$0.08T_1 + 0.07$	
$0.35 < T_g \leqslant 0.55$	$0.08T_1 + 0.01$	0.00
$T_g > 0.55$	$0.08T_1 - 0.02$	

［注］ T_1 为结构基本自振周期。

应当指出的是，采用底部剪力法计算时，ΔF_n 是集中于结构顶部，而不是集中于突出物顶部。对突出屋面的屋顶间、女儿墙、烟囱等，由于刚度的突变和质量的突变，高振型影响加大，即所谓的“鞭梢效应”（如图5-21），其地震作用的效应宜乘以增大系数3，此增大部分不应往下传递，但与该突出部分相连的构件应予计入。

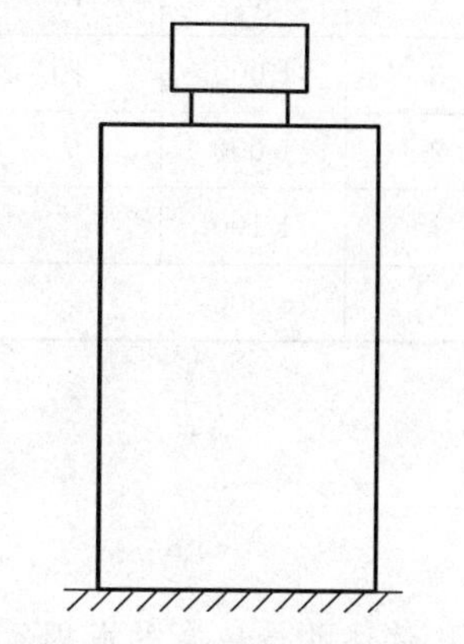

图5-21　突出屋面的屋顶间的地震作用效应应考虑“鞭梢效应”

【例5-3】　某四层钢筋混凝土框架结构，结构层高和各层重力代表值如图5-22所示，已知该结构处于设防烈度为8度Ⅰ类场地土上，设计地震分组为第三组，结构的基本自振周期为0.56s，阻尼比 $\zeta=0.05$。取一榀框架进行分析，用底部剪力法计算各层水平地震作用标准值。

G_4=800 kN
G_3=1000 kN
G_2=1000 kN
G_1=1100kN
3m
3m
3m
4m

图5-22

解：分别查表5-3、5-4可得：$\alpha_{\max}=0.16$，$T_g=0.35$s

由 $T_g=0.35\text{s} < T_1=0.56\text{s} < 5T_g=1.75\text{s}$　可知：

$$\alpha_1=\left(\frac{T_g}{T_1}\right)^{0.9}\alpha_{\max}=\left(\frac{0.35}{0.56}\right)^{0.9}\times 0.16=0.104\ 8$$

故结构作用总水平地震作用标准值为：

$F_{Ek}=\alpha_1 G_{eq}=\alpha_1 \cdot 0.85\sum G_i=0.1048\times 0.85\times(1\,100+1\,000+1\,000+800)$

$=347.4\text{kN}$

由于 $T_1>1.4T_g=1.4\times 0.35=0.49\text{s}$，故应考虑顶部附加水平地震作用，由 $T_g=0.35\text{s}$，查表 5-5 得：

$\delta_n=0.08T_1+0.07=0.08\times 0.56+0.07=0.115$

顶部附加的地震作用为：$\Delta F_n=\delta_n F_{Ek}=0.115\times 347.4=40.0\text{kN}$

各层水平地震作用标准值见表 5-6。

表 5-6　各层水平地震作用标准值

层	G_i/kN	H_i/m	G_iH_i/(kN·m)	$F_i=\dfrac{G_iH_i}{\sum_{j=1}^{n}G_jH_j}F_{Ek}(1-\delta_n)$/kN	ΔF_n/kN
4	800	13	10 400	100.5	40.0
3	1 000	10	10 000	96.7	
2	1 000	7	7 000	67.7	
1	1 100	4	4 400	42.5	
$\sum$	3 900		31 800	347.4	

思考题与习题

1. 试述构造地震的成因？

2. 什么是地震震级？什么是地震烈度？两者的关系如何？

3. 什么是地震波？地震波包括了哪几种波？它们传播特点是什么？对地面运动影响如何？

4. 地震系数和动力系数的物理意义是什么？

5. 简述确定结构地震作用的底部剪力法的基本原理和步骤？

6. 什么是鞭梢效应？设计时如何考虑这种效应？

7. 某单层厂房结构，抗震设计时可简化成单质点体系，集中于柱顶标高处的结构质量 $m=30\,000\text{kg}$，刚度 $k=1\,200\text{kN/m}$。已知该结构处于设防烈度为 8 度的 Ⅱ 类场地土上，设计地震分组为第二组，阻尼比 $\zeta=0.05$。计算该体系的自振周期和多遇地震下的水平地震作用标准值 F_{Ek}。

8. 某三层钢筋混凝土框架结构，结构层高和各层结构质量如图所示，已知该结构处于设防烈度为 8 度的 Ⅱ 类场地土上，设计地震分组为第一组，结构的基本自振周期为 $T_1=0.533\text{s}$，阻尼比 $\zeta=0.05$。取一榀框架进行分析，用底部剪力法计算各层水平地震作用标准值并给出内力图。

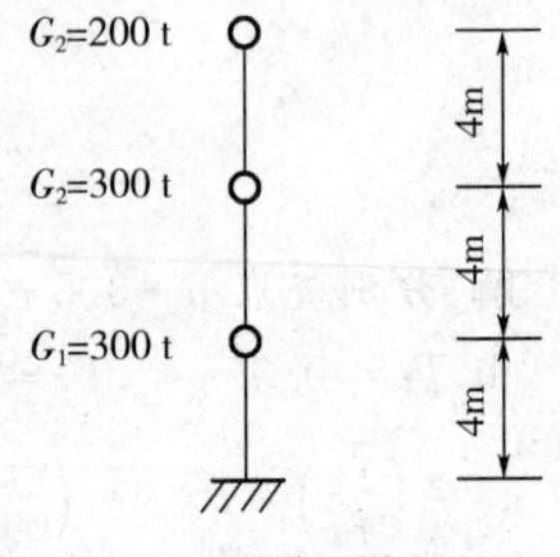

习题 8 图

第6章　其他作用

6.1　温度作用

6.1.1　温度作用基本概念及原理

温度作用是指由于温度变化在结构中引起的应力和变形，又称为温度应力、热应力。土木工程结构在施工和使用期间存在着大量的水泥水化热、生产热、气温变化以及火灾、钢材焊接等大量温度作用问题，对它的研究非常重要。对于静定结构，温度作用只会产生变形，而不会产生内力。但是绝大多数的工程是超静定结构，温度作用与结构构件的约束条件有关，即使环境温度变化相同，不同的约束也会产生不同变形和应力，即温度作用取决于温度变化和约束。

对于大体积混凝土，由于在水泥水化过程中释放大量的热量，而混凝土表面与大气接触，热量散发的快，混凝土内部热量散发的慢，这样使得混凝土内外温差大，在升温期间易在混凝土表面产生表面裂缝，在降温期间易在混凝土内部产生贯穿裂缝。因此，对大体积混凝土，在施工期间应控制内外温差，使内外温差不能过大。

暴露在环境温度经常变化的工业厂房结构，温度的变化受到边界条件和相邻构件的约束而不能胀缩时也会产生温度应力。建筑结构的屋面板、桥梁结构等，由于太阳辐射等外界原因，结构内部也容易存在温差，从而产生温度应力和温度变形。对于过长的结构，当长度超过一定限值后应设置温度缝，缝的宽度和间距是在温度应力和变形的计算基础上进行确定。

火灾发生时，结构构件受室内可燃物、火焰、热气层、壁面和通风口等因素的影响。火灾对于工程结构来说也是一种危害较大的温度作用，它直接影响人们的生命财产安全，对环境也产生较大的破坏。

钢结构的焊接过程是比较复杂的温度作用过程。在施焊时，焊缝及附近温度最高，其邻近区域则温度较低，在焊件上形成温度梯度，温度梯度使钢材材料产生不均匀的膨胀。高温处的钢材膨胀最大，由于受到两侧温度较低、膨胀较小的钢材的限制，产生了热状态塑性压缩。焊缝冷却时，被塑性压缩的焊缝区趋于缩得比原始长度稍短，这种缩短变形受到两侧钢材的限制，使焊缝区产生纵向拉应力，这就是焊接残余应力(纵向)。焊接残余应力对结构的强度、刚度、压杆稳定、低温冷脆及疲劳强度等都有不同程度的影响。

6.1.2　温度应力和变形的计算

温度变化对结构内力和变形的影响，应根据不同的结构形式分别加以考虑。对于静定结构，由于温度变化引起的材料膨胀和收缩变形是自由的，即结构能够自由地产生符合其约束条件的位移，故在结构上不引起内力，其变形可由变形体系的虚功原理导出，按下式计算：

$$\Delta_{K_t}=\sum \alpha t_0 \omega_{\overline{N}_k}+\sum \alpha \frac{\Delta t}{h}\omega_{\overline{M}_k} \tag{6-1}$$

式中：Δ_{K_t}—— 由温度变化引起的结构上任一点 K 沿某一方向的分位移；

$\omega_{\overline{N}_k}$—— 杆件 $\overline{N}_k$ 图的面积，$\overline{N}_k$ 图为虚拟状态下轴力大小沿杆件的分布图；

$\omega_{\overline{M}_k}$—— 杆件 $\overline{M}_k$ 图的面积，$\overline{M}_k$ 图为虚拟状态下弯矩大小沿杆件的分布图；

α—— 材料的线膨胀系数，对于钢材，$\alpha=1.2\times10^{-5}\text{K}^{-1}$，对于混凝土，$\alpha=(1.0\sim1.4)\times10^{-5}\text{K}^{-1}$；

h—— 杆件截面高度；

Δt—— 杆件上下侧温度差的绝对值；

t_0—— 杆件形心轴处的温度升高值，若设杆件上侧温度升高 t_1，下侧温度升高 t_2，h_1 和 h_2 分别表示杆件形心轴至上、下边缘的距离，并设温度沿截面高度 h 按直线变化，则发生变形后，截面仍保持为平面。则杆件形心轴处的温度升高值可由比例关系得到 $t_0=\dfrac{t_1h_2+t_2h_1}{h}$，当杆件截面对称于形心轴时，$h_1=h_2=\dfrac{h}{2}$，$t_0=\dfrac{t_1+t_2}{2}$。

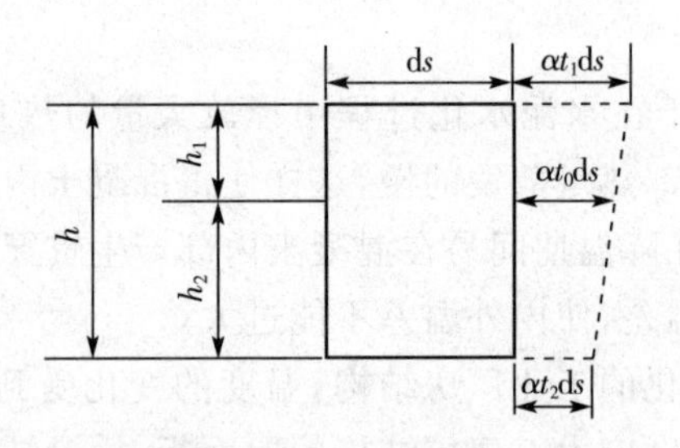

图 6-1　升温后截面变形示意图

对超静定结构，由于存在多余约束，由温度变化引起的杆件变形不是自由的，受到约束，从而在结构内产生内力，此内力尚与结构的刚度大小有关。超静定结构中的温度作用效应，一般可根据变形协调条件，按结构力学或弹性力学的方法计算。

温度作用的约束条件主要有两类，一类是结构物的变形受到其他物体的阻碍或支承条件的制约，另一类是构件内部各单元体之间的相互制约。

(1) 受到支承条件的制约

如图 6-2 所示两端固定梁与悬臂梁，梁的截面积为 A，承受均匀的温差 T，材料的线膨胀系数和弹性模量分别为 α 和 E。

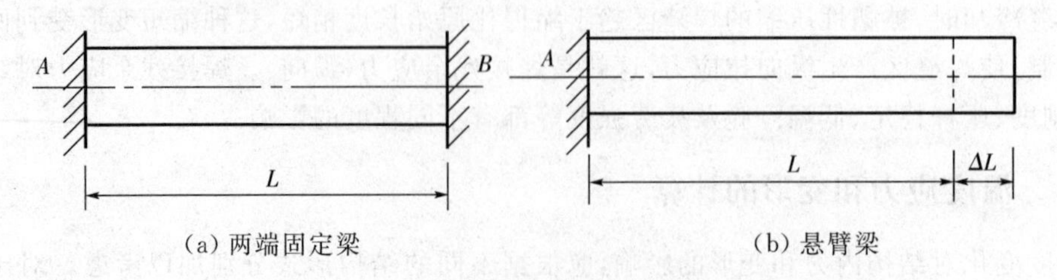

图 6-2　两端固定梁与悬臂梁

由于梁的两端固定(图 6-2a)，则梁的温度变形受到阻碍，不能发生位移，梁内便产生约束应力，其大小可由以下两个过程叠加而得，即：

假定一端自由（图 6-2b），则梁端变形 $\Delta L = \alpha TL$；

施加一外力 F，将悬臂梁压缩至原位，产生的应力即为约束应力。

根据胡克定律，位移 $\Delta L = \dfrac{FL}{EA}$，可得 $F = \dfrac{EA\Delta L}{L}$。

故约束应力为 $\sigma = -\dfrac{F}{A} = -\dfrac{EA\Delta L}{LA} = -\dfrac{EA\alpha TL}{LA} = -E\alpha T$（负号表示为压应力）。

(2) 构件内部各单元体之间的相互制约

例如，有一排架结构如图 6-3 所示，横梁受温度升高 T 作用，横梁伸长 $\Delta L = \alpha TL$，即排架柱顶产生的水平位移。T_1 为柱顶产生单位位移时所施加的力（即柱的抗侧刚度），由结构力学可以得到 $T_1 = \dfrac{3EI}{H^3}$，因此柱顶所受到的水平剪力为 $V = \Delta L T_1 = \alpha TL\ \dfrac{3EI}{H^3}$。

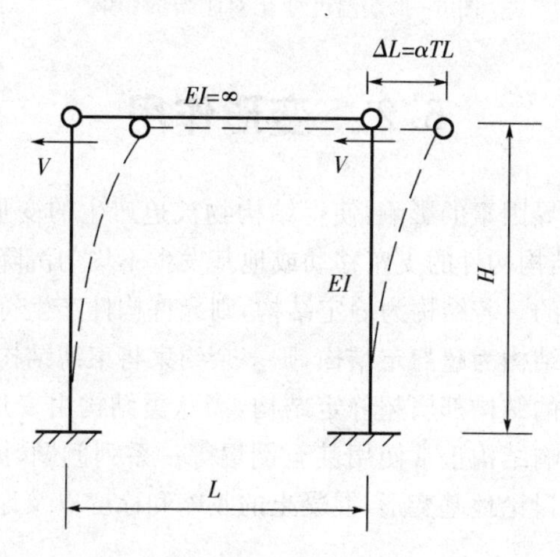

图 6-3　排架横梁受温度应力图

由此可以看到，温度变化在柱中引起约束力，结构物越长，约束力越大。因此，可以通过缩短结构物的长度来降低温度应力，所以过长的结构每隔一定距离要设置温度缝。

【例 6-1】　举例说明温度变化在结构中产生的位移。

如图 6-4 所示静定刚架，梁下侧和柱右侧温度升高 15℃，梁上侧和柱左侧温度升高 5℃。各杆件截面为矩形，截面高度 $h = 600\text{mm}$，$l = 6\text{m}$，$\alpha = 1.0 \times 10^{-5}\text{K}^{-1}$，试求刚架 C 点的竖向位移 Δ_C。

解：在 C 点施加竖向单位荷载，分别作相应的 $\overline{N}$ 图和 $\overline{M}$ 图。

杆轴线处温度升高值：

$$t_0 = \frac{15+5}{2} = 10℃$$

上、下（左、右）边缘温差为：

$$\Delta t = 15 - 5 = 10℃$$

$$\therefore \Delta_C = \sum \alpha t_0 w_{\overline{N}_k} + \sum \alpha \frac{\Delta t}{h} w_{\overline{M}_k}$$

$$= -10\alpha l + \left(-\frac{10\alpha}{h}\right) \cdot \frac{3}{2} l^2 = -10\alpha l \left(1 + \frac{3l}{2h}\right)$$

$$=-10\times 1.0\times 10^{-5}\times 6\,000\times\left(1+\frac{3\times 6000}{2\times 600}\right)$$

$=-9.6\text{mm}$（负号表示 C 点的位移向上）

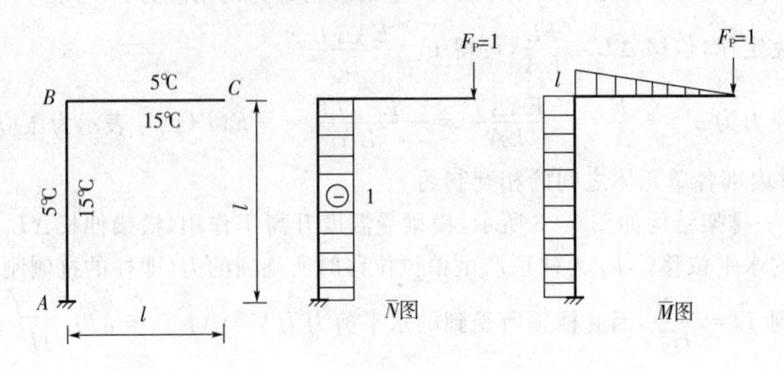

图 6-4 温度变化对刚架的影响

6.2 变形作用

变形作用是指由于外界因素的影响，使得结构物被迫产生的变形和内力。常见的变形作用主要有两类：一类是由结构构件的支座移动或地基发生不均匀沉降产生的，另一类是混凝土等材料的收缩和徐变引起的。若结构为静定结构，则允许构件产生符合其约束条件的位移，此时结构内不产生应力。若结构为超静定结构，则多余约束将束缚结构的自由变形，从而产生应力。由于实际工程中大量的结构都属超静定结构，当这类结构由变形作用引起的内力足够大时，可能引起房屋开裂、影响结构正常使用甚至倒塌等一系列问题，因此在结构的设计计算中必须加以考虑。本节主要讨论地基变形，混凝土的收缩和徐变以及地下结构的变形。

6.2.1 地基变形

地基变形是一种常见的变形作用，一般包括以下几种类型：① 地基的不均匀性引起的变形，如地基下存在软弱土层等；② 寒冷地区的地基土发生冻胀、融沉等；③ 湿陷性黄土区等地基土发生湿陷；④ 上部结构荷载相差较大，如建筑物的高度差别较大等。地基不均匀沉降会引起砌体结构房屋开裂，例如砌体结构中下部外墙、内横隔墙常出现八字形裂缝，如图 6-5。这种裂缝的产生主要是由于结构中部沉降大，两端沉降小，使得中下部受拉，端部受剪，墙体由于剪力引起的主拉应力超过极限值而开裂。又如地基的变形、地基反力和窗间墙对窗台墙的作用，使窗台墙向上弯曲，在墙的中跨附近出现弯曲拉应力，导致上宽下窄的竖向裂缝。同时，又由于窗间墙对窗台墙的压挤作用，在窗角处产生较大的切应力集中引起窗下角的开裂。当上部荷载相差过大，或两部分地基土差异较大时，通常通过设置沉降缝来保证结构安全，也可以通过后浇带等施工措施保证结构安全。

【例 6-2】 如图 6-6 所示，等截面梁 AB。已知左端固定支座转动的角度为 φ，右端滚轴支座下沉位移为 a，试求梁跨中 C 点竖向位移 Δ_C。

解：此梁为一次超静定结构，取基本体系如图 6-6(b) 所示，力法基本方程为：

$$\delta_{11}X_1+\Delta_{1C}=-a$$

Δ_{1C} 为支座 A 转动 θ 角时在基本结构中产生沿 X_1 方向的位移，故 $\Delta_{1C}=-\varphi l$。

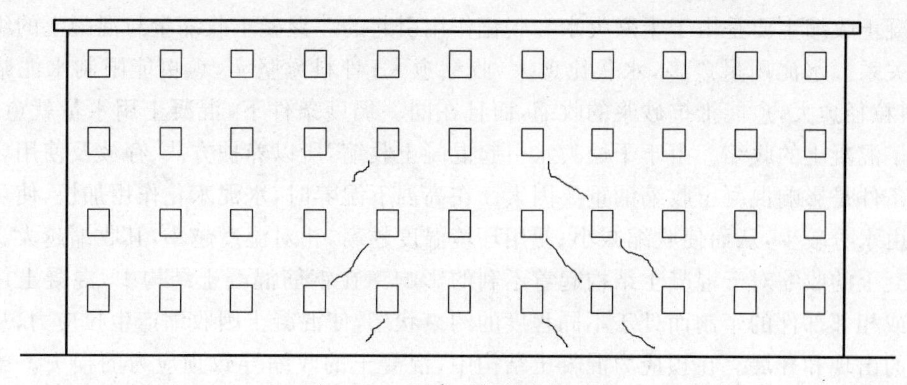

图 6-5　沉降引起的窗间裂缝

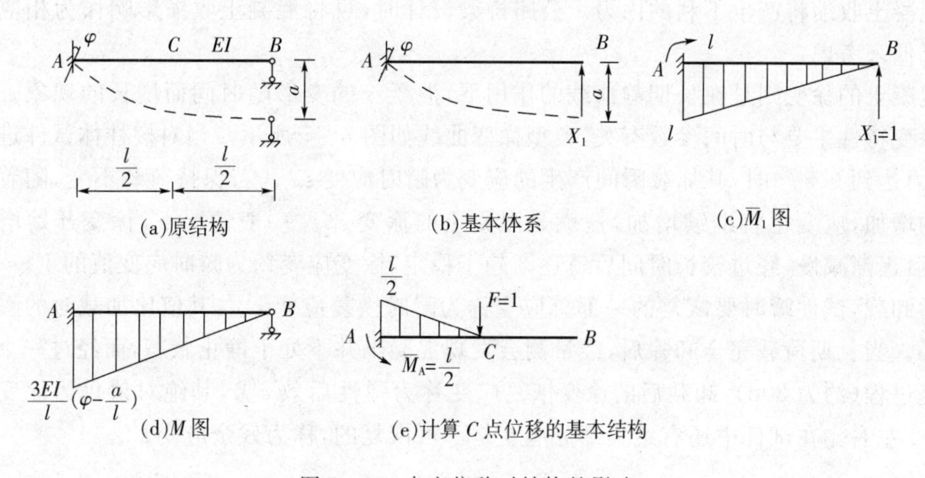

图 6-6　支座位移对结构的影响

$$\delta_{11}=\frac{1}{EI}\int \overline{M}_1{}^2dx=\frac{l^3}{3EI}$$

将 Δ_{1C}、δ_{11} 代入力法基本方程，可得到：

$$\frac{l^3}{3EI}X_1-\varphi l=-a\text{，故 }X_1=\frac{3EI}{l^2}\left(\varphi-\frac{a}{l}\right)$$

作弯矩图 $M=\overline{M}_1X$，见图 6-6(d)。

欲求 C 点竖向位移，选取基本结构为悬臂梁，在 C 点施加集中单位荷载 $F=1$，分别作 $\overline{M}_1$ 图、M 图，求支反力，如图 6-6(e)，则 Δ_C 计算为：

$$\Delta_C=\int\frac{\overline{M}M}{EI}\mathrm{d}s-\overline{M}_A\cdot(-\varphi)=-\frac{1}{EI}\left(\frac{1}{2}\times\frac{l}{2}\times\frac{l}{2}\right)\left[\frac{5}{6}\times\frac{3EI}{l}\left(\varphi-\frac{a}{l}\right)\right]-\frac{l}{2}\cdot(-\varphi)$$

$$=\frac{3}{16}\varphi l+\frac{5}{16}a$$

6.2.2　混凝土的收缩和徐变

对于混凝土结构来说，存在着两种体积变形作用，混凝土的收缩和徐变。

混凝土凝结硬化时，在空气中体积收缩，在水中体积膨胀。通常，收缩值比膨胀值大很多。混凝土收缩随着时间增长而增加，收缩的速度随着时间的增长而逐渐减缓。一般在 1 个月内就可完成全部收缩量的 50%，3 个月后增长缓慢，2 年后趋于稳定，最终收缩量约为$(2\sim5)\times10^{-4}$。

混凝土收缩主要是由于干燥失水和碳化作用引起的。混凝土收缩量与混凝土的组成有密切的关系。水泥用量愈多，水灰比愈大，收缩愈大；骨料愈坚实，愈更能限制水泥浆的收缩；骨料粒径愈大，愈能抵抗砂浆的收缩，而且在同一稠度条件下，混凝土用水量就愈少，从而减少了混凝土的收缩。由于干燥失水引起混凝土收缩，所以养护方法、存放及使用环境的温湿度条件是影响混凝土收缩的重要因素。在高温下湿养时，水泥水化作用加快，使可供蒸发的自由水分较少，从而使收缩减小；使用环境温度越高，相对湿度越小，其收缩越大。

混凝土的收缩对于混凝土结构起着不利的影响。在钢筋混凝土结构中，混凝土往往由于钢筋或相邻部件的牵制而处于不同程度的约束状态，使混凝土因收缩产生拉应力，从而加速裂缝的出现和开展。在预应力混凝土结构中，混凝土的收缩导致预应力的损失。当混凝土的收缩较大，构件中配筋降低构件抗裂性，对跨度变化比较敏感的超静定结构（如拱结构），混凝土收缩将产生不利的内力。公路桥梁设计时，可将混凝土收缩影响作为相应于温度的降低来考虑。

混凝土的徐变则是在长期静荷载的作用下，混凝土的变形随时间而增长的现象。混凝土的徐变特性主要与时间参数有关，典型徐变曲线如图 6－7 所示。当对棱柱体试件进行加载，应力达到 $0.5f_c$ 时，其加载瞬间产生的应变为瞬时应变 ε_{ela}。若保持荷载不变，随着加载时间的增加，应变也将继续增加，这就是混凝土的徐变 ε_{cr}。一般情况下，徐变开始增长较快，以后逐渐减慢，经过较长时间后就逐渐趋于稳定，徐变应变约为瞬时应变值的 1～4 倍，两年后卸载，试件瞬时要恢复的一部分应变称为瞬时恢复应变 ε'_{ela}，其值比加载时的瞬时应变略小。当长期荷载完全卸除后，经量测会发现混凝土并不处于静止状态，而经过一个徐变的恢复过程（约为 20d），卸载后的徐变恢复应变称为弹性后效 ε''_{ela}，其绝对值仅为徐变应变的 1/12 左右。在试件中还有绝大部分应变是不可恢复的，称为残余应变 ε'_{cr}。

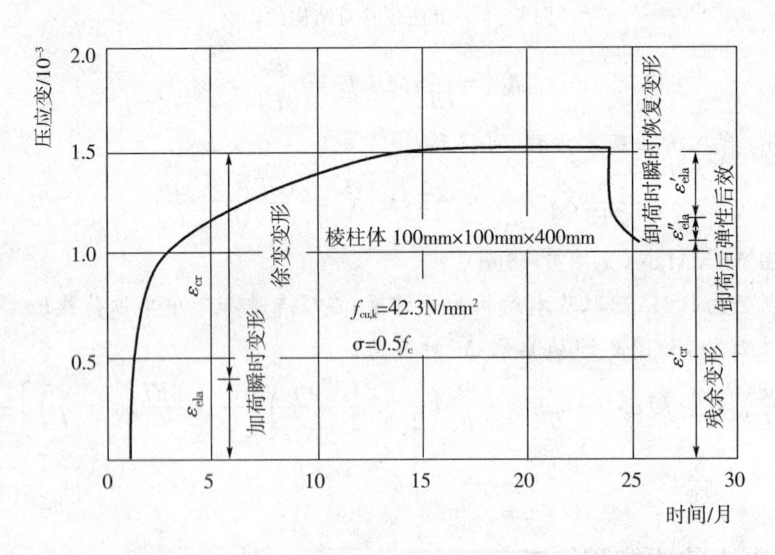

图 6－7　混凝土的徐变

影响混凝土徐变的因素很多，通常认为混凝土产生徐变的原因主要可归结为三个方面，内在因素、环境影响和应力因素。在应力不大的情况下，混凝土凝结硬化后，骨料之间的水泥浆，一部分变为完全弹性结晶体，另一部分是充填在晶体间的凝胶体，它具有粘性流动的性质，当施加荷载时，在加载的瞬间结晶体与凝胶体共同承受荷载。其后，随着时间的推移，凝胶体由于粘性流动而逐渐卸载，此时晶体承受了更多的外力并产生弹性变形。在这个过程中，从水泥凝胶体向水泥结晶体应力重新分布，从而使混凝土徐变变形增加。在应力较大的情况下，混凝土内部微裂缝在荷载长期作用下不断发展和增加，也将导致混凝土变形的增加。

徐变对混凝土结构和构件的工作性能有很大影响。由于钢筋与混凝土之间存在粘结力，二者能够共同工作，协调变形，混凝土的徐变将使构件中钢筋的应力或应变增加，混凝土应力减小，因此发生内力重分布，这有利于防止和减小结构物裂缝的形成，降低大体积混凝土内的温度应力。但是混凝土的徐变对结构也有不利影响，由于混凝土的徐变，会使构件的变形增加，挠度增大。在预应力混凝土结构中会造成预应力损失。徐变也可使修筑于斜坡上的混凝土路面发生开裂，而且过度的变形影响到路面的平整度。

对于变形作用引起的结构内力和位移，可以根据静力平衡条件和变形协调条件求解。计算时遵循力学的基本原理，按结构力学或弹性力学方法进行求解。

6.2.3　地下结构的变形

对于地下结构，存在弹性抗力，这是一种特殊的变形作用，它是由于外荷载作用下结构发生变形，同时受到周围地层的约束所引起的。在地下结构的变形导致地层发生与其协调的变形时，地层就对地下结构产生了反作用力。这一反作用力的大小同地层变形的大小有关。一般假定二者成线弹性关系，把这一反作用力称为弹性抗力。弹性抗力的存在是地下结构的约束变形与地面结构在外力作用下可自由变形的显著区别。

在计算地下结构的各种方法中，如何确定弹性抗力的大小及其作用范围(抗力区)，存在两种理论。

一种是局部变形理论，认为弹性地基上某点处施加的外力只会引起该点的变形(沉陷)；另一种是共同变形理论，认为作用于弹性地基上一点的外力，不仅使该点发生沉陷，还会引起附近的地基也发生沉陷。一般来说，后一种理论较为合理，但由于局部变形理论的计算方法比较简单，而且尚能满足工程设计的基本要求，所以至今仍多采用局部变形理论来计算地层弹性抗力。

在局部变形理论中，以文克尔(E. Winkler)假定为基础，认为地层的弹性抗力与结构变形成正比，即：

$$\sigma = k\delta \tag{6-2}$$

式中：σ—— 弹性抗力应力；

k—— 地层弹性抗力系数；

δ—— 衬砌朝地层方向的变形值。

在计算中，通常认为地层与地下结构之间只可能产生压应力，如果两者相脱离，就没有应力作用。但是，地下结构与地层之间在抗力分布区内有可能产生摩擦力，因而地下结构周边有时会有沿外表面作用的切应力。由于喷射混凝土和压力灌浆等施工技术的应用，切应力的影响显著增大，同时，由于岩石介质的流变作用，使作用在结构上的蠕变压力逐渐增加，这在计算中应引起重视。

6.3 爆炸作用

6.3.1 爆炸作用的概念

爆炸是物质系统在足够小的空间内,以极短的时间突然迅速释放大量能量的物理或化学过程。爆炸是能量释放过程,只有足够快和足够强的空气冲击波方能称为爆炸。按照爆炸发生的机理和作用的性质,可以分为物理爆炸、化学爆炸和核爆炸等。

土木工程中遇到的爆炸主要有以下四类。

1. 燃料爆炸

燃料爆炸就是汽油和煤气等燃料以及易燃化工产品在一定条件下起火爆炸。

2. 工业粉尘爆炸

面粉厂、纺织厂等生产车间充斥着颗粒极细的粉尘,在一定的温度和压力条件下突然起火爆炸。

3. 武器爆炸

包括战争期间的常规武器和核武器的轰击,汽车炸弹的袭击以及军火仓库的爆炸。

4. 定向爆破

定向爆破是专为拆除已有结构而设计的人工爆破。

6.3.2 爆炸的破坏作用

爆炸作用是一种复杂的荷载。当爆炸发生在等介质的自由空间时,从爆炸的中心点起,在一定范围内,破坏力能均匀地传播出去,并使在这个范围内的物体粉碎、飞散,使结构进入塑性屈服状态,产生较大的变形和裂缝,甚至局部损坏或倒塌,爆炸的破坏作用大体有以下几个方面。

1. 震荡作用

在遍及破坏作用的区域内,有一个能使物体震荡、使之松散的力量。

2. 冲击波作用

随爆炸的出现,冲击波最初出现正压力,而后又出现负压力。负压力就是气压下降后的空气振动,称为吸引作用。

3. 碎片的冲击作用

爆炸如产生碎片,会在相当大的范围内造成危害。碎片飞散范围通常是 100 ~ 500m,甚至更远。碎片的体积越小,飞散的速度越大,危害越严重。

4. 热作用

通常爆炸气体扩散只发生在极其短促的瞬间(一般仅有几毫秒),对一般可燃物质来说,不足以造成起火燃烧,而且有时冲击波还能起到灭火作用。但建筑物内遗留大量的热,会把从破坏设备内部不断流出的可燃气体或易燃、可燃蒸汽点燃,使建筑物内的可燃物起火,加重爆炸的破坏程度。

6.3.3 爆炸作用原理及荷载计算

结构承受的爆炸荷载都是偶然性瞬间作用,图 6-8 给出了核爆炸地面空气冲击波的超压波形和简化波形。当爆炸冲击波与结构物相遇时，会引起压力、密度、温度和质点速度迅速变化，对结构物施加荷载，此荷载是入射冲击波特性（超压、动压、衰减和持续时间等）以及结构特性（大小、形状、方位等）的函数。入射冲击波与物体间的相互作用是一个复杂的过程。一般来说，爆炸产生的空气冲击波对地上结构和地下结构的作用特性和强度存在较大差别，因此这里将爆炸作用分为对地面结构和地下结构两种情况来说明。

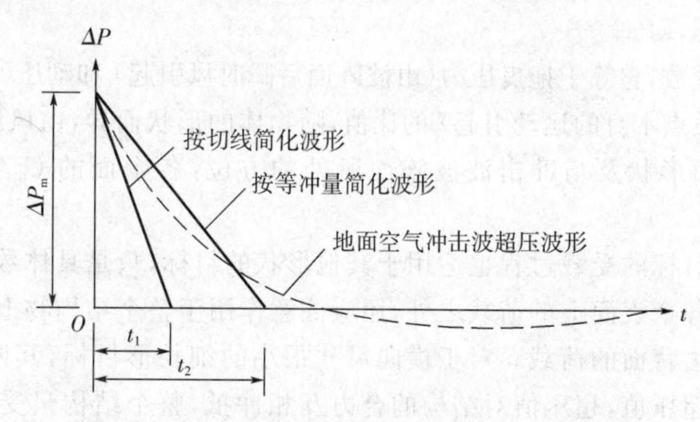

图6-8 核爆炸地面冲击波超压波形和简化波形

1. **爆炸对地面结构的作用**

爆炸冲击波对结构产生的荷载主要分为两种，冲击波超压和冲击波动压。冲击波对于结构物作用的过程如图6-9所示。当爆炸发生后，爆心的反应区在瞬间内会产生很高的压力，并大大超过周围空气的正常压力。在压力差的情况下形成一股高压气流，从爆心很快地向四周推进，其前沿犹如一道压力墙面，称为波阵面。这种由于气体压缩而产生的压力即为冲击波超压。此外，由于空气质点本身的运动也将产生一种压力，即冲击波动压。假设爆炸冲击波运行时碰到一封闭结构，在直接遭遇冲击波的墙面（称为前墙）上冲击波产生正反射，前墙瞬间受到骤然增加的反射超压，在前墙附近产生高压区，而此时作用于前墙上的冲击波动压值为零。这时的反射超压峰值可按如下公式计算：

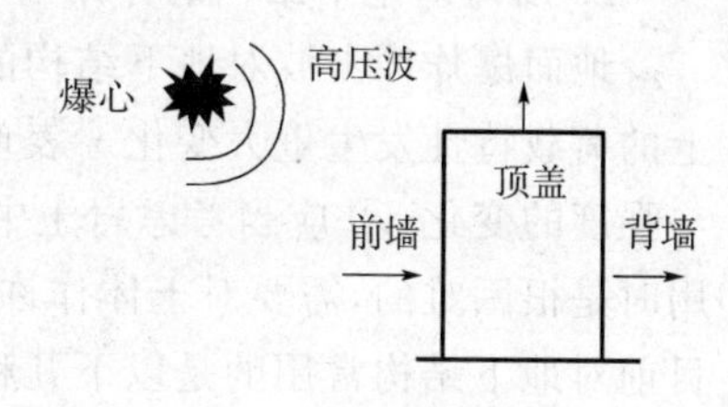

图6-9 爆炸冲击波对结构物的作用

$$K_f = \frac{\Delta P_R}{\Delta P_t} = 2 + \frac{6\Delta P_t}{\Delta P_t + 7} \tag{6-3}$$

式中：ΔP_R—— 最大反射超压，kPa；

ΔP_t—— 波阵面的超压幅值，kPa；

K_f—— 反射系数，一般为2～8。如果考虑高温高压条件下空气分子的离介和电离效应，此值可达20左右。

冲击波对目标的正面产生超压，对目标的侧面和顶部也产生压力，最后绕到目标的背面，对后表面产生压力，这样，目标便陷入冲击波的包围之中。

在前墙面上形成的反射压力大于顶部和各侧面处的冲击波压力，因而很快被稀疏波削弱，结构物顶部和侧面的荷载随着冲击波的向前移动也逐渐累积至入射超压的数值，在正面边缘处由于冲击波的绕射形成涡流，造成短暂的低压区，使荷载作用有所削弱，涡流消失后压力又回到入射超压的状态。

背面的荷载也与顶部和侧面的过程大致相同，压力需经过一定时间（升压时间）才能达

到大致稳定的数值,可以认为绕射过程结束。这时,作用于结构各个面上的荷载分别等于各个面上的超压和拖曳压的代数和,即:

$$\Delta P_m(t) = \Delta P(t) + C_d q(t) \tag{6-4}$$

式中:$\Delta P_m(t)$ —— 总压力,kPa;

$\Delta P(t)$ —— 超压,kPa;

$q(t)$ —— 动压,kPa;

C_d —— 拖曳系数,它等于拖曳压力(由波阵面后瞬时风引起)和动压(由冲击波波阵面后空气质点本身的运动引起)的比值,随物体的形状而异,由风洞实验确定。根据其表面形状及与冲击波波阵面所处的方位,各个面的 C_d 可能为正,也可能为负。

上述关于矩形目标的受载过程也适用于其他形状的目标,只是具体数值有所差异。

除了考虑结构各个表面上的荷载之外,还应注意作用于整个结构物上的净水平荷载,它等于正面的荷载减去背面的荷载。对于横向尺寸很小的细长形目标,其四周将作用有不同的动压值和相同的超压值,超压值对结构的合力互相冲抵,整个结构只受动压作用,因此容易抛掷和弯折。

2. 爆炸对地下结构的作用

地面爆炸冲击波对地下结构的影响,由于避免了空气冲击波的直接作用,使作用于结构上的荷载特性发生重大变化。表现为两个方面,① 冲击波在岩土介质中的传播将发生波形与强度的变化;② 应当考虑岩土中的结构与岩土介质的相互作用。但这样的处理在实际应用时是很困难的,需要对土体作许多假定才有可能获得解析表达式。除了数值计算方法外,目前对地下结构常用的是以下几种近似计算法。

(1) 现行的地下抗爆结构计算法

《人民防空地下室设计规范》(GB50038—2005) 中,对土中压缩波的动力荷载作某些简化处理后,以等效静载法为基础建立的一个近似计算法。

(2) 相互作用系数法

它是以一维平面波理论为基础,应用等效静载法确定相互作用系数的一种近似计算法。

以上两种方法都是将结构或构件视为等效单自由度体系后,求出相应的动力系数与荷载系数,从而直接确定等效静载,结构的计算就成了静力问题。

(3) 结构周边动荷的简化确定法

它是以结构本身作为受力对象,对结构的运动作某些简化后,如将其视为刚体,即不考虑其变形而仅考虑其整体运动,根据一维平面波理论可求出作用于结构周边的相互作用力及惯性力,再将此动荷作用于结构上作动力分析。这种分析虽然对结构与介质的相互作用作了近似处理,但较前两种方法,将结构视为等效单自由度体系则更进了一步。

6.4 浮力作用

当基础或结构物的底面置于地下水位以下,在其底面上作用着自下向上的静水压力,即为地下水产生的浮力。这时基础或结构物底面传递的压力由固体颗粒和水浮力共同承受。水浮力为作用于建筑物基底面由下向上的水压力,等于建筑物排开同体积的水重力。地表水或地下水通过土体孔隙的自由水沟通并传递水压力。水浮力对处于地下水中结构的受力和工作性能有明显影响。例如当贮液池底面位于地下水位以下时，如果贮液池为空载情况，浮力可能会使整个贮液池或底板局部上移，以致底板和顶盖被顶裂，因此对贮液池应进行整体抗浮和局部抗浮验算。水是否能渗入基底是产生水浮力的前提条件，因此水浮力与地基土的透水性、地基与基础的接触状态和水压大小(水头高低)以及漫水时间等因素有关。当地下水能够通过土的孔隙渗入到结构基底，且固体颗粒与结构基底之间接触面很小时，可以认为土中结构物处于完全浮力状态。若土颗粒之间的接触面或土颗粒与结构基底之间的接触面较大时，且土颗粒由胶结连接而形成，地下水不能充分渗透到土与结构基底之间，则结构物不会处于完全浮力状态。

浮力作用可根据地基的透水程度，按照结构物丧失的重量等于它所排除的水重量这一原则考虑：

(1) 若结构物位于透水性饱和的地基上，可认为结构物处于完全浮力状态，按100%计算浮托力。

(2) 若结构物位于透水性较差地基上，加置于节理裂隙不发育的岩石地基上，地下水渗入通道不畅，可按50%计算浮力。

(3) 若不能确定地基是否透水，应从透水和不透水两种情况与其他荷载组合，取最不利组合；对于黏性土地基，其浮力与土的物理特性相关，应结合实际确定。

(4) 地下水不仅对结构物产生浮力，也对地下水位以下岩石、土体产生浮力，在确定地基承载力设计值时，无论是基础底面以下土的天然重度还是基础底面以上土的加权平均重度，地下水位以下一律取有效重度。

(5) 地下水位并不是固定不变的，它随降雨量、地形以及江河补给条件的不同而变化，当地下水位在基底标高上下范围内涨落时，浮力的变化有可能引起基础产生不均匀沉降，因此设计基础时，应考虑地下水位季节性涨落的影响。

6.5　制　动　力

6.5.1　汽车荷载制动力

汽车荷载制动力是汽车刹车时为克服其惯性运动而在车轮和路面接触面之间产生的水平滑动摩擦力，其值为摩擦系数乘以车辆的总重力。制动力是对路面的一种作用力，其方向与汽车前进方向相同。

影响制动力大小的因素很多，如路面的粗糙状况、轮胎的粗糙状况及充气压力的大小、制动装置的灵敏性、行车速度等。

摩擦系数的大小，可按功能原理经试验确定，制动过程可写成下式：

$$\frac{v_1^2 W - v_2^2 W}{2g} = f W_1 S \tag{6-5}$$

式中：f—— 车轮在路面上的滑动摩擦因数；

S—— 制动距离，m；

W—— 被制动物体的总重力，kN；

W_1—— 具有制动装置的车轮总重力，kN；

g—— 重力加速度，$g=9.81\text{m/s}^2$；

v_1、v_2—— 分别为制动前、后的车速，m/s。

当所有车轮上都有制动装置时，$W=W_1$，汽车制动后完全停止，则 $v_2=0$，此时$\dfrac{v_1^2}{2g}=fS$。据此测定的路面摩擦系数为：水泥混凝土路面 0.74，沥青混凝土路面 0.62，平整的泥结碎石路面 0.60（还要根据气候条件和路面潮湿情况不同而变化）。但汽车制动时，由于车速减小，往往达不到上述数值。因此，一般正常制动力约为 $0.2W$ 左右（W 为汽车总重力）。

车队行驶时，需保持一定车距，其停车、起动都受到限制，而且一列汽车不可能全部同时刹车，因此车队行驶时每辆车的制动力比单车行驶时小。《公路桥涵设计通用规范》（JTG D60—2004）中规定：一个设计车道上由汽车荷载产生的制动力标准值按车道荷载标准值在加载长度上计算的总重力的 10% 计算，但公路－Ⅰ级汽车荷载的制动力标准值不得小于 165kN；公路－Ⅱ级汽车荷载的制动力标准值不得小于 90kN。同向行驶双车道的汽车荷载制动力标准值为一个设计车道制动力标准值的两倍；同向行驶三车道为一个设计车道的 2.34 倍；同向行驶四车道为一个设计车道的 2.68 倍。

制动力的方向就是行车方向，其着力点在设计车道桥面上方 1.2m 处。在计算墩台时，可移到支座铰中心或支座底座面上。计算钢构桥、拱桥时，制动力的着力点可移至桥面上，但不计由此产生的竖向力和力矩。

设有板式橡胶支座的简支梁、连续桥面简支梁或连续梁排架式柔性墩台，应根据支座与墩台的抗推刚度的刚度集成情况分配和传递制动力。设有板式橡胶支座的简支梁刚性墩台，按单跨两端的板式橡胶支座的抗推刚度分配制动力。

设有固定支座、活动支座（滚动或摆动支座、聚四氟乙烯板支座）的刚性墩台传递的制动力，按表 6－1 规定采用。每个活动支座传递的制动力，其值不应大于其摩阻力，当大于摩阻力时，按摩阻力计算。

表 6－1 刚性墩台各种支座传递的制动力

桥梁墩台及支座类型		应计的制动力	符号说明
简支梁桥台	固定支座	T_1	T_1—— 加载长度为计算跨径时的制动力； T_2—— 加载长度为相邻两跨计算跨径之和时的制动力； T_3—— 加载长度为一联长度的制动力。
	聚四氟乙烯板支座	$0.30T_1$	
	滚动或摆动支座	$0.25T_1$	
简支梁桥墩	两个固定支座	T_2	
	一个固定支座，一个活动支座	注	
	两个聚四氟乙烯板支座	$0.30T_2$	
	两个滚动或摆动支座	$0.25T_2$	
连续梁桥墩	固定支座	T_3	
	聚四氟乙烯板支座	$0.30T_3$	
	滚动或摆动支座	$0.25T_3$	

［注］ 固定支座按 T_4 计算，活动支座按 $0.30T_5$（聚四氟乙烯板支座）计算或 $0.25T_5$（滚动或摆动支座）计算，T_4 和 T_5 分别与固定支座或活动支座相应的单跨跨径的制动力，桥墩承受的制动力为上述固定支座与活动支座传递的制动力之和。

6.5.2　吊车水平荷载

在工业厂房中，常设有吊车以起吊重物。吊车在启动和运行中的刹车都会产生制动力，这种制动力又称为水平荷载，分为纵向和横向水平荷载两种。纵向水平荷载是指吊车（大车）沿厂房纵向启动或制动时，由吊车自重和吊重的惯性力所产生的水平荷载。横向水平荷载是指载有额定最大起重量的小车，沿厂房横向启动或制动时，由于吊重和小车的惯性力而产生的水平荷载。惯性力为运行重量与运行加速度的乘积，但必须通过制动轮与钢轨间的摩擦传递给厂房结构。因此，吊车的水平荷载取决于制动轨的轮压和它与钢轨间的滑动摩擦系数，摩擦系数一般可取 0.14。

《建筑结构荷载规范》(GB50009—2001) 中规定，吊车纵向水平荷载标准值，应按作用在一边轨道上所有刹车轮的最大轮压之和的 10% 采用，该力的作用点位于刹车轮与轨道的接触点，其方向与轨道方向一致。该值虽然比理论值低，但经长期使用检验，尚未发现问题。

吊车横向水平荷载可按下式取值：

$$T = \alpha (Q + Q_1) g \tag{6-6}$$

式中：T—— 吊车横向水平荷载，kN；

Q—— 吊车的额定起重量，t；

Q_1—— 横行小车重量，t；

g—— 重力加速度，$g = 9.81\text{m/s}^2$；

α—— 横向水平荷载系数（或称小车制动力系数）；对软钩吊车，当额定起重量不大于 10t 时，应取 12%，当额定起重量为 16～50t 时，应取 10%，当额定起重量不小于 75t 时，应取 8%；对硬钩吊车，应取 20%。

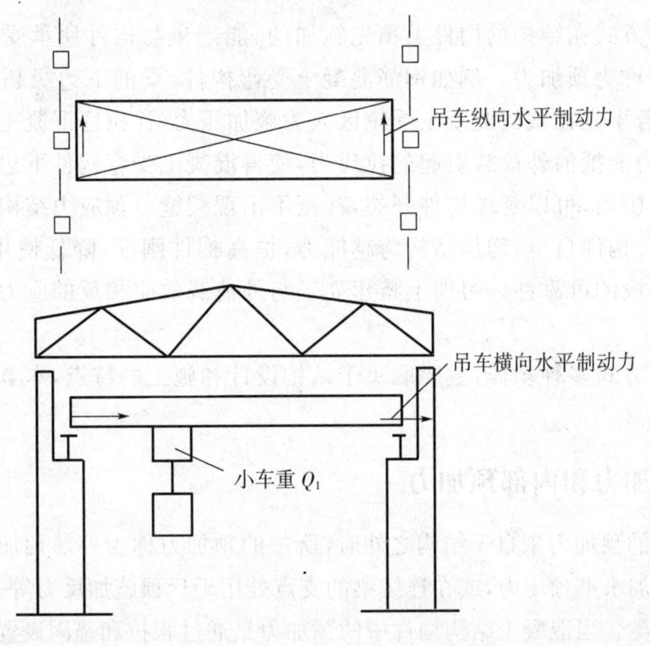

图 6-10　桥式吊车制动力

横向吊车水平荷载应等分于桥架的两端，分别由轨道上的车轮平均传至轨道，其方向与轨道垂直,并考虑正、反两个方向的刹车情况。悬挂吊车的水平荷载应由支撑系统承受,可不计算。手动吊车及电动葫芦可不考虑水平荷载。

6.6 离心力

离心力就是物体沿曲线运动或作圆周运动时所产生的离开中心的力。桥梁离心力是一种伴随车辆在弯道行驶时所产生的惯性力,以水平力的形式作用于桥梁结构,是弯桥横向受力和抗扭设计计算所考虑的主要因素。《公路桥涵设计通用规范》(JJG D60－2004)中规定,位于曲线上桥梁的墩台,当曲线半径小于或等于250m时,应计算离心力。离心力的大小与曲线半径成反比,离心力标准值为车辆荷载(不计冲击力)标准值乘以离心力系数C,C可按下式计算:

$$C=\frac{v^2}{127R} \tag{6-7}$$

式中:v—— 设计速度,km/h,应按桥梁所在路线设计速度采用;

R—— 曲线半径,m。

计算多车道离心力时,应计入车道的横向折减系数,按表2-6取用。

离心力的着力点作用在汽车的重心上,一般离桥面1.2m,但为计算方便,也可以移到桥面上,不计由此引起的力矩。

离心力对墩台的影响,可将离心力均匀分布在桥跨上由两墩台平均分担。

6.7 预加力

以特定的人为方式在结构的构件上预先施加的、能产生与构件所承受的外荷载效应相反的应力状态的力称为预加力。例如钢筋混凝土受弯构件,梁的下边缘超过混凝土的极限抗拉强度会开裂,若事先在截面混凝土受拉区人为施加压力,让拉区混凝土处于受压应力状态,建立的预压应力能抵消外荷载引起的拉应力,使得混凝土受弯构件下边缘的拉应力控制在允许的拉应力范围内,可以延缓构件开裂,甚至不出现裂缝。预应力结构能充分发挥高强度材料的作用,减轻构件自重,增加结构跨越能力,提高构件刚度,降低使用荷载下挠度,增加了构件在使用阶段的可靠性。习惯上将建立了与外荷载效应相反的应力状态的构件称为预应力构件。

预加力的施加方式多种多样,主要取决于结构设计和施工的特点,本节主要介绍以下几种方式。

6.7.1 外部预加力和内部预加力

当结构杆件中的预加力来自于结构之外时,所加的预加力称为外部预加力。对混凝土拱桥拱顶用千斤顶施加水平预压力,或在连续梁的支点处用千斤顶施加反力等,使结构内力呈有利分布的即属于此类。当混凝土结构构件中的预加力是通过张拉和锚固设置在结构构件中的高强度钢筋,使构件中产生与外荷载效应相反的应力状态的,所加的预加力称为内部预加力。前者常用于结构内力调整,后者则为钢筋混凝土构件施加预加力的常规方式,运用广泛。

6.7.2　先张法预加力和后张法预加力

1. **先张法施工**

先张法原理是先张拉高强度钢筋，后浇筑包裹钢筋的混凝土，待混凝土达到一定强度，钢筋和混凝土之间具有可靠的粘结力后，放松钢筋，钢筋变形的弹性恢复受钢筋周围混凝土阻碍而传给混凝土的力称为先张法预加力。

先张法是在浇筑混凝土前张拉预应力筋，并将张拉的预应力筋临时锚固在台座或钢模上，然后浇筑混凝土，待混凝土养护达到不低于混凝土设计强度值的 75%，保证预应力筋与混凝土有足够的粘结时，放松预应力筋，预应力的产生借助于混凝土与预应力筋的粘结。先张法一般仅适用于生产中小型构件，在固定的预制厂生产。

先张法生产构件可采用长线台座法，一般台座长度在 50～150m 之间，或在钢模中机组流水法生产构件。先张法生产构件，涉及到台座、张拉机具和夹具及先张法张拉工艺，下面将分别叙述。

(1) 台座

台座在先张法构件生产中是主要的承力构件，它必须具有足够的承载能力、刚度和稳定性，以免因台座的变形、倾覆和滑移而引起预应力的损失，以确保先张法生产构件的质量。台座的形式繁多，因地制宜，但一般可分为墩式台座和槽式台座两种。

为了便于脱模，在铺放预应力筋前，在台面及模板上应先刷隔离剂，但应采取措施，防止隔离剂污损预应力筋，影响粘结。

(2) 预应力筋张拉

预应力筋张拉应根据设计要求，采用合适的张拉方法、张拉顺序和张拉程序进行，并应有可靠的保证质量措施和安全技术措施。

预应力筋的张拉可采用单根张拉或多根同时张拉，当预应力筋数量不多，张拉设备拉力有限时常采用单根张拉。当预应力筋数量较多且密集布筋，另外张拉设备拉力较大时，则可采用多根同时张拉。在确定预应力筋张拉顺序时，应考虑尽可能减少台座的倾覆力矩和偏心力，先张拉靠近台座截面重心处的预应力筋。此外，在施工中为了提高构件的抗裂性能或为了部分抵消由于应力松弛、摩擦、钢筋分批张拉以及预应力筋与张拉台座之间温度因素产生的预应力损失，张拉应力可按设计值提高 5%。预应力筋的最大超张拉值：消除应力钢丝、钢绞线不得大于 $0.75f_{ptk}$；热处理钢筋不得大于 $0.70f_{ptk}$（f_{ptk} 为预应力筋的极限抗拉强度标准值）。

预应力筋的张拉力方法有超张拉法和一次张拉法两种。

超张拉法：　$0 \rightarrow 1.05\sigma_{con} \xrightarrow{\text{持荷 2min}} \sigma_{con}$

一次张拉法：　$0 \rightarrow 1.03\sigma_{con}$

其中 σ_{con} 为张拉控制应力，一般由设计而定。采用超张拉工艺的目的是为了减少预应力筋的松弛应力损失。所谓“松弛”即钢材在常温、高应力状态下具有不断产生塑性变形的特性。松弛的数值与张拉控制应力和延续时间有关，控制应力高，松弛也大，所以钢丝、钢绞线的松弛损失比冷拉热轧钢筋大，松弛损失还随着时间的延续而增加，但在第一分钟内可完成损失总值的 50%，24h 内则可完成 80%。所以采用超张拉工艺，先超张拉 5% 再持荷

2min,则可减少50%以上的松弛应力损失。而采用一次张拉锚固工艺,因松弛损失大,故张拉力应比原设计控制应力提高3%。

施工中应注意安全。张拉时,正对钢筋两端禁止站人。敲击锚具的锥塞或楔块时,不应用力过猛,以免损伤预应力筋而断裂伤人,但又要锚固可靠。冬季张拉预应力筋时,其温度不宜低于-15℃,且应考虑预应力筋容易脆断的危险。

(3) 预应力筋的放张

预应力筋放张过程是预应力的传递过程,是先张法构件能否获得良好质量的一个重要环节,应根据放张要求,确定合宜的放张顺序、放张方法及相应的技术措施。

① 放张要求。放张预应力筋时,混凝土强度必须符合设计要求,当设计无专门要求时,不得低于设计的混凝土立方体抗压强度标准值的75%。放张过早由于混凝土强度不足,会产生较大的混凝土弹性回缩而引起较大的预应力损失或钢丝滑动。放张过程中,应使预应力构件自由压缩,避免过大的冲击与偏心。

② 放张方法。当预应力混凝土构件用钢丝配筋时,若钢丝数量不多,钢丝放张可采用剪切、锯割或氧-乙炔焰熔断的方法,并应从靠近生产线中间处剪断,这样比在靠近台座一端处剪断时回弹减小,且有利于脱模。若钢丝数量较多,所有钢丝应同时放张,不允许采用逐根放张的方法,否则,最后的几根钢丝将承受过大的应力而突然断裂,导致构件应力传递长度骤增,或使构件端部开裂。放张方法可采用放张横梁来实现。横梁可用千斤顶或预先设置在横梁支点处的放张装置来放张。

③ 放张顺序。预应力筋的放张顺序,应符合设计要求;当设计无专门要求时,应符合下列规定:

对承受轴心预压力的构件(如压杆、桩等),所有预应力筋应同时放张;

对承受偏心预压力的构件,应先同时放张预压力较小区域的预应力筋,再同时放张预压力较大区域的预应力筋;

当不能按上述规定放张时,应分阶段、对称、相互交错地放张,以防止在放张过程中,构件产生弯曲、裂纹及预应力筋断裂等现象。

放张后预应力筋的切断顺序,宜由放张端开始,逐次切向另一端。

2. 后张法施工

后张法指的是先浇筑混凝土,待达到规定的强度后再张拉预应力钢筋以形成预应力混凝土构件的施工方法。

先制作构件,并在构件体内按预应力筋的位置留出相应的孔道,待构件的混凝土强度达到规定的强度(一般不低于设计强度标准值的75%)后,在预留孔道中穿入预应力筋进行张拉,并利用锚具把张拉后的预应力筋锚固在构件的端部,依靠构件端部的锚具将预应力筋的预张拉力传给混凝土,使其产生预压应力;最后在孔道中灌入水泥浆,使预应力筋与混凝土构件形成整体。按照钢筋与混凝土之间有无粘结,后张法可以分为两类。

(1) 有粘结预应力混凝土

先浇混凝土,待混凝土达到设计强度75%以上,再张拉钢筋(钢筋束)。其主要施工程序为:埋管制孔→浇混凝土→养护→抽管→养护→穿筋→张拉→锚固→灌浆(防止钢筋生锈)。其传力途径是依靠锚具阻止钢筋的弹性回弹,使截面混凝土获得预压应力,这种做法使钢筋与混凝土结为整体,称为有粘结预应力混凝土。

有粘结预应力混凝土由于粘结力(阻力)的作用使得预应力钢筋拉应力降低,导致混凝土压应力降低，所以应设法减少这种粘结。这种方法设备简单，不需要张拉台座，生产灵活，适用于大型构件的现场施工。

(2) 无粘结预应力混凝土

其主要施工程序为预应力钢筋沿全长外表涂刷沥青等润滑防腐材料→包上塑料纸或套管(预应力钢筋与混凝土不建立粘结力)→浇混凝土养护→张拉钢筋→锚固。施工时跟普通混凝土一样，将钢筋放入设计位置可以直接浇混凝土，不必预留孔洞、穿筋、灌浆，简化施工程序，由于无粘结预应力混凝土有效预压应力增大，降低造价，适用于跨度大的曲线配筋的梁体，后张法预加力工艺流程见图6-11。

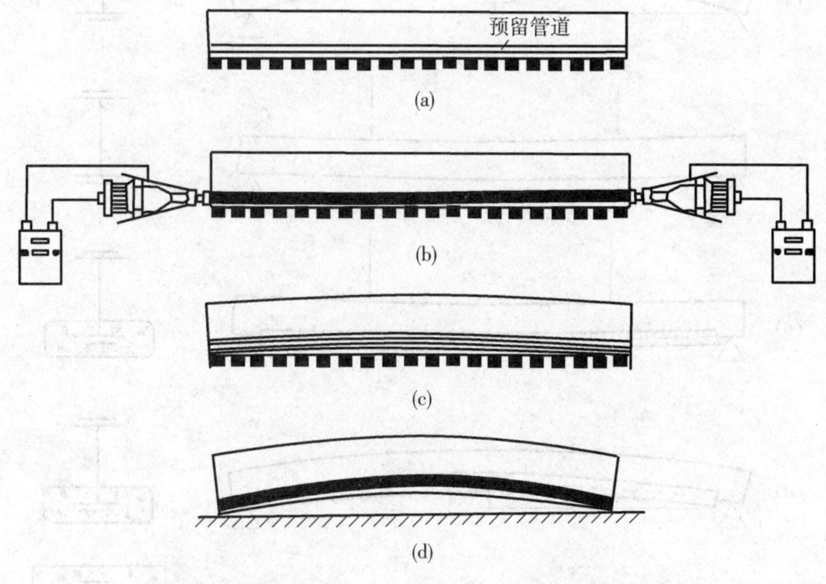

(a) 预留管道浇筑混凝土；(b) 穿预应力筋并施加预应力；
(c) 张拉完毕用锚具进行锚固；(d) 管道内压浆并浇筑封头混凝土

图6-11　后张法预加力工艺流程

由于先张法预加力和管道灌浆的后张法预加力是通过钢筋与混凝土之间的粘结力传给混凝土的，故也称有粘结预加力。而管道不灌浆的后张法预加力是通过构件两端的锚具对混凝土施加预应力的，故也称无粘结预加力。

下面以后张法为例，介绍预应力的施加方法。

后张法预加力(先浇筑混凝土后张拉钢筋)的工艺流程见图6-11。在浇筑的混凝土中，按预应力钢筋的设计位置预留管道或明槽，见图6-11(a)；待混凝土养护结硬到一定强度后，将预应力钢筋穿入孔道，并利用构件作为加力台座，使用千斤顶对预应力钢丝进行张拉，见图6-11(b)；在张拉钢筋的同时，构件混凝土受压，钢筋张拉完毕后，用锚具将钢筋锚固在构件的两端，见图6-11(c)；然后在管道内压浆，使构件混凝土与钢筋粘结成整体以防止钢筋锈蚀，并增加构件的刚度，见图6-11(d)。后张法主要是靠锚具传递和保持预加应力的。

后张法多用于大跨度桥梁，不需要专门的张拉台座，台座一般宜于在施工场地预制或在桥位上就地浇筑。预应力钢筋可按照设计要求，根据构件的内力变化而布置成合理的曲线形式。后张法的施工工艺比较复杂，锚固钢筋用的锚具耗钢量大。

6.7.3　预弯梁预加力

预弯梁预加力是通过钢梁与混凝土之间的粘结构造将钢梁的弹性恢复力施加于混凝土上，弹性恢复力利用屈服强度很高的钢梁预先弯曲产生弹性变形而获得。

预弯钢筋-混凝土组合简支梁的施工工艺为(见图 6-12)：在预先弯曲梁的 $L/4$ 处施加两个等同的集中荷载；当钢梁被压到挠度为零时，在钢梁的下翼缘浇筑高强度等级混凝土。

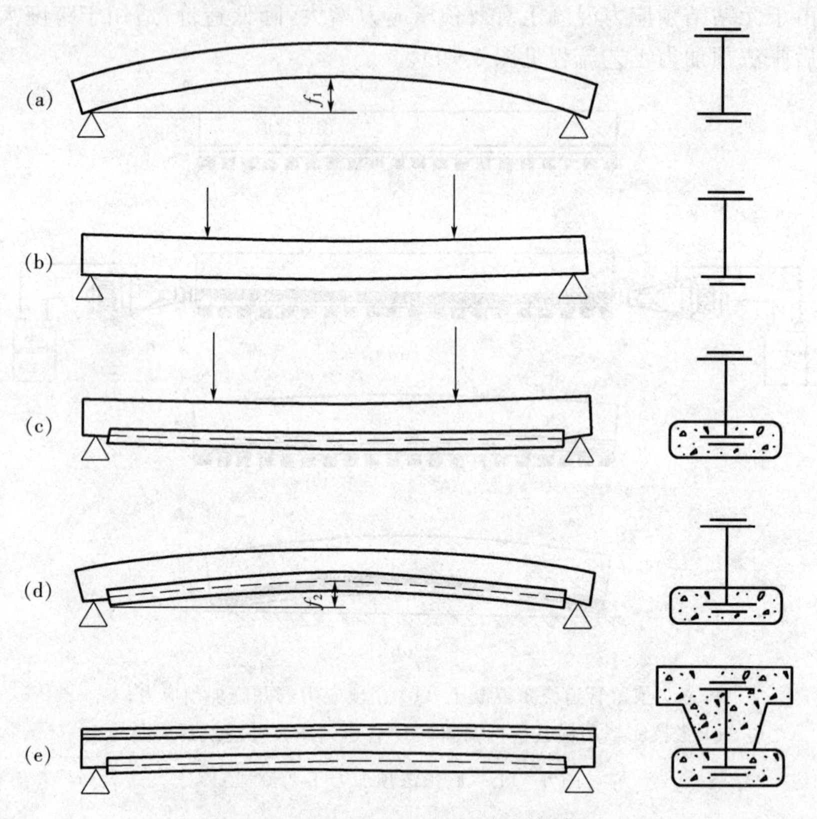

(a) 预弯梁；(b) 施加压力；(c) 梁下翼缘浇筑混凝土；
(d) 释放压力；(e) 梁上翼缘及胶板浇筑混凝土

图 6-12　预弯梁的预加力施加过程

混凝土经养护达到强度要求后，撤除钢梁上的集中力，钢梁回弹，所浇筑的混凝土就受到钢梁回弹产生的压力作用；然后浇筑腹板和上翼缘混凝土。通过这种工艺得到的钢梁与混凝土的组合构件称为预弯梁预应力构件。

思考题与习题

1. 对于静定结构和超静定结构，温度变化会产生哪些效应？
2. 试说明混凝土结构产生徐变与收缩原因，对结构产生哪些影响？
3. 爆炸的种类有哪些？属于作用分类中的哪种类型？
4. 计算浮力的原则是什么？为什么？
5. 结合实际，说明影响制动力的因素有哪些？

6. 在《建筑结构荷载规范》(GB50009—2001) 中如何确定吊车水平荷载?

7. 结构中,预应力施加的方法有哪些?

8. 试分析寒冷地区的跨河大桥,可能会承受哪些作用?

9. 习题 9 图示超静定结构,支座 C 发生竖向下沉 a,梁下侧和柱右侧升温 10℃,梁上侧和柱左侧温度未发生改变。杆件截面为矩形,各杆 EI 均相同。其中杆件高度 $h=600\text{mm}$,长度 $l=6\ 000\text{mm}$,$\alpha=1.0\times10^{-5}\text{K}^{-1}$。试求刚架弯矩。

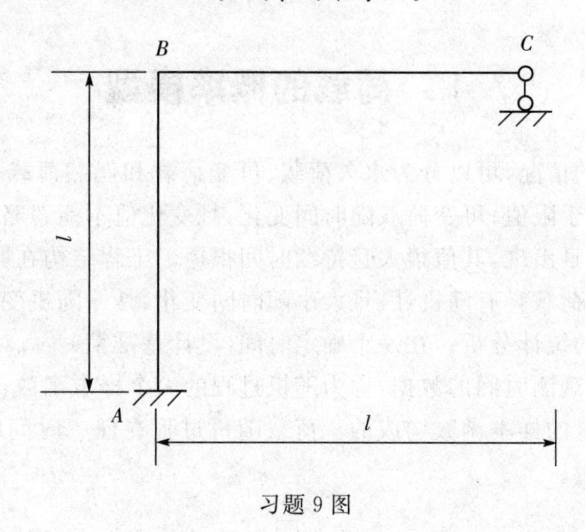

习题 9 图

第 7 章　荷载的统计分析

7.1　荷载的概率模型

荷载按时间变异的情况,可以分为永久荷载、可变荷载和偶然荷载,永久荷载在结构使用期间变化很小,或趋于限值;可变荷载随时间变化,且变化值不能忽略;偶然荷载在结构使用期间不一定出现,一旦出现,其值很大且持续时间很短。工程结构在服役期间应能够承受各种荷载(作用),这些荷载具有随机性,且大小随时间变化,是一随机变量,一般采用随机过程概率模型进行荷载的统计分析。在一个确定时间(设计基准期)内,对荷载随机过程进行连续观测,获得依赖于观测时间的数据,称为随机过程的一个样本函数,如图 7-1 所示。每个随机过程都是由大量的样本函数构成的。荷载随机过程在任一时间的取值,称为任意时点荷载或截口随机变量。

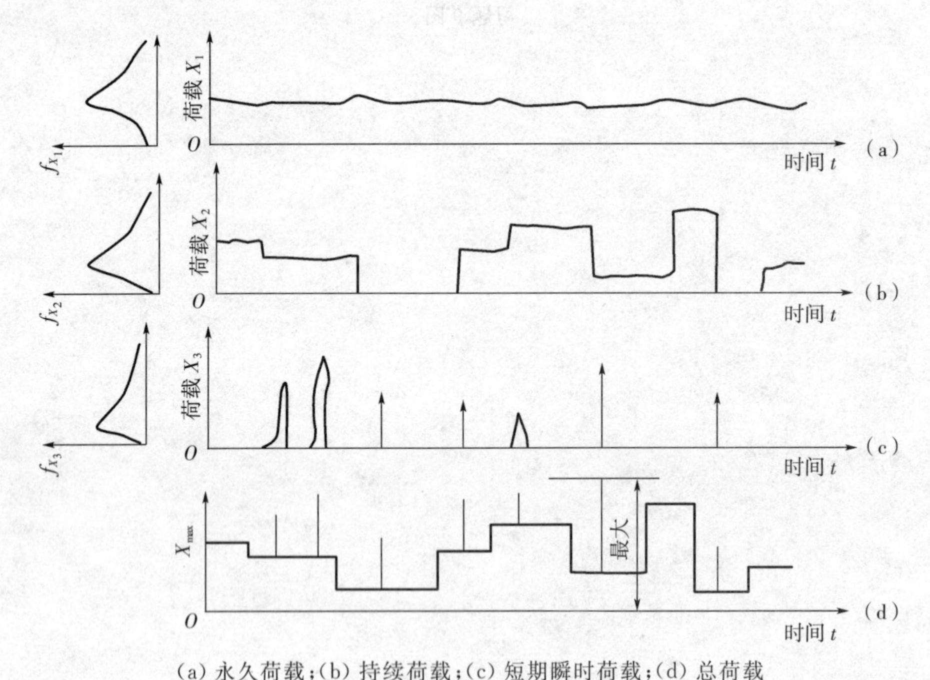

(a) 永久荷载;(b) 持续荷载;(c) 短期瞬时荷载;(d) 总荷载

图 7-1　典型荷载随机过程模型图

目前,在工程结构荷载研究中,为了简化计算,对于常见的可变荷载如楼面活荷载、风荷载、雪荷载、公路及桥梁人群荷载等,一般都采用平稳二项随机过程模型;而对于车辆荷载常用滤过泊松过程模型或滤过韦泊随机过程;有时为了方便,也采用极值统计法。由于结构可靠度分析中荷载采用随机变量的概率模型,为了与此相适应,在荷载统计分析时,将荷载随机过程 $\{Q(t), t \in [0, T]\}$ 转化为设计基准期 T 内的荷载最大值。

7.1.1　平稳二项随机过程

将荷载的样本函数模型化为等时段的矩形波函数(图 7-2),其基本假定为:

(1) 按荷载每变动一次作用在结构上的时间长短,将设计基准期 T 等分为 r 个相等的时段 τ,则 $\tau = T/r$;

(2) 在每个时段 τ 内,荷载出现(即 $Q(t) > 0$) 的概率均为 p,不出现(即 $Q(t) = 0$) 的概率均为 q(p,q 为常数且 $p + q = 1$);

(3) 在每个时段 τ 内,荷载出现时,其幅值是非负随机变量,且在不同时段上的概率分布函数 $F_Q(x)$ 是相同的,这一概率分布称为任意时点荷载的概率分布或荷载的截口分布,其分布函数记为 $F_Q(x) = P[Q(t) \leqslant x, t \in \tau]$;

(4) 不同时段 τ 上的荷载幅值随机变量是相互独立的,并且与荷载在时段 τ 上是否出现无关。

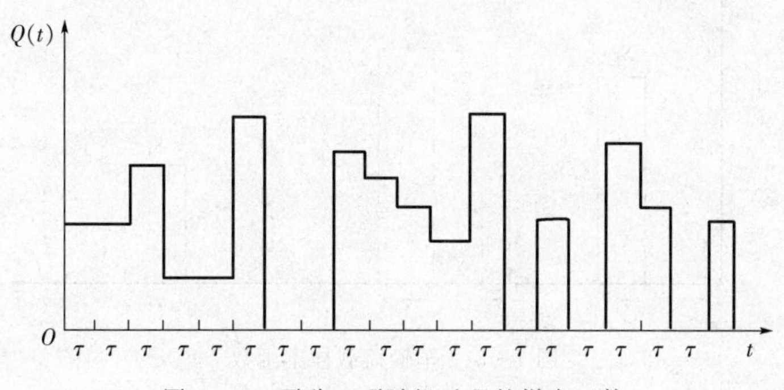

图 7-2　平稳二项随机过程的样本函数

由上述假定可以确定任一时段内的荷载概率分布函数 $F_{Q\tau}(x)$,并由此导出荷载在设计基准期 T 内的最大值 Q_T 的概率分布函数 $F_{QT}(x)$。

$$
\begin{aligned}
F_{Q\tau}(x) &= P[Q(t) \leqslant x, t \in \tau] \\
&= P[Q(t) > 0] \cdot P[Q(t) \leqslant x, t \in \tau \mid Q(t) > 0] \\
&\quad + P[Q(t) = 0] \cdot P[Q(t) \leqslant x, t \in \tau \mid Q(t) = 0] \\
&= pF_Q(x) + q \cdot 1 = pF_Q(x) + (1 - p) = 1 - p[1 - F_Q(x)] (x \geqslant 0) \qquad (7-1)
\end{aligned}
$$

$$
\begin{aligned}
F_{QT}(x) &= P[Q_T \leqslant x] = P[\max_{t \in [0, T]} Q(t) \leqslant x, t \in T] \\
&= \prod_{j=1}^{r} P[Q(t) \leqslant x, t \in \tau_j] = \prod_{j=1}^{r} \{1 - p[1 - F_Q(x)]\} \\
&= \{1 - p[1 - F_Q(x)]\}^r \quad (x \geqslant 0) \qquad (7-2)
\end{aligned}
$$

设荷载在 T 年内的平均出现次数为 m,则 $m = pr$。

(1) 当 $p = 1$,此时 $m = r$,则由式(7-2)得:

$$F_{QT}(x) = [F_Q(x)]^m \qquad (7-3)$$

(2) 当 $P < 1$,若式(7-2)中的 $p[1 - F_Q(x)]$ 项充分小,由 $e^x = 1 + x$(x 为小数),得:

$$F_{QT}(x) = \{1 - p[1 - F_Q(x)]\}^r \approx \{e^{-p[1-F_Q(x)]}\}^r = \{e^{-[1-F_Q(x)]}\}^{pr}$$

$$\approx \{1-[1-F_{Q}(x)]\}^{pr} \tag{7-4}$$

由此得：

$$F_{QT}(x) \approx [F_{Q}(x)]^{m} \tag{7-5}$$

式(7-5)表明，对各种荷载，平稳二项随机过程$\{Q(t) \geqslant 0, t \in [0,T]\}$在设计基准期$T$内最大值$Q_T$的概率分布函数$F_{QT}(x)$均可表示为任意时点分布函数$F_Q(x)$的$m$次方。

7.1.2 滤过泊松过程

在一般运行状态下的车辆荷载，当车辆的时间间隔为指数分布时，车辆荷载随机过程可用滤过泊松过程来描述。滤过泊松过程又称为伽马－更新过程，其样本函数如图7-3所示。

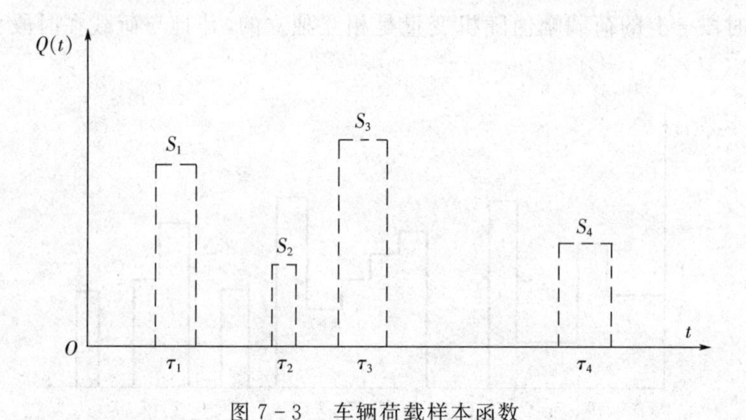

图7-3 车辆荷载样本函数

车辆荷载随机过程$\{Q(t) \geqslant 0, t \in [0,T]\}$可表达为：

$$Q(t)=\sum_{n=0}^{N(t)} \omega(t;\tau_n,S_n) \tag{7-6}$$

式中：$\{N(t), t \in [0,T]\}$—— 参数λ的泊松过程；

$\omega(t;\tau_n,S_n)=\begin{cases} S_n, t \in \tau_n \\ 0, t \notin \tau_n \end{cases}$ —— 响应函数，其中，τ_n为第n个荷载持续时间，令$\tau_0=0$；

$S_n(n=1,2,\cdots)$—— 相互独立同分布于$F_Q(x)$的随机变量序列，称为截口随机变量，且与$N(t)$互相独立，令$S_0=0$。

滤过泊松过程最大值Q_T的概率分布表达式为：

$$F_{QT}(x)=\mathrm{e}^{-\lambda T[1-F_{Q}(x)]} \tag{7-7}$$

式中：$F_Q(x)$—— 车辆荷载的任意时点分布函数，经拟合检验结果服从对数正态分布；

λ,β—— 泊松过程参数，这里为时间间隔指数分布函数的估计值。

7.1.3 滤过韦泊随机过程

密集运行状态下的车辆荷载，可用滤过韦泊随机过程描述。

韦泊过程可以认为是泊松过程的推广，两者的强度函数不同。对于韦泊过程来说，

$$\lambda(t)=\lambda\beta t^{\beta-1}(t\geqslant 0,\lambda,\beta>0) \tag{7-8}$$

当$\beta=1$时，韦泊过程退化为泊松过程。

滤过韦泊过程的最大值Q_T的概率分布表达式为：

$$F_{QT}(x)=e^{-\lambda T^{\beta}[1-F_Q(x)]} \tag{7-9}$$

式中：$F_Q(t)$—— 车辆荷载的任意时点分布函数，经拟合检验结果服从对数正态分布；

λ,β—— 泊松过程参数，这里为时间间隔指数分布函数的估计值。

7.1.4　极值统计法

在《水利水电工程结构可靠度设计统一标准》(GB50119－1994)中，对风、雪荷载以及天然河道、湖泊的静水压力等无人为控制的可变作用的随机变量，其随机过程的概率分布模型采用极值统计法。该法是将设计基准期T年分为n个时段，调查统计每个时段内的作用最大值Q_i的分布$F(Q_i)$，假定各个时段的Q_i相互独立，然后按最大值的极值分布原理，给出连续n个时段的作用最大值的分布$F_T(Q_T)$，具体步骤如下所述。

(1) 将设计基准期分为n个时段，$\tau=\frac{T}{n}$；τ的选择，宜使每段作用的最大值相互独立。

(2) 对每个时段的作用最大值Q_i进行统计，得出数据样本。

(3) 对Q_i数据样本进行统计分析，计算统计参数估计值，作出样本的频数直方图，估计概率分布模型，并经概率分布模型的优度拟合检验，选定时段τ内的作用最大值概率分布函数$F_\tau(Q_i)$。

(4) 根据时段概率分布$F_\tau(Q_i)$，按式(7－10)计算设计基准期内作用最大值Q_T的概率分布$F_T(Q_T)$：

$$F_T(Q_T)=[F_\tau(Q_i)]^n \tag{7-10}$$

(5) 由时段概率分布$F_\tau(Q_i)$的统计参数μ_{Q_i}、σ_{Q_i}，得到$F_T(Q_T)$的统计参数(极值Ⅰ型)：

$$\mu_{Q_T}=\mu_{Q_i}+\frac{\ln n}{a} \tag{7-11a}$$

$$\sigma_{Q_T}=\sigma_{Q_i} \tag{7-11b}$$

7.2　荷载的代表值

在结构设计基准期内，各种荷载的最大值Q_T为一随机变量。结构设计时，不可能直接引用反映荷载变异性的各种统计参数，通过复杂的概率运算进行具体设计。考虑到结构设计的实用简便和工程人员的传统习惯，目前各种规范所给出的极限状态设计表达式仍采用荷载的具体取值。这些取值能较好地反映荷载的变异性及它在设计中的特点。荷载代表值就是为适应上述要求而选定的一些荷载定量表达，是设计表达式中对荷载赋予的规定值。具体说来，荷载的代表值指的是在结构或结构构件设计时，针对不同的设计目的所采用的荷载规定值。原则上荷载的代表值可以取分布的特征值(如均值、众值或中值)，实际上，大多自然荷载是以其重现期最大荷载分布的众值为标准值。但目前并不是所有的荷载都能取得充分资料，只能协定一个公称值作为代表值。

对于永久荷载只有一个代表值 —— 标准值；对于可变荷载，有四个代表值 —— 标准值、频遇值、准永久值和组合值。荷载标准值表示它在设计基准期内可能达到的最大值，没有反映可变荷载作为随机过程而具有随时间变异的特性。当结构按正常使用极限状态的要求进行设计时，应根据不同的设计要求（如变形验算、裂缝控制等）选择可变荷载的其他代表值。

在可变荷载随机过程中，荷载超越某水平 Q_x 的表示方式，在国际标准中有两种建议：

(1) 用在设计基准期 Q_x 内超过 Q_x 的总持续时间 $T_x = \sum t_i$，或用与设计基准期 T 的比率 $\mu_x = T_x/T$ 来表示。

对于与时间有关联的正常使用极限状态，荷载的代表值可以按这种方式取值。当允许某些极限状态在一个较短的持续时间内被超越，或在总体上不长的时间内被超过时，可以采用较小的 μ_x 值（$\mu_x \leqslant 0.1$）计算荷载的频遇值作为荷载的代表值，相当于结构上时而出现的较大荷载值（总是小于标准值）。对于结构上经常作用的可变荷载，应以准永久值为代表值，可取 $\mu_x = 0.5$，相当于可变荷载在整个变化过程中的中间值。

(2) 用超过 Q_x 的次数 n_x 或单位时间内超过的平均次数 $\nu_x = n_x/T$ 来表示。

对于与荷载超越次数有关联的正常使用极限状态，荷载的代表值可以按这种方式取值。当结构涉及人的舒适性、影响非结构构件的性能和设备的使用功能的极限状态，可按此方式对荷载的频遇值进行取值。国际标准对平均跨阈率的取值没有作具体的建议，设计时往往由经济因素而定。

图 7-4 表示荷载每次超越 Q_x 的持续时间 $t_i(i=1,2,\cdots,n)$ 和超过 Q_x 的次数 $n_x = n$。

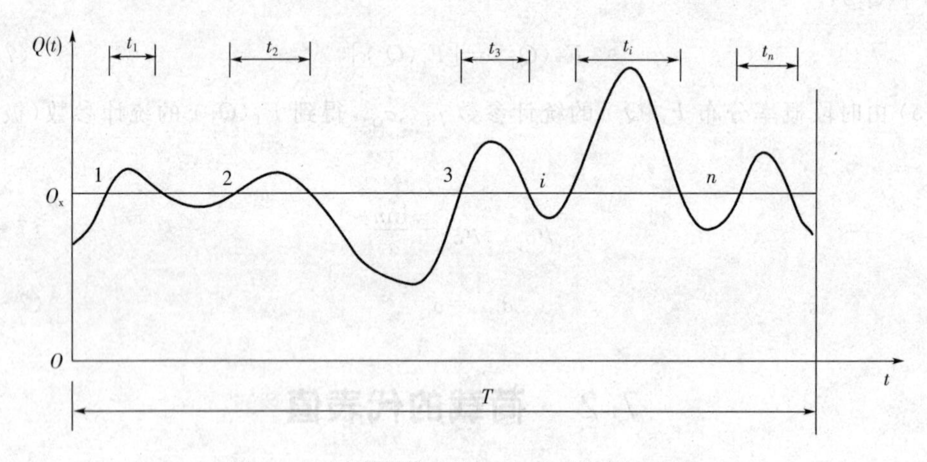

图 7-4 可变荷载超过 Q_x 的持续时间和次数

7.2.1 荷载标准值

荷载标准值是结构按极限状态设计时采用的荷载基本代表值，是指结构在设计基准期内，正常情况下可能出现的最大值。其他代表值是在标准值的基础上换算得到的。

荷载标准值应按设计基准期 T 内荷载最大值概率分布 $F_{QT}(x)$ 的某一偏不利的分位值确定，使其在 T 内具有不被超越的概率 p_k。即：

$$F_{QT}(x)=P\{Q_T\leqslant Q_k\}=p_k \tag{7-12}$$

荷载标准值Q_k也可采用重现期T_k来定义。重现期为T_k的荷载值，亦称为“T_k年一遇”的值，表达的意思是在年分布中可能出现大于此值的概率为$1/T_k$，即：

$$F_Q(Q_k)=[F_{QT}(Q_k)]^{\frac{1}{T}}=1-\frac{1}{T_k} \tag{7-13}$$

$$T_k=\frac{1}{1-[F_{QT}(Q_k)]^{\frac{1}{T}}}=\frac{1}{1-p_k^{\frac{1}{T}}} \tag{7-14}$$

由式(7-14)可知，若已知设计基准期T，则重现期T_k与p_k之间存在一一对应的关系。当规定设计基准期为50年：当$T_k=50$时(即Q_k为50年一遇的荷载值)，$p_k=0.364$；当$T_k=100$时(即Q_k为100年一遇的荷载值)，$p_k=0.605$；而当Q_k的不被超越概率为$p_k=0.95$时，$T_k=975$，即Q_k为975年一遇；而当$p_k=0.5$时，即取Q_k为Q_T分布的中位值，$T_k=72.6$，相当于Q_k为72.6年一遇。

目前，对于p_k的确定没有统一的规定。我国对于不同荷载的标准值，其相应的p_k也不一致。今后为使荷载标准值的概率意义统一，应该规定T_k或p_k的确定值。

对于永久荷载，由于其变异性不大，而且多为正态分布，一般可取$p_k=0.5$。由此，永久荷载标准值即可按结构设计规定的尺寸和材料或结构构件单位体积的自重(或单位面积的自重)平均值确定。对于自重变异性较大的材料或构件(如屋面保温材料、防水材料、以及薄壁结构等)，其标准值应根据该荷载对结构有利或不利，分别按材料密度的变化幅度，取其自重的上限值或下限值。

对于可变荷载，其标准值应统一由设计基准期内荷载最大概率分布的某一分位值确定。但由于目前并非对所有荷载都能取得充分的资料，以获得设计基准期内最大荷载的概率分布，所以可变荷载的标准值主要还是根据历史经验，通过分析判断后确定。

7.2.2　荷载准永久值

荷载准永久值是可变荷载的一个代表值，指在设计基准期内，其超越的总时间约为设计基准期一半的荷载值。

荷载准永久值也是对标准值的一种折减，它主要考虑荷载长期作用效应的影响。准永久值系数为ψ_q＝荷载准永久值$\psi_q Q_k$/荷载标准值Q_k，在《建筑结构荷载规范》(GB50009－2001)中，给出了具体取值，详见表2-9。

7.2.3　荷载频遇值

荷载频遇值是可变荷载的一个代表值，指在设计基准期内，其超越的总时间为规定较小比率或超越频率为规定频率的荷载值。

荷载频遇值系指在设计基准期内结构上较频繁出现的较大荷载值，主要用于正常使用极限状态的频遇组合中。

实际上，荷载频遇值是考虑到正常使用极限状态设计的可靠度要求较低而对标准值的一种折减，其中折减系数称为频遇值系数ψ_f＝荷载频遇值$\psi_f Q_k$/荷载标准值Q_k，在《建筑结构荷载规范》(GB50009－2001)中，给出了具体取值，详见表2-9。

7.2.4 荷载组合值

荷载组合值是可变荷载的一个代表值，使组合后的荷载效应在设计基准期内的超越概率与该荷载单独出现时的相应概率趋于一致的荷载值，也就是说，组合后结构构件具有统一可靠度的荷载值。

荷载的组合值主要用于基本组合中，也用于标准组合中。组合值是考虑施加在结构上的各种可变荷载不可能同时达到各自的最大值，故荷载取值不仅与荷载本身有关，还与荷载效应组合所采用的概率模型有关。采用组合值的实质是要求结构在单一可变荷载作用下的可靠度与在两个及两个以上可变荷载作用下的可靠度保持一致。因此，当结构上同时作用有两种或两种以上的可变荷载时，各可变荷载的代表值可采用组合值，即采用不同的组合值系数 ψ_c 对各自标准值予以折减。组合值系数 ψ_c 在《建筑结构荷载规范》(GB50009－2001)中，给出了具体取值，详见表 2－9。

7.3 荷载效应组合

7.3.1 荷载与荷载效应

作用在结构上的荷载在结构内产生的内力、应力、变形等称为荷载效应。我们知道，荷载具有随机性，所以荷载效应也具有随机性。

对于小变形的线弹性结构体系，荷载效应 S 与荷载 Q 之间具有线性比例关系，即：

$$S = CQ \tag{7-15}$$

式中：C—— 荷载效应系数，与结构形式、荷载分布及效应类型有关。在均布荷载 q 作用下的简支梁，跨中弯矩 $M=\frac{1}{8}ql^2$，则荷载效应系数 $C=\frac{1}{8}l^2$；而跨中挠度 $f=\frac{5}{384EI}ql^4$，则 $C=\frac{5}{384EI}l^4$。

荷载效应系数的变异性较小，可近似认为是常数。因此，荷载效应与荷载具有相同的统计特性，并且它们统计参数之间的关系为：

$$\mu_s = C\mu_Q \tag{7-16}$$

$$\delta_s = C\delta_Q \tag{7-17}$$

但在实际工程中的许多情况，荷载效应与荷载之间并不总是存在以上的简单线性关系，而是某种较为复杂的函数关系。目前，在结构可靠度分析中，考虑到应用简便，往往仍假定荷载效应 S 和荷载 Q 之间存在或近似存在线性比例关系。

实际结构受力一般比较复杂，既有水平荷载，又有竖向荷载；既有集中荷载，又有分布荷载。这些荷载不能进行简单的叠加，但其产生的效应可以直接叠加。荷载效应理应从真实构件截面所产生的实际内力观测值进行统计分析，但由于目前测试技术还不完善，以及收集这些统计数据的实际困难，使得直接进行荷载效应的统计分析不太现实。因此，荷载效应的统计分析是从较为容易的荷载统计分析中得到，以荷载的统计规律代替荷载效应的统计规律，然后进行荷载效应组合。

7.3.2　荷载与荷载效应组合规则

结构在设计基准期内总是同时承受多种可变荷载，这些可变荷载在设计基准期内同时以其最大值相遇的概率是不大的，例如最大风荷载与最大雪荷载同时出现的可能性比单独出现最大风荷载或最大雪荷载的可能性要小很多。结构设计除了研究单个荷载效应的概率分布外，还必须研究多个荷载效应组合的概率问题。从统计学的观点看，荷载效应组合问题就是寻求同时出现的几种荷载效应随机过程叠加后的统计特性。

1. Turkstra **组合规则**

Turkstra 组合规则最早提出了一个简单组合规则，易于被工程设计人员所理解，在目前的结构设计中被广泛应用。该规则轮流以一个荷载效应在设计基准期 T 内的最大值与其余荷载的任意时点值组合，即取：

$$S_{Ci}=\max_{t\in[0,T]}S_i(t)+S_1(t_0)+\cdots+S_{i-1}(t_0)+S_{i+1}(t_0)+\cdots+S_n(t_0)\qquad i=1,2,3,\cdots,n \tag{7-18}$$

式中：t_0——$S_i(t)$ 达到最大值的时刻。

在设计基准期 T 内，荷载效应组合的最大值 S_C 取为上列诸组合的最大值，即

$$S_C=\max\{S_{C1},S_{C2},\cdots,S_{Cn}\} \tag{7-19}$$

其中任一组组合的概率分布，可根据式(7-18)中各求和项的概率分布通过卷积运算得到。

图 7-5 为三个荷载随机过程按 Turkstra 规则组合情况。显然，该规则并不是偏于保守的，理论上还可能存在着更不利的组合。但由于规则简单，且是一个很好的近似方法，因此在工程实践中被广泛应用。

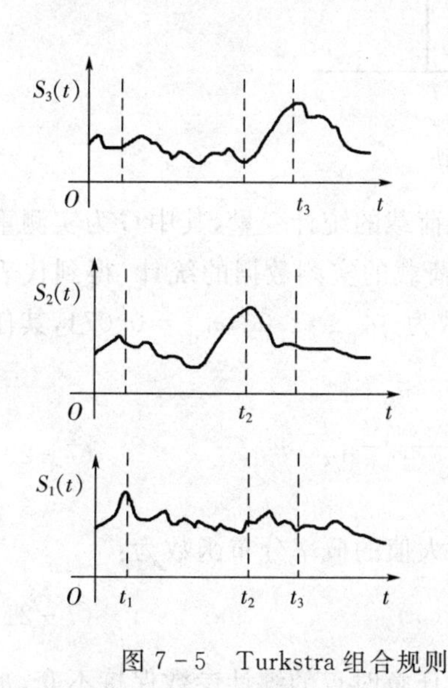

图 7-5　Turkstra 组合规则

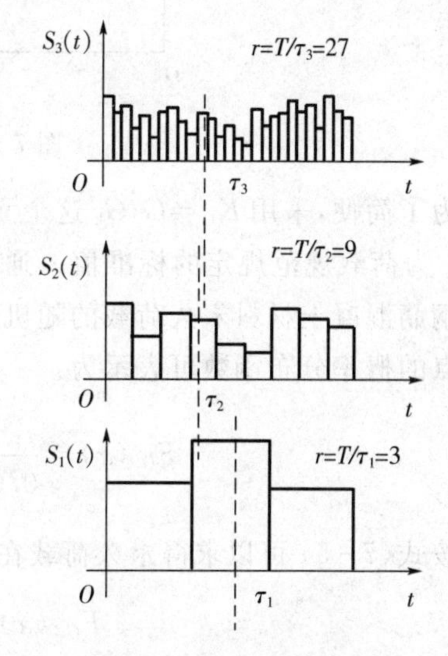

图 7-6　JCSS 组合规则

2. JCSS **组合规则**

JCSS 组合规则是国际结构“安全度联合委员会”(JCSS) 推荐的荷载效应组合规则。该规则先假定可变荷载的样本函数为平稳二项随机过程，将某一可变荷载 $Q_1(t)$ 在设计基准期$[0,T]$内的最大值效应 $\max S_1(t)$($t\in[0,T]$，持续时间为 τ_1)，与另一可变荷载 $Q_2(t)$ 在

时间τ_1内的局部最大效应$\max S_2(t)(t \in \tau_1$,持续时间为$\tau_2)$,以及第三个可变荷载$Q_3(t)$在时间τ_2内的局部最大效应$\max S_3(t)(t \in \tau_2$,持续时间为$\tau_3)$相组合,依次类推,见图7-6所示。

按该规则确定荷载效应组合的最大值时,可以考虑到所有可能的不利组合项,取其中最不利者。对于n个荷载组合,一般有2^{n-1}项可能的不利组合。

对于一般的结构构件设计,如果直接按照上述方法进行计算,工作量繁重,在实际使用中存在一定的困难,目前的规范一般采用实用表达式,即通过荷载的组合值系数来反映荷载效应组合对结构可靠度的影响。

7.4 常遇荷载的统计分析

7.4.1 永久荷载(恒载)

永久荷载(如结构自重)的取值在设计基准期T内基本不变,从而随机过程可转化为与时间无关的随机变量$\{G(t)=G, t \in [0,T]\}$,其样本函数如图7-7所示。它在整个设计基准期内持续出现,即$p=1$。荷载一次出现的持续时间$\tau=T$,在设计基准期内的时段数$t=T/\tau=1$,则$m=pr=1$,$F_{QT}(x)=F_Q(x)$。

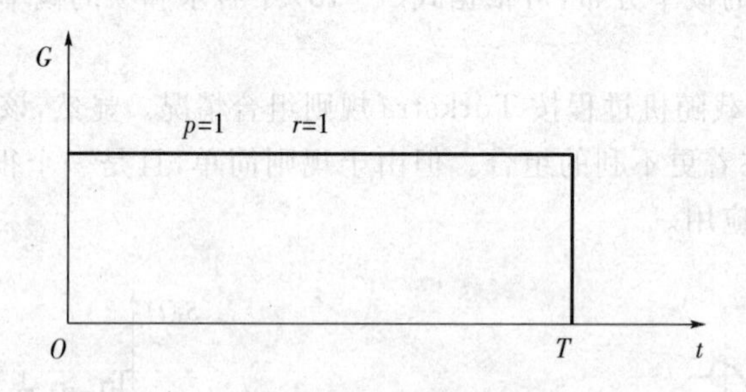

图7-7 永久荷载概率模型

为了简便,采用$K_G=G/G_k$这个无量纲参数作为永久荷载的统计变量,其中G为实测重量,G_k为荷载规范规定的标准值。通过对有代表性永久荷载的实测数据的统计,得到代表全国钢筋混凝土材料永久荷载的随机变量K_G的统计参数为:$\mu_{K_G}=1.06$,$\sigma_{K_G}=0.074$,其任意时点的概率分布函数可表示为:

$$F_{G_i}(x)=\frac{1}{0.074G_k\sqrt{2\pi}}\int_{-\infty}^{x}-\mathrm{e}^{\frac{(\mu-1.06G_k)^2}{0.011G_k}}\mathrm{d}\mu \tag{7-20}$$

按式(7-5)可以求得永久荷载在设计基准期T内最大值的概率分布函数为:

$$F_{G_T}(x)=[F_{G_i}(x)]^m=F_{G_i}(x) \tag{7-21}$$

由此可得,永久荷载在设计基准期T内的统计参数与任意时点的统计参数保持不变,永久荷载实测的平均值与荷载规范规定的标准值之比为:

$$K=\mu_G/G_k=1.06 \tag{7-22}$$

统计分析表明,实测的平均值为标准值G_k的1.06倍,说明永久荷载存在超重现象。

7.4.2　民用建筑楼面活荷载

民用建筑楼面活荷载一般分为两类：一类是在设计基准期内，经常出现的荷载，如办公楼内的家具、设备、办公用具、文件资料等的重量以及正常办公人员的体重，一般称为持久性活荷载 $L_i(t)$；另一类是指暂时出现的活荷载，如办公室内开会时人员的临时集中、临时堆放的物品重量、住宅中逢年过节、婚丧喜庆的家庭成员和亲友的临时聚会时的活荷载，一般称为临时性活荷载 $L_r(t)$。持久性活荷载可由现场实测得到，临时性活荷载一般通过口头询问调查，要求用户提供他们在使用期内的最大值。

1. 办公楼楼面持久性活荷载

办公楼持久性活荷载 $L_i(t)$ 在设计基准期 T 内任何时刻都存在，故出现概率 $p=1$。调查发现，平均持续使用时间即时段 τ 接近10年，亦即在设计基准期50年内，总时段数 $r=5$，荷载出现次数 $m=pr=5$，这样平稳二项随机过程的样本函数如图7-8所示。

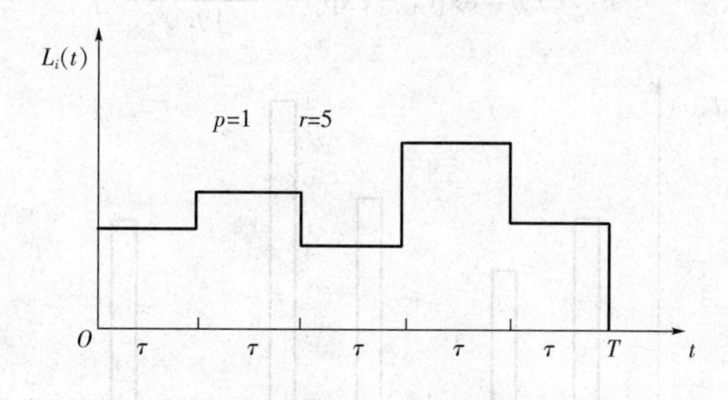

图7-8　办公楼楼面持久性活荷载概率模型

通过对实验数据经 χ^2 分布假设检查，在显著水平0.05下，任意时点的持久性活荷载 $L_i(t)$ 的概率分布不拒绝极值Ⅰ型分布，且其子样的均值 $\mu_{L_i}=38.62\text{kg/m}^2$，标准差 $\sigma_{L_i}=17.81\text{kg/m}^2$。

依据概率论可计算出任意时点持久性活荷载的概率分布的分布参数：$\alpha=\sigma_{L_i}/1.2825=13.89\text{kg/m}^2$，$\beta=\mu_{L_i}-0.5772\alpha=30.60\text{kg/m}^2$

任意时点的概率分布函数可以写为：

$$F_{L_{iT}}=\exp[-\exp(-\frac{x-30.6}{13.89})] \tag{7-23}$$

根据任意时点分布并利用式(7-5)，可以求得在50年设计基准期内持久性活荷载的最大值概率分布函数为：

$$\begin{aligned}F_{L_{iT}}&=\{\exp[-\exp(-\frac{x-30.6}{13.89})]\}^5\\&=\exp[-\exp(-\frac{x-30.6-13.89\ln 5}{13.89})]\\&=\exp[-\exp(-\frac{x-52.96}{13.89})]\end{aligned} \tag{7-24}$$

其分布参数 $\alpha_T=\alpha$，$\beta_T=\beta+\alpha\ln 5=52.96\text{kg/m}^2$。

由此可以计算出设计基准期内持久性活荷载的统计参数：

均值：$\mu_{L_{iT}}=\beta_T+0.5772\alpha_T=60.98\text{kg/m}^2$；

标准差：$\sigma_{L_{iT}}=\sigma_{L_i}=17.81\text{kg/m}^2$；

变异系数：$\delta_{L_{iT}}=17.81/60.98=0.29$。

2. 办公楼楼面临时性活荷载

办公楼临时性活荷载在设计基准期 T 内的平均出现次数很多，持续时间较短，其样本函数如图 7-9 所示。对临时性荷载，要取得精确的统计资料是困难的，包括荷载的变化幅度、平均出现次数 m、持续时段长度 τ 等。临时性荷载调查测定时，按用户在使用期(平均取 10 年)内的最大值计算，10 年内的最大临时性荷载记为 $L_{rs}(t)$。统计参数分别为平均值 $\mu_{L_{rs}}=35.52\text{kg/m}^2$，标准差 $\sigma_{L_{rs}}=24.57\text{kg/m}^2$，变异系数 $\delta_{L_{rs}}=0.69$。

经 χ^2 统计假设检验，办公楼的临时活荷载的概率分布服从极值 Ⅰ 型分布，即：

$$F_{L_{rs}}(x)=\exp\left[-\exp\left(-\frac{x-24.55}{19.0}\right)\right] \tag{7-25}$$

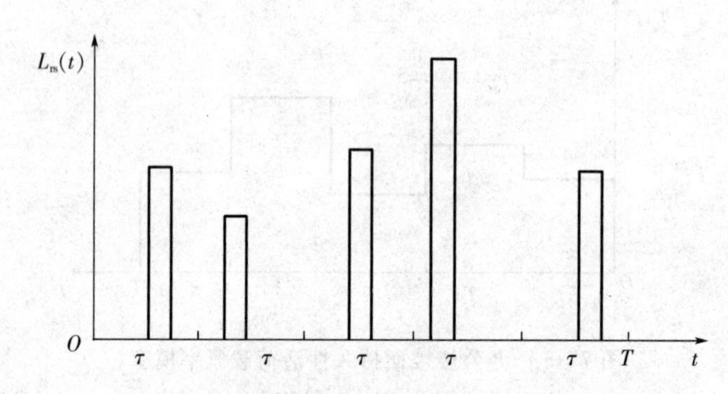

图 7-9 办公楼楼面临时性活荷载概率模型

办公楼楼面临时性活荷载在设计基准期的最大值分布为：

$$F_{L_{rT}}(x)\approx[F_{L_{rs}}(x)]^5=\exp\left[-\exp\left(-\frac{x-55.13}{19.0}\right)\right] \tag{7-26}$$

式中：分布参数 $\alpha_T=19$，$\beta_T=\beta+\alpha\ln 5=55.13\text{kg/m}^2$。

由此可计算出设计基准期内办公楼楼面临时性活荷载的统计参数为：

均值：$\mu_{L_{rT}}=66.10\text{kg/m}^2$；

标准差：$\sigma_{L_{rT}}=24.37\text{kg/m}^2$；

变异系数：$\delta_{L_{rT}}=0.37$。

7.4.3 风(活载)

对于工程结构(尤其是高柔结构)来说，风荷载是一种重要的直接水平作用，它对结构设计与分析有着重要影响。可取风荷载为平稳二项随机过程，按它每年出现一次最大值考虑。则当 $T=50$ 年时，在$[0,T]$内年最大风荷载共出现 50 次；在一年时段内，年最大风荷载必然出现，因此 $p=1$，则 $m=pr=50$。年最大风荷载随机过程的样本函数如图 7-10 所示。

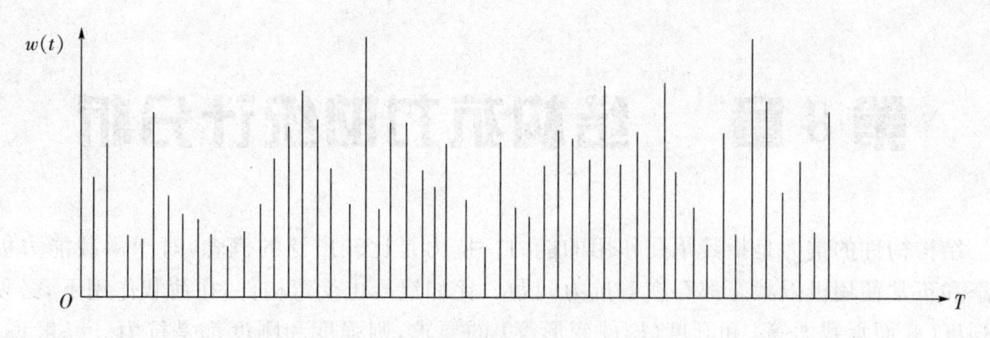

图7-10　年最大风荷载样本函数

7.4.4　雪荷载

雪荷载是屋面结构尤其大跨钢结构的主要荷载之一。在统计分析中,雪荷载是采用基本雪压作为统计对象的,取各个地区的地面年最大雪压作为一个随机变量。与结构承载能力相适应,需要首先考虑每年的设计基准期内可能出现的雪压最大值。与设计基准期相比,年最大雪压持续时间仍属短暂,因此,采用滤过泊松过程描述更符合实际情况。为了应用简便,《建筑结构可靠度设计统一标准》(GB50068－2001)仍取雪荷载为平稳二项随机过程。则当 $T=50$ 年时,在$[0,T]$内年最大雪荷载共出现50次;在一年时段内,年最大雪荷载必然出现,取 $p=1$,则 $m=pr=50$。年最大雪荷载随机过程的样本函数类似图7-10所示。

7.4.5　人群荷载

这里的人群荷载主要是指公路桥梁上人群聚集时产生的荷载值,是以全国10多个城市或郊区的30座桥梁为调查对象,在人行道上任意划出一定大小的区域和不同长度的观测段,分别连续记录瞬时出现在其上的最多人数,据此计算每平方米的人群荷载。在确定人群荷载随机过程的样本函数时,可近似取每年出现一次荷载最大值。由于公路桥梁结构的设计基准期 $T=100$ 年,荷载最大值共出现100次,则人群荷载在 T 内的平均出现次数 $m=100$。

各种荷载的概率模型不尽相同,必须通过实地调查实测,根据所获得的资料和数据,利用数学方法进行统计分析后确定,荷载的概率模型应尽可能地反映荷载实际情况,最常用为平稳二项随机过程的概率模型,但必要时也可采用其他概率模型。

思考题与习题

1. 为什么把荷载处理成平稳二项随机过程模型？简述其基本假定。
2. 荷载的统计参数包括哪些？进行荷载统计时必须统计的三个要素是什么？
3. 在多种活载作用下,为什么采用荷载效应组合而不是直接采用荷载组合？
4. 比较 Turkstra 和 JCSS 的组合原则,两者各有什么优缺点？
5. 荷载代表值包括哪些？有何意义。
6. 简述荷载设计值及其取值原则。

第 8 章　结构抗力的统计分析

结构构件的抗力是指其承受作用的能力。抗力是比较广泛的概念，对于承载能力极限状态和正常使用极限状态都存在着抗力问题。比如混凝土受弯构件，在荷载作用下，必须满足强度（截面承载力等）和刚度（构件变形等）的要求，则强度和刚度都是抗力。一般说来，抗力随时间发生变化。比如混凝土会随着时间的延续，其水化反应不断进行，强度缓慢地提高，抗力也相应地发生变化。但是抗力的这种变化并不明显，在一般的分析中可以将抗力视为与时间无关的随机变量。

对于一结构实体，其抗力可以分为整体结构抗力、结构构件抗力、构件截面抗力和截面各点抗力四个层次。目前在进行结构设计时，承载能力的计算是针对结构构件抗力，而正常使用验算是针对结构构件和整体结构抗力。因此，在可靠度分析时，常常将结构构件抗力作为一个综合变量来考虑。

在进行结构可靠度分析时，影响结构构件抗力的主要因素是材料性能的不定性、几何参数的不定性和计算模式的不定性。由于这些影响因素都存在着不定性，一般可以将其处理为随机变量。对于抗力的统计参数和概率分布类型，很难直接得到其统计参数。通常的做法是对抗力的主要影响因素进行统计分析，得到其统计参数，然后通过各影响因素和抗力之间的关系，数学推导或经验判断抗力的统计参数与概率分布类型。在数学推导结构构件的统计参数时，可以设随机变量 Z 为随机自变量 $X_i\,(i=1,2,\cdots,n)$ 的函数，即：

$$Z=g(X_1,X_2,\cdots,X_n) \tag{8-1}$$

则其均值、标准差和变异系数分别为：

均值：
$$\mu_Z=g(\mu_{X1},\mu_{X2},\cdots,\mu_{Xn}) \tag{8-2a}$$

标准差：
$$\sigma_Z=\sqrt{\sum_{i=1}^{n}\left.\frac{\partial g}{\partial X_i}\right|_{\mu}\sigma_{Xi}^2} \tag{8-2b}$$

变异系数：
$$\delta_Z=\frac{\sigma_Z}{\mu_Z} \tag{8-2c}$$

8.1　影响结构抗力的不定性

8.1.1　结构构件材料性能的不定性

材料性能的不定性主要是指材料质量以及工艺、加荷、环境、尺寸等因素引起的结构构件中材料性能（包括强度、弹性模量等）的变异性。例如对于混凝土立方体试块抗压强度的变异性，应该考虑以下几个方面：(1) 水泥强度，砂、石强度，砂石含水率的变异性；(2) 混凝土的搅拌时间与振捣时间等的变异性；(3) 试块养护时间和养护条件的变异性；(4) 标准试块养护条件与实际结构工作条件的变异性；(5) 试验时加荷速度的变异性；(6) 标准试块的材料性能与实际结构材料性能的变异性等。

结构构件材料性能的不定性可采用随机变量 Ω_f 表示。

$$\Omega_f = \frac{f_j}{\omega_0 f_k} = \frac{1}{\omega_0}\frac{f_j}{f_s}\frac{f_s}{f_k} = \frac{1}{\omega_0}\Omega_0\Omega_{f_s} \tag{8-3}$$

式中：ω_0—— 规范规定的反映结构构件材料性能与试件材料性能差别的影响系数，如缺陷、尺寸、施工质量、加荷速度、试验方法、时间等因素的各种影响系数；

f_j—— 结构构件中的材料性能值；

f_s—— 试件材料性能值；

f_k—— 规范规定的试件材料性能值。

Ω_0——$\Omega_0 = \dfrac{f_j}{f_s}$，结构构件材料性能与试件材料性能差别的随机变量；

Ω_{f_s}——$\Omega_{f_s} = \dfrac{f_s}{f_k}$，试件材料不定性的随机变量。

这样，Ω_f 的平均值 μ_{Ω_f} 和变异系数 δ_{Ω_f} 的关系如下：

$$\mu_{\Omega_f} = \frac{\mu_{\Omega_0}\mu_{\Omega_{f_s}}}{\omega_0} = \frac{\mu_{\Omega_0}\mu_{f_s}}{\omega_0 f_k} \tag{8-4a}$$

$$\delta_{\Omega_f} = \sqrt{\delta_{\Omega_0}^2 + \delta_{f_s}^2} \tag{8-4b}$$

式中：μ_{f_s}—— 试件材料性能 f_s 的平均值；

μ_{Ω_0}—— 随机变量 Ω_0 的平均值；

$\mu_{\Omega_{f_s}}$—— 随机变量 Ω_{f_s} 的平均值；

δ_{f_s}—— 试件材料性能 f_s 的变异系数；

δ_{Ω_0}—— 随机变量 Ω_0 的变异系数。

根据国内对各种结构材料强度性能的统计资料，按式(8-4a)和式(8-4b)求得的各种结构材料的统计参数见表8-1。

表8-1 部分结构材料的统计参数

结构材料种类	材料品种和受力状况		μ_{Ω_f}	δ_{Ω_f}
型钢	受拉	Q235 钢	1.08	0.08
		16Mn 钢	1.09	0.07
薄壁型钢	受拉	Q235F 钢	1.12	0.10
		Q235 钢	1.27	0.08
		16Mn 钢	1.05	0.08
钢筋	受拉	Q235F 钢	1.08	0.08
		20MnSi	1.14	0.07
		25MnSi	1.09	0.06

（续表）

结构材料种类	材料品种和受力状况		μ_{Ω_f}	δ_{Ω_f}
混凝土	轴心受压	C20	1.66	0.23
		C30	1.41	0.19
		C40	1.35	0.16
砖砌体	轴心受压		1.15	0.20
	小偏心受压		1.10	0.20
	齿缝受剪		1.00	0.22
	受剪		1.00	0.24

8.1.2　结构构件几何参数的不定性

结构构件几何参数的不定性，主要是指制作尺寸偏差和安装误差等引起的结构构件几何参数的变异性。结构构件的几何参数，一般是指构件的截面几何特性（如高度、宽度和混凝土保护层厚度等），以及构件的长度、跨度，还包括由这些几何参数构成的函数等。结构构件几何参数的不定性反映了制作安装后的实际结构构件与所设计的标准结构构件之间几何上的差异。

结构构件的几何参数的不定性可用随机变量 Ω_a 表示：

$$\Omega_a = \frac{a}{a_k} \tag{8-5}$$

式中：a—— 几何尺寸的实际值；

a_k—— 几何尺寸的标准值。

因此，几何参数的平均值 μ_{Ω_a} 和变异系数 δ_{Ω_a} 为：

$$\mu_{\Omega_a} = \frac{\mu_a}{a_k} \tag{8-6a}$$

$$\delta_{\Omega_a} = \delta_a \tag{8-6b}$$

结构构件几何参数值应以正常情况下的实测数据为基础，经统计分析得到。当实测数据不足时，可按有关标准中规定的几何尺寸公差，经分析判断确定。几何参数的标准值一般采用设计值。一般情况下，几何尺寸越小，变异性越大。截面的几何特征变异对结构构件可靠度的影响较大，应引起重视；而构件长度等变异性影响则相对较小。

根据国内对各种结构几何参数的统计资料，按式（8－6a）和（8－6b）求得的各种结构几何特征的统计参数见表 8－2。

表 8-2　各种结构几何特征的统计参数

结构构件种类	项目	μ_{Ω_a}	δ_{Ω_a}
型钢构件	截面面积	1.00	0.05
薄壁型钢构件	截面面积	1.00	0.05
钢筋混凝土构件	截面高度、宽度	0.85	0.03
	截面有效高度	1.00	0.02
	纵筋截面面积	1.00	0.03
	纵筋重心到截面近边距离	0.85	0.30
	箍筋平均间距	0.99	0.07
	纵筋锚固长度	1.02	0.09
砖砌体	单向尺寸	1.00	0.02
	截面面积	1.01	0.02

8.1.3　结构构件计算模式的不定性

结构构件计算模式的不定性，主要是指抗力计算中采用的某些基本假定的近似性和计算公式的不精确性等引起的对结构构件抗力估计的不定性，亦称为“计算模型误差”。在工程结构中，不可能将所有的实际情况都反映在计算图式和计算公式中，常进行理想化假设，例如常将支座简化为铰支、固支等理想情况代替实际边界条件；用理想弹性、理想弹塑性、各向同性、平截面假定等简化材料复杂的本构关系；将分析方法用简单线性方法代替实际受力情况等，这些简化处理必将使计算抗力与实际抗力产生差异。

结构构件计算模式的不定性，可用随机变量 Ω_p 来表示：

$$\Omega_p=\frac{R_0}{R_c} \tag{8-7}$$

式中：R_0—— 结构构件的实际抗力值，一般情况下可取其试验值 R_s 或精确计算值；

R_c—— 按规范公式计算的结构构件抗力计算值，计算时应采用材料性能和几何尺寸的实际值，以排除 Ω_f、Ω_a 对 Ω_p 的影响。

通过对 Ω_p 的统计分析，即可求出其平均值 μ_{Ω_p} 及变异系数 δ_{Ω_p}，见表 8-3。

表 8-3　结构构件计算模式的不定性

结构构件种类	受力状态	μ_{Ω_p}	δ_{Ω_p}
钢结构构件	轴心受拉	1.05	0.07
	轴心受压(Q235F)	1.03	0.07
	偏心受压(Q235F)	1.12	0.10
薄壁型钢结构构件	轴心受压	1.08	0.10
	偏心受压	1.14	0.11

（续表）

结构构件种类	受力状态	μ_{Ω_p}	δ_{Ω_p}
混凝土结构构件	轴心受拉	1.00	0.04
	轴心受压	1.00	0.05
	偏心受压	1.00	0.05
	受弯	1.00	0.04
	受剪	1.00	0.15
砖砌体	轴心受压	1.05	0.15
	小偏心受压	1.14	0.23
	齿缝受弯	1.06	0.10
	受剪	1.02	0.13

8.2 结构构件抗力的统计特征

8.2.1 结构构件抗力的统计参数

结构构件的抗力一般都是多个随机变量的函数，假设结构构件是由 n 种材料组成，其抗力 R 可表达为：

$$R=\Omega_p R_p=\Omega_p R(f_{ji}a_i)=\Omega_p R[(\Omega_{f_i}\omega_0 f_{k_i})(\Omega_{a_i}a_{k_i})](i=1,2,3,\cdots,n) \quad (8-8)$$

式中：R_p—— 由计算公式确定的构件抗力；

f_{ji}—— 结构构件中第 i 种材料的性能；

a_i—— 与第 i 种材料相应的构件几何参数。

Ω_{f_i}，f_{k_i}—— 分别为结构构件中第 i 种材料性能随机变量和试件材料强度标准值；

Ω_{a_i}，a_{k_i}—— 分别为与第 i 种材料相应的结构构件几何参数随机变量和结构构件几何尺寸的标准值。

则计算抗力的均值、标准差和变异系数分别为：

均值：
$$\mu_{R_p}=R(\mu_{f_{ji}},\mu_{a_i}) \quad (8-9a)$$

标准差：
$$\sigma_{R_p}=\sqrt{\sum_{i=1}^{n}\left(\left.\frac{\partial R_p}{\partial X_i}\right|_{\mu}\right)^2\sigma_{x_i}^2} \quad (8-9b)$$

变异系数：
$$\delta_{R_p}=\frac{\sigma_{R_p}}{\mu_{R_p}} \quad (8-9c)$$

当已知 Ω_p 的统计参数，则可求得抗力 R 的统计参数 χ_R 和 δ_R 分别为：

$$\chi_R=\frac{\mu_{\Omega_p}\mu_{R_p}}{R_k} \quad (8-10a)$$

$$\delta_{\Omega_R}=\sqrt{\delta_{\Omega_p}^2+\delta_{R_p}^2} \tag{8-10b}$$

式中：χ_R—— 抗力均值与抗力标准值之比；

R_k—— 按规范计算的抗力标准值。

如果结构构件仅由单一材料构成(如钢结构)，则计算可简化为：

$$R=\Omega_p(\Omega_f k_0 f_k)(\Omega_a a_k)=\Omega_p\Omega_f\Omega_a R_k \tag{8-11}$$

$$R_k=k_0 f_k a_k \tag{8-12}$$

式中：R—— 构件实际抗力；

$k_0 f_k$—— 规范中规定的结构材料性能值。

若已知材料、几何和计算式三方面的不定性的统计参数，可得到抗力 R 的统计参数为：

$$\chi_R=\frac{\mu_R}{R_k}=\mu_{\Omega_p}\mu_{\Omega_f}\mu_{\Omega_a} \tag{8-13a}$$

$$\delta_{\Omega_R}=\sqrt{\delta_{\Omega_p}^2+\delta_{\Omega_f}^2+\delta_{\Omega_a}^2} \tag{8-13b}$$

$$\mu_R=\chi_R R_k \tag{8-13c}$$

【例8-1】　求Q235F钢轴心受拉时的抗力统计参数。

解：由表8-1至表8-3给出的统计参数可知：

$$\mu_{\Omega_f}=1.08, \delta_{\Omega_f}=0.08$$

$$\mu_{\Omega_a}=1.0, \delta_{\Omega_a}=0.05$$

$$\mu_{\Omega_P}=1.03, \delta_{\Omega_P}=0.07$$

由式(8-13a)和式(8-13b)可得 $\chi_R=\mu_{\Omega_p}\mu_{\Omega_f}\mu_{\Omega_a}=1.11$，$\delta_{\Omega_R}=\sqrt{\delta_{\Omega_p}^2+\delta_{\Omega_f}^2+\delta_{\Omega_a}^2}=0.117$，则抗力的均值为：$\mu_R=\chi_R R_k=1.11R_k$

同理，可求出各种构件在不同受力情况下的统计参数，见表8-4。

表8-4　结构构件抗力 R 的统计参数

结构构件种类	受力状态	χ_R	δ_{Ω_R}
钢结构构件	轴心受拉(Q235F)	1.13	0.12
	轴心受压(Q235F)	1.11	0.12
	偏心受压(Q235F)	1.21	0.15
冷弯薄壁型钢结构构件	轴心受压(Q235F)	1.21	0.15
	偏心受压(Q345)	1.20	0.15

（续表）

结构构件种类	受力状态	χ_R	δ_{Ω_R}
钢筋混凝土结构构件	轴心受拉	1.10	0.10
	轴心受压	1.33	0.17
	小偏心受压(短柱)	1.30	0.15
	大偏心受压(短柱)	1.16	0.13
	受弯	1.13	0.10
	受剪	1.24	0.19
砖结构砌体	轴心受压	1.21	0.25
	小偏心受压	1.26	0.30
	齿缝受弯	1.06	0.24
	受剪	1.02	0.27

8.2.2 结构构件抗力的分布类型

由于结构构件的抗力是多个随机变量的函数，如果已知各随机变量的概率分布，则可以通过多维积分求得抗力的概率分布，这种求法在数学上将难以处理。实际上，结构构件抗力的计算模式多为 $Y = X_1X_2X_3 + X_4X_5X_6 + \cdots$ 或 $Y = X_1X_2X_3\cdots$ 之类的形式，由概率论中的中心极限定理可知，任何一个 X_i 都不占优势，不论 $X_i(i=1,2,3,\cdots,n)$ 为何种分布，均可以近似地认为抗力 R 服从对数正态分布。

8.3 材料强度的标准值与设计值

8.3.1 材料强度的标准值

材料的强度是指材料或构件抵抗破坏的能力，指的是在一定的受力状态和工作条件下，材料所能承受的最大应力或构件所能承受的最大荷载，亦称为承载能力。

材料强度是一个随机变量，其标准值应由数理统计的方法得到。标准值为结构设计时所用的材料强度的基本代表值，一般可取其概率分布的 0.05 分位值，即在材料强度实测值总体中，强度的标准值应具有不小于 95% 的保证率。

$$f_k = \mu_f - 1.645\sigma_f = \mu_f(1 - 1.645\delta_f) \tag{8-14}$$

式中：f_k—— 材料强度标准值；

μ_f—— 材料强度的平均值；

σ_f—— 材料强度的标准差；

δ_f—— 材料强度的变异系数，$\delta_f = \dfrac{\sigma_f}{\mu_f}$。

混凝土立方体抗压强度标准值 $f_{cu,k}$ 的定义为：按标准方法制作的边长为 150mm 立方体试块，按标准条件养护，在 28 天龄期时用标准试验方法测得的具有 95% 保证率（即相当

于 $\mu_f - 1.645\sigma_f$) 的抗压强度值。混凝土的其他各种强度指标标准值，是假定与立方体抗压强度具有相同的变异系数 δ_f，由立方体抗压强度标准值推导得出。

钢筋抗拉强度的标准值取用国家标准中已规定的每一种钢筋的废品限值。如对于 Q235，其废品限值为 235N/mm²，则取该值为 Q235 钢抗拉强度标准值。统计表明，废品限值大约取 $\mu_f - 2\sigma_f$，即相当于有 97.73% 的保证率，高于 95%，是安全的。

8.3.2　材料强度的设计值

材料强度设计值是指材料强度的标准值 f_k 除以材料的分项系数 γ_f。

1. 钢筋强度的设计值

《混凝土结构设计规范》(GB50010－2002) 和《公路钢筋混凝土及预应力混凝土桥涵设计规范》(JTG D62－2004) 中对钢筋强度作了具体规定，但在具体数值上有差异。

对常用的 HRB335、HRB400 级钢筋的强度，粗钢筋和一般直径钢筋的取值方法两本《规范》是不相同的。表 8－5 给出了《混凝土结构设计规范》(GB50010－2002) 的普通钢筋强度设计值，表 8－6 给出了《公路钢筋混凝土及预应力混凝土桥涵设计规范》(JTG D62－2004) 的普通钢筋强度设计值。

表 8－5　《混凝土结构设计规范》(GB50010—2002) 中钢筋强度设计值　　N/mm²

种类		f_y	f'_y
热轧钢筋	HPB235	210	210
	HRB335	300	300
	HRB400	360	360
	RRB400	360	360

[注]　在钢筋混凝土结构中，轴心受拉和小偏心受拉构件的钢筋强度设计值大于 300N/mm² 时，仍按 300N/mm² 取用。

表 8－6　《公路钢筋混凝土及预应力混凝土桥涵设计规范》(JTG D62—2004) 中钢筋强度设计值和标准值　　MPa

钢筋种类		抗拉设计强度设计值 f_{sd}	抗压设计强度设计值 f'_{sd}	抗拉强度标准值 f_{sk}
R235	$d = 8 \sim 20$mm	195	195	235
HRB335	$d = 6 \sim 50$mm	280	280	335
HRB400	$d = 6 \sim 50$mm	330	330	400
KL400	$d = 8 \sim 40$mm	330	330	400

[注]　① 钢筋混凝土轴心受拉和小偏心受拉构件的钢筋抗拉强度设计值大于 330MPa 时，仍按 330MPa 取用；

② 构件中配有不同种类的钢筋时，每种钢筋应采用各自的强度设计值。

2. 混凝土强度的设计值

《混凝土结构设计规范》(GB50010－2002) 和《公路钢筋混凝土及预应力混凝土桥涵设计规范》(JTG D62－2004) 对混凝土强度作了具体规定，但在具体数值上有差异。

混凝土强度设计值包括抗压强度设计值和抗拉强度设计值，分别由混凝土轴心抗压强度和轴心抗拉强度标准值除以混凝土强度的材料分项系数 γ_c 得到。《混凝土结构设计规范》(GB50010－2002) 取混凝土强度的材料分项系数 γ_c 为 1.4，具体强度值8-7。表 8-8 给出了《公路钢筋混凝土及预应力混凝土桥涵设计规范》(JTG D62－2004) 中规定的混凝土强度设计值和标准强度。

表 8-7 《混凝土结构设计规范》(GB50010—2002) 中混凝土强度设计值和标准值　N/mm²

强度种类	混凝土强度等级													
	C15	C20	C25	C30	C35	C40	C45	C50	C55	C60	C65	C70	C75	C80
f_c	7.2	9.6	11.9	14.3	16.7	19.1	21.1	23.1	25.3	27.5	29.7	31.8	33.8	35.9
f_t	0.91	1.10	1.27	1.43	1.57	1.71	1.80	1.89	1.96	2.04	2.09	2.14	2.18	2.22
f_{ck}	10.0	13.4	16.7	20.1	23.4	26.8	29.6	32.4	35.5	38.5	41.5	44.5	47.4	50.2
f_{tk}	1.27	1.54	1.78	2.01	2.20	2.39	2.51	2.64	2.74	2.85	2.93	2.99	3.05	3.11

表 8-8 《公路钢筋混凝土及预应力混凝土桥涵设计规范》(JTG D62—2004)
中混凝土强度设计值和标准值　MPa

强度种类	混凝土强度等级													
	C15	C20	C25	C30	C35	C40	C45	C50	C55	C60	C65	C70	C75	C80
f_{ck}	10.0	13.4	16.7	20.1	23.4	26.8	29.6	32.4	35.5	38.5	41.5	44.5	47.4	50.2
f_{tk}	1.27	1.54	1.78	2.01	2.20	2.40	2.51	2.65	2.74	2.85	2.93	3.00	3.05	3.10
f_{cd}	6.9	9.2	11.5	13.8	16.1	18.4	20.5	22.4	24.4	26.5	28.5	30.5	32.4	34.6
f_{td}	0.88	1.06	1.23	1.39	1.52	1.65	1.74	1.83	1.89	1.96	2.02	2.07	2.10	2.14

[注]　计算现浇钢筋混凝土轴心受压及偏心受压构件时，如截面的长边或直径小于 300mm，则表中数值应乘以系数 0.8；当构件质量（混凝土成型、截面和轴线尺寸等）确有保证时，可不受此限。

3. 砌体强度的设计值

砌体强度的设计值由强度标准值除以材料分项系数确定，材料分项系数是一个综合影响系数。砌体强度一般由块体和砂浆两部分材料的强度组成，同时还应考虑施工水平因素，因此所确定的强度设计值并不是一个单纯的强度设计指标，实质上它是包含有影响结构可靠度其他因素在内的材料强度设计指标。《砌体结构设计规范》(GB50003－2001) 给出了一般情况下砌体强度的设计值时，砌体强度的分项系数取 1.60，有些情况尚应乘以调整系数 γ_a。

思考题与习题

1. 简述影响结构抗力的因素？对于框架结构的内柱，影响其抗力的因素具体有哪些？
2. 材料性能的标准值和设计值有何区别？它们是如何确定的？
3. 通常认为抗力服从什么分布？
4. 根据表 8-1 ～ 表 8-3，推导出表 8-4 中的各统计参数。
5. 结合《砌体结构设计规范》(GB50003－2001)，说明影响砌体结构设计强度的因素有哪些？

第 9 章　结构可靠度分析

9.1　结构可靠度基本概念

9.1.1　结构的功能要求

土木工程结构设计的基本目的是：在一定的经济技术条件下，使结构在预定的使用期限内满足设计所预期的各项功能。《建筑结构可靠度设计统一标准》(GB50068—2001) 规定，结构在规定的设计使用年限内应满足安全性、适用性和耐久性的功能要求。

1. 安全性

结构应能承受正常施工和正常使用时可能出现的各种作用(包括各类外加荷载、温度变化、基础沉降及混凝土收缩等)，以及应能在设计规定的偶然事件(如罕遇地震和爆炸) 发生时及发生后保持必需的整体稳定性。

2. 适用性

结构在正常使用过程中应具有良好的工作性能，其变形、裂缝等均不超过规定的限值。

3. 耐久性

结构在正常使用和维护条件下应具有足够的耐久性能，即能完好地使用到设计规定的年限。

以上这些功能要求概括起来称为结构的可靠性，即结构在规定的时间内(如设计基准期)，在规定的条件下(正常设计、正常施工、正常使用和维护) 完成预定功能(安全性、适用性和耐久性) 的能力。

9.1.2　结构的功能函数

一般情况下，结构完成预定功能的工作状态可以用结构抗力 R 和作用效应 S 的关系来描述，用 Z 来表示，即：

$$Z=R-S=g(R,S) \tag{9-1}$$

这种表达式称为结构功能函数。

由于 R、S 均为随机变量，故结构功能函数 Z 也是随机变量，相应的 Z 可能出现三种情况(图 9-1)：

$Z>0$，结构处于可靠状态；

$Z<0$，结构处于失效状态；

$Z=0$，结构处于极限状态。

所以将 $Z=g(R,S)=R-S=0$，称为结构极限状态方程。

由于一般结构抗力 R 和荷载效应 S 都是由许多基本的随机变量(如荷载、截面几何特性、结构尺寸、材料性能等) 组成，设这些随机变量为 X_1、X_2、…、X_n，则结构功能函数的一般形式为：

$$Z = g(X_1, X_2, \cdots, X_n) \tag{9-2}$$

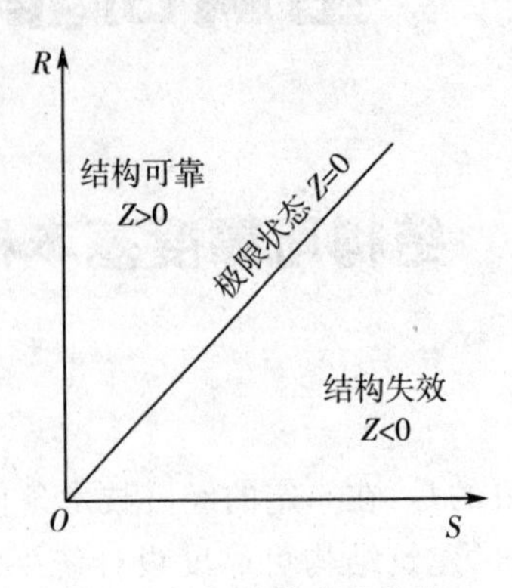

图 9-1 结构所处状态

9.1.3 结构极限状态

结构的极限状态是结构由可靠状态转变为失效状态的临界状态，其一般定义为：整个结构或结构的一部分超过某一特定状态就不能满足设计规定的某一功能要求，则此特定状态称为该功能的极限状态。

结构功能的极限状态可分为承载能力极限状态和正常使用极限状态，承载能力极限状态可理解为结构或结构构件发挥允许的最大承载功能的状态，正常使用极限状态可理解为结构或结构构件达到使用功能上允许的某个限值的状态。

1. 承载能力极限状态

这种极限状态对应于结构或结构构件达到最大承载能力或不适于继续承载的变形。当结构或结构构件出现下列状态之一时，即认为超过了承载能力极限状态：

(1) 整个结构或结构的一部分作为刚体失去平衡，如雨篷、烟囱等倾覆、挡土墙滑移等；

(2) 结构构件或连接因材料强度被超过而破坏(包括疲劳破坏)，或因过度的塑性变形而不适于继续承载；

(3) 结构转变为机动体系；

(4) 结构或构件丧失稳定，如压屈等；

(5) 地基丧失承载力而破坏。

2. 正常使用极限状态

这种极限状态对应于结构或结构构件达到正常使用或耐久性能的某项规定限值。当结构或结构构件出现下列状态之一时，即认为超过了正常使用极限状态：

(1) 影响正常使用或外观的变形；

(2) 影响正常使用或耐久性能的局部损坏(包括裂缝过宽等)；

(3) 影响正常使用的振动；

(4) 影响正常使用的其他特定状态。

总之，结构设计时，应考虑到所有可能的极限状态，以保证结构具有足够的安全性、适用性、耐久性，并按不同的极限状态采用相应的可靠度水平进行设计。承载能力极限状态的出现概率应当控制得很低，因为它可能导致人身伤亡和大量的财产损失。正常使用极限状态可理解为结构或结构构件使用功能的破坏或损坏，或结构质量的恶化，与承载能力极限状态相比较，由于其危害较小，故允许失效概率可以相对较高。

9.1.4　结构可靠度

结构在规定时间内，在规定条件下，完成预定功能的概率，称为结构的可靠度。规定时间一般是指结构的设计基准期，是指分析结构可靠度时确定各项基本变量取值而选用的时间参数。由于荷载效应一般随设计基准期增长而增大，而影响结构抗力的材料性能指标则随设计基准期的增大而减少，因此规定时间越长，结构的可靠度越低。规定条件是指结构的正常设计、正常施工、正常使用与维护的条件。

结构的可靠与失效为两个不相容事件。结构能够完成预定功能的概率称为可靠概率，用 p_s 表示；反之，结构不能完成预定功能的概率称为失效概率，用 p_f 表示。显然，$p_s + p_f = 1$。若已知结构功能函数 Z 的概率密度分布函数 $f_Z(Z)$，则 p_s 和 p_f 可分别按下式计算：

$$p_s = P\{Z \geqslant 0\} = \int_0^{\infty} f_Z(Z)\mathrm{d}Z \tag{9-3}$$

$$p_f = P\{Z < 0\} = \int_{-\infty}^{0} f_Z(Z)\mathrm{d}Z \tag{9-4}$$

由于结构失效一般为小概率事件，失效概率对结构可靠度的把握更为直观，因此工程结构可靠度分析一般计算结构失效概率。

若已知结构抗力 R 和荷载效应 S 的概率分布密度函数分别为 $f_R(R)$ 及 $f_S(S)$，且 R 和 S 相互独立，则

$$f_Z(Z) = f_Z(R,S) = f_R(R) \cdot f_S(S) \tag{9-5}$$

此时结构失效概率

$$p_f = P\{Z < 0\} = P\{R - S < 0\} = \iint\limits_{R-S<0} f_R(R) f_S(S)\mathrm{d}R\mathrm{d}S \tag{9-6}$$

则有

$$\begin{aligned} p_f &= \int_{-\infty}^{+\infty}\left[\int_R^{+\infty} f_S(S)\mathrm{d}S\right] f_R(R)\mathrm{d}R = \int_{-\infty}^{+\infty}\left[1 - \int_{-\infty}^{R} f_S(S)\mathrm{d}S\right] f_R(R)\mathrm{d}R \\ &= \int_{-\infty}^{+\infty}[1 - F_S(R)] f_R(R)\mathrm{d}R \end{aligned} \tag{9-7}$$

或

$$p_f = \int_{-\infty}^{+\infty}\left[\int_{-\infty}^{S} f_R(R)\mathrm{d}R\right] f_S(S)\mathrm{d}S = \int_{-\infty}^{+\infty} F_R(S) f_S(S)\mathrm{d}S \tag{9-8}$$

式中：$F_R(\cdot)$、$F_S(\cdot)$—— 分别为随机变量 R 和 S 的概率分布函数。

在实际工程中，R、S 的分布往往不是简单函数，变量也不止两个。考虑到直接应用数值积分法计算结构失效概率的困难性，目前，在近似概率法中，我国和国际上绝大多数国家建议采用可靠指标代替失效概率来度量结构的可靠度。

9.1.5 可靠指标

现以简单的两个随机变量为例，分析说明结构可靠指标的概念。

1. **两个正态分布随机变量**

假设在结构功能函数 $Z=R-S$ 中，R 和 S 为两个相互独立的正态随机变量。他们的均值和方差分别为 μ_R、μ_S 和 σ_R、σ_S，则 Z 也为正态随机变量，其均值和方差为：

$$\mu_Z=\mu_R-\mu_S \tag{9-9}$$

$$\sigma_Z=\sqrt{\sigma_R^2+\sigma_S^2} \tag{9-10}$$

则结构的失效概率为：

$$p_f=P\{Z<0\}=P\left\{\frac{Z}{\sigma_Z}<0\right\}=P\left\{\frac{Z-\mu_Z}{\sigma_Z}<-\frac{\mu_Z}{\sigma_Z}\right\} \tag{9-11}$$

令

$$\beta=\frac{\mu_Z}{\sigma_Z} \tag{9-12}$$

$$Y=\frac{Z-\mu_Z}{\sigma_Z} \tag{9-13}$$

则

$$p_f=P\{Y<-\beta\}=\Phi(-\beta)=1-\Phi(\beta) \tag{9-14}$$

$$\beta=-\Phi^{-1}(p_f) \tag{9-15}$$

其中 Y 为标准正态随机变量，$\Phi(\cdot)$ 为标准正态分布函数，$\Phi^{-1}(\cdot)$ 为标准正态分布函数的反函数。

将式(9-12)代入式(9-11)得：

$$p_f=P\{Z<\mu_Z-\beta\sigma_Z\} \tag{9-16}$$

将式(9-16)用图形表示，如图 9-2。当 β 变小时，图 9-2 中阴影部分的面积增大，即失效概率 p_f 增大；而 β 变大时，阴影部分的面积减少，即失效概率 p_f 减少。这说明 β 可以作为衡量结构可靠度的一个数量指标，故称 β 为结构可靠指标。

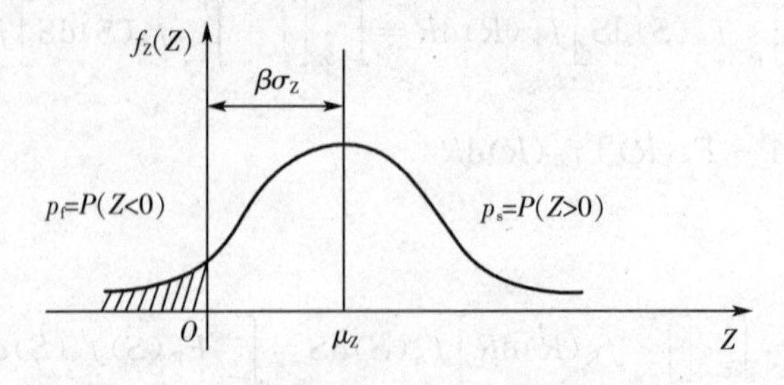

图 9-2 失效概率 p_f 与可靠指标 β 的关系

当结构抗力 R 和荷载效应 S 均服从正态分布且相互独立时，将式(9-9)、式(9-10)代入式(9-12)得到可靠指标的表达式为：

$$\beta=\frac{\mu_{R}-\mu_{S}}{\sqrt{\sigma_{R}^{2}+\sigma_{S}^{2}}} \tag{9-17}$$

β 与 p_f 在数值上的对应关系见表 9-1。从表中可以看出，β 值相差 0.5，失效概率 p_f 大致差一个数量级。另外，失效概率 p_f 尽管很小，但总是存在的。因此，要使结构设计做到绝对的可靠($R>S$)是不可能的，只能把所设计的结构失效概率降低到人们可以接受的程度。

表 9-1　β 与 p_f 的对应关系

β	1.0	1.5	2.0	2.5
p_f	1.59×10^{-1}	6.68×10^{-2}	2.28×10^{-2}	6.21×10^{-3}
β	2.7	3.0	3.2	3.5
p_f	3.47×10^{-3}	1.35×10^{-3}	6.87×10^{-4}	2.33×10^{-4}
β	3.7	4.0	4.2	4.5
p_f	1.08×10^{-4}	3.17×10^{-5}	1.33×10^{-5}	3.40×10^{-6}

2. 两个对数正态分布随机变量

假定抗力 R 和荷载效应 S 相互独立且均服从对数正态分布，这时结构功能函数可以写成：

$$Z=\ln R-\ln S=\ln\frac{R}{S} \tag{9-18}$$

由概率论知识得：

$$\mu_{Z}=\mu_{\ln R}-\mu_{\ln S} \tag{9-19}$$

$$\sigma_{Z}=\sqrt{\sigma_{\ln R}^{2}+\sigma_{\ln S}^{2}} \tag{9-20}$$

式中：$\mu_{\ln R}$、$\mu_{\ln S}$—— 分别为 $\ln R$、$\ln S$ 的均值；

$\sigma_{\ln R}$、$\sigma_{\ln S}$—— 分别为 $\ln R$、$\ln S$ 的标准差。

由式(9-12)有

$$\beta=\frac{\mu_{Z}}{\sigma_{Z}}=\frac{\mu_{\ln R}-\mu_{\ln S}}{\sqrt{\sigma_{\ln R}^{2}+\sigma_{\ln S}^{2}}} \tag{9-21}$$

此时 β 是 $\ln R$、$\ln S$ 的统计参数的函数，一般比较难确定，为此，应将 $\ln R$、$\ln S$ 换算成 R、S 的统计参数。

又由对数正态分布性质可知，当 X 服从对数正态分布时有：

$$\mu_{\ln X}=\ln\mu_{X}-\frac{1}{2}\sigma_{\ln X}^{2} \tag{9-22}$$

$$\sigma_{\ln X}^{2}=\ln(1+\delta_{X}^{2}) \tag{9-23}$$

式中 δ_X 为 X 的变异系数。

将式(9-22)代入式(9-19)，则：

$$\mu_Z = \mu_{\ln R} - \mu_{\ln S} = \ln \mu_R - \ln \mu_S - \frac{1}{2}(\sigma_{\ln R}^2 - \sigma_{\ln S}^2) = \ln\left[\frac{\mu_R}{\mu_S}\sqrt{\frac{1+\delta_S^2}{1+\delta_R^2}}\right] \tag{9-24}$$

将式(9-23)代入式(9-20)，σ_Z 表达为：

$$\sigma_Z = \sqrt{\sigma_{\ln R}^2 + \sigma_{\ln S}^2} = \sqrt{\ln(1+\delta_R^2) + \ln(1+\delta_S^2)} \tag{9-25}$$

这样式(9-21)可靠指标的计算公式可以写成：

$$\beta = \frac{\mu_z}{\sigma_z} = \frac{\mu_{\ln R} - \mu_{\ln S}}{\sqrt{\sigma_{\ln R}^2 + \sigma_{\ln S}^2}} = \frac{\ln \dfrac{\mu_R\sqrt{1+\delta_S^2}}{\mu_S\sqrt{1+\delta_R^2}}}{\sqrt{\ln(1+\delta_R^2) + \ln(1+\delta_S^2)}} \tag{9-26}$$

【例 9-1】 某钢筋混凝土轴心受压短柱，截面尺寸为 $A_c = b \times h = 400\text{mm} \times 400\text{mm}$，配有 4 根直径为 25mm 的 HRB335 钢筋，$A_s = 1\,964\text{mm}^2$。设荷载服从正态分布，轴力 N 的平均值 $\mu_N = 2\,000\text{kN}$，变异系数 $\delta_N = 0.11$。钢筋屈服强度 f_y 服从正态分布，其平均值 $\mu_{f_y} = 380\text{N/mm}^2$，变异系数 $\delta_{f_y} = 0.05$。混凝土轴心抗压强度 f_c 也服从正态分布，其平均值 $\mu_{f_c} = 25.0\text{N/mm}^2$，变异系数 $\delta_{f_c} = 0.25$。不考虑结构尺寸和计算模式的变异性，试计算该短柱的可靠指标 β。

解：(1) 荷载效应 S 的统计参数。

$$\mu_s = \mu_N = 2\,000\text{kN}, \sigma_s = \sigma_N = \mu_N\delta_N = 2\,000 \times 0.11 = 220\text{kN}$$

(2) 构件抗力 R 的统计参数。

短柱的抗力由混凝土抗力 $R_c = f_c A_c$ 和钢筋的抗力 $R_s = f_y A_s$ 两部分组成，即：

$$R = R_c + R_s = f_c A_c + f_y A_s$$

混凝土抗力 R_c 的统计参数为：

$$\mu_{R_c} = A_c \mu_{f_c} = 400 \times 400 \times 25.0 \times 10^{-3} = 4\,000\text{kN}$$

$$\sigma_{R_c} = \mu_{R_c}\delta_{f_c} = 4\,000 \times 0.25 = 1\,000\text{kN}$$

钢筋抗力 R_s 的统计参数为：

$$\mu_{R_s} = A_s \mu_{f_y} = 1\,964 \times 380 = 746.3\text{kN}$$

$$\sigma_{R_s} = \mu_{R_s}\delta_{f_y} = 746.3 \times 0.05 = 37.3\text{kN}$$

构件抗力 R 的统计参数：

$$\mu_R = \mu_{R_c} + \mu_{R_s} = 4746.3\text{kN}$$

$$\sigma_R = \sqrt{\sigma_{R_c}^2 + \sigma_{R_s}^2} = 1000.7\text{kN}$$

(3) 可靠指标 β 的计算。

$$\beta = \frac{\mu_R - \mu_S}{\sqrt{\sigma_R^2 + \sigma_S^2}} = 2.68$$

9.2　结构可靠度分析的实用方法

影响结构功能函数的基本随机变量较多时，确定其概率分布非常困难。一般确定随机变量的统计参数（如均值、方差等）较为容易，如果仅依据基本随机变量的统计参数，以及它们各自的概率分布函数进行结构可靠度分析，则在工程上较为实用。以下介绍的是两种实用的结构可靠度分析方法。

9.2.1　中心点法

中心点法是结构可靠度研究初期提出的一种方法，其基本思想是首先将非线性功能函数在随机变量的平均值（中心点）处做泰勒级数展开并保留至一次项，然后近似计算功能函数的平均值和标准差。可靠指标直接用功能函数的平均值和标准差表示。

设 $X_1, X_2, \cdots, X_n$ 是结构中 n 个相互独立的随机变量，其平均值为 $\mu_{X_i}(i=1,2,\cdots,n)$，标准差为 $\sigma_{X_i}(i=1,2,\cdots,n)$，由这些随机变量表示的结构功能函数为

$$Z = g(X_1、X_2、\cdots、X_n) \tag{9-27}$$

将功能函数 Z 在随机变量的平均值处展开为泰勒级数并保留至一次项，即

$$Z_\mu = g(\mu_{X_1}, \mu_{X_2}, \cdots, \mu_{X_n}) + \sum_{i=1}^{n} \frac{\partial g}{\partial X_i} \tag{9-28}$$

Z_μ 的平均值：

$$\mu_{Z_\mu} = E(Z_\mu) = g(\mu_{X_1}, \mu_{X_2}, \cdots, \mu_{X_n}) \tag{9-29}$$

Z_μ 的方差：

$$\sigma_{Z_\mu}^2 = E[Z_\mu - E(Z_\mu)]^2 = \sum_{i=1}^{n} \left(\frac{\partial g}{\partial X_i}\bigg|_\mu \right)^2 \sigma_{X_i}^2 \tag{9-30}$$

结构可靠指标表示为：

$$\beta = \frac{\mu_{Z_\mu}}{\sigma_{Z_\mu}} = \frac{g(\mu_{X_1}, \mu_{X_2}, \cdots, \mu_{X_n})}{\sqrt{\sum_{i=1}^{n} \left(\frac{\partial g}{\partial X_i}\bigg|_\mu \right)^2 \sigma_{X_i}^2}} \tag{9-31}$$

从上可知中心点法计算简单，可导出解析表达式，直接给出可靠指标 β 与随机变量统计参数之间的关系，但也存在着明显的缺点。

(1) 不能考虑随机变量的分布概型，只是直接取用随机变量的前一阶矩和二阶矩；

(2) 将非线性功能函数在随机变量的平均值处展开不合理，由于随机变量的平均值不在极限状态曲面上，展开后的线性极限状态平面可能会较大程度地偏离原来的极限状态曲面；

(3) 对有相同极限含义但数学表达式不同的极限状态方程，求得的结构可靠指标值不同。见例 9-2 的分析。

由于中心点法计算的结果比较粗糙，所以一般常用于结构可靠度要求不高的情况。

【例 9-2】　已知某钢梁截面的塑性抵抗矩 W 服从正态分布，$\mu_w = 9.0 \times 10^5 \text{ mm}^3$，$\delta_w =$

0.04;钢梁材料的屈服强度 f 服从对数正态分布,$\mu_f=234\mathrm{N/mm^2}$,$\delta_f=0.12$。钢梁承受确定性弯矩 $M=100.0\mathrm{kN\cdot m}$。试用中心点法计算该梁的可靠指标 β。

解:(1) 取用抗力作为功能函数,

$$Z=fW-M=fW-100.0\times10^6$$

极限状态方程为,

$$Z=fW-M=fW-100.0\times10^6=0$$

由式(9-29)得:

$$\mu_Z=\mu_f\mu_w-M=234\times9.0\times10^5-100.0\times10^6=1.11\times10^8\mathrm{N\cdot m}$$

由式(9-30)得:

$$\sigma_Z^2=\sum_{i=1}^{n}\left(\frac{\partial g}{\partial X_i}\bigg|_{\mu}\right)^2\sigma_{X_i}^2=\mu_f^2\sigma_w^2+\mu_w^2\sigma_f^2=\mu_f^2\mu_w^2(\delta_w^2+\delta_f^2)=7.10\times10^{14}(\mathrm{N^2\cdot m^2})$$

$$\sigma_Z=2.66\times10^7\mathrm{N\cdot m}$$

由式(9-31)得:

$$\beta=\frac{\mu_Z}{\sigma_Z}=4.17$$

(2) 取用应力作为功能函数,

$$Z=f-\frac{M}{W}$$

极限状态方程为 $Z=f-\dfrac{M}{W}=0$

$$\mu_Z=\mu_f-\frac{M}{\mu_w}=234-\frac{100.0\times10^6}{9.0\times10^5}=122.89\mathrm{N/m^2}$$

$$\sigma_Z^2=\left(\frac{\partial g}{\partial X}\bigg|_{\mu}\right)^2\sigma_{X_i}^2=\sigma_f^2+\left(\frac{M}{\mu_w^2}\right)^2\sigma_w^2=\mu_f^2\delta_f^2+\left(\frac{M}{\mu_w}\right)^2\delta_w^2=808.24(\mathrm{N^2/m^4})$$

$$\sigma_Z=28.43\mathrm{N/m^2}$$

$$\beta=\frac{\mu_Z}{\sigma_Z}=4.32$$

由本例题计算可知,对于同一问题,由于所取的极限状态方程不同,计算出的可靠指标有所不同。

9.2.2 验算点法(JC 法)

中心点法的特点是可以直接给出可靠指标与随机变量统计参数之间的关系,计算简便,

对于 $\beta=1\sim2$ 的正常使用极限状态可靠度的分析较为适用。但如上面所述，它也有一些不足之处。为了解决这个问题，哈索弗尔(Hasofer)和林德(Lind)、拉克维茨(Rackwitz)和菲斯来(Fiessler)、帕洛赫摩(Paloheimo)和汉拉斯(Hannus)等人提出了验算点法。该法主要有两个特点：

(1) 当极限状态方程 $g(X)=0$ 为非线性曲面时，不以通过中心点的切平面作为线性近似，而以通过 $g(X)=0$ 上的某一点 $X^*=(X_1^*,X_2^*,\cdots,X_n^*)^T$ 的切平面作为线性近似，以减小中心点法的误差；

(2) 当基本变量 X^* 具有分布类型的信息时，将 X_i 的分布在 X_i^* 处变换为当量正态分布，以考虑变量分布对结构可靠指标计算结果的影响。

这个特定的 X^* 称为验算点或设计点。

验算点法的优点是能够考虑非正态分布的随机变量，在计算工作量增加不多的条件下，可对可靠指标进行精度较高的近似计算，求得满足极限状态方程的"验算点"设计值。该法被国际安全度联合委员会(JCSS)所推荐，因此，一般也简称为JC法。

为了便于比较并掌握这种模式的思路，先介绍两个正态随机变量的简单情况，然后分别介绍多个正态分布随机变量和非正态分布情况。

1. 两个正态分布随机变量的情况

假设抗力 R 和荷载效应 S 为两个相互独立的正态分布随机变量。其均值分别为 μ_R 和 μ_S，标准差分别为 σ_R 和 σ_S，这时的极限状态方程为：

$$g(R,S)=R-S=0 \tag{9-32}$$

在 SOR 坐标系中，极限状态方程是一条直线，通过原点且与 R 和 S 两坐标轴的夹角均为 $45°$，把 SOR 平面划分为可靠区和失效区。

现对基本变量 S、R 作标准化变换，

$$\hat{S}=\frac{S-\mu_S}{\sigma_S},\hat{R}=\frac{R-\mu_R}{\sigma_R} \tag{9-33}$$

式中 $\hat{S}$、$\hat{R}$ 为标准正态随机变量。则原坐标系与新坐标系的关系为：

$$S=\hat{S}\sigma_S+\mu_S,\quad R=\hat{R}\sigma_R+\mu_R \tag{9-34}$$

通过这种变换，实际上是把随机变量标准化，使其转化为 $N(0,1)$ 分布。将式(9-34)代入式(9-32)的极限状态方程中，整理后得在新坐标系 $\hat{S}O'\hat{R}$ 中的极限状态的方程

$$\sigma_R\hat{R}-\sigma_S\hat{S}+\mu_R-\mu_S=0 \tag{9-35}$$

将上式两端同时除以 $-\sqrt{\sigma_R^2+\sigma_S^2}$，

令

$$\cos\theta_S=\frac{\sigma_S}{\sqrt{\sigma_R^2+\sigma_S^2}},\quad \cos\theta_R=-\frac{\sigma_R}{\sqrt{\sigma_R^2+\sigma_S^2}} \tag{9-36}$$

$$\beta=\frac{\mu_{R}-\mu_{S}}{\sqrt{\sigma_{R}^{2}+\sigma_{S}^{2}}} \tag{9-37}$$

则在新坐标系 $\hat{S}O'\hat{R}$ 中的极限状态直线的方程为：

$$\hat{R}\cos\theta_{R}+\hat{S}\cos\theta_{S}-\beta=0 \tag{9-38}$$

根据解析几何知识，式(9-38)是 $\hat{S}O'\hat{R}$ 坐标系极限状态方程的标准型的法线式，其中常数项 β 是坐标系中原点 O' 到极限状态直线的距离 $\overline{O'P^{*}}$（P^{*} 为垂足），$\cos\theta_{S}$ 和 $\cos\theta_{R}$ 是法线对坐标向量的方向余弦。而 β 在可靠性分析中又是可靠指标。因此，可靠指标 β 的几何意义，就是在标准正态坐标系 $\hat{S}O'\hat{R}$ 中，原点到极限状态的最短距离 $\overline{O'P^{*}}$，如图 9-3 所示。

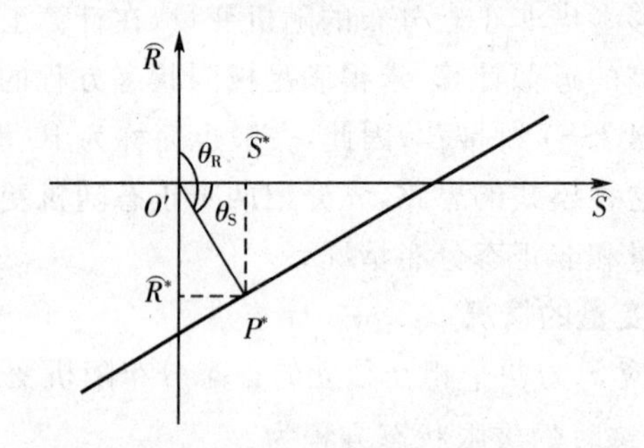

图 9-3　标准正态坐标系中的极限状态方程

这样在验算点法中，β 的计算就转化为求 $\overline{O'P^{*}}$ 的长度。P^{*} 是极限状态直线上的一点，称为设计验算点。

为方便起见，令：

$$\alpha_{R}=-\cos\theta_{R},\alpha_{S}=-\cos\theta_{S} \tag{9-39}$$

则由图 9-3 可求出法线端点 P^{*} 坐标为：

$$\begin{aligned}\hat{R}^{*}&=\overline{O'P^{*}}\cos\theta_{R}=\beta\cos\theta_{R}=-\alpha_{R}\beta\\ \hat{S}^{*}&=\overline{O'P}\cos\theta_{S}=\beta\cos\theta_{S}=-\alpha_{S}\beta\end{aligned} \tag{9-40}$$

将 P^{*} 点代入到原坐标系 SOR 中，则：

$$\begin{aligned}R^{*}&=\hat{R}^{*}\sigma_{R}+\mu_{R}=\beta\cos\theta_{R}\sigma_{R}+\mu_{R}=-\beta\alpha_{R}\sigma_{R}+\mu_{R}\\ S^{*}&=\hat{S}^{*}\sigma_{S}+\mu_{S}=\beta\cos\theta_{S}\sigma_{S}+\mu_{S}=-\beta\alpha_{S}\sigma_{S}+\mu_{S}\end{aligned} \tag{9-41}$$

因为在坐标系 SOR 中，极限状态方程为 $R-S=0$，所以，在这条极限状态直线上的 P^{*} 点，其坐标 R^{*} 和 S^{*} 也应满足：

$$R^{*}-S^{*}=0 \tag{9-42}$$

如果已知均值分别为 μ_{R}，μ_{S}，标准差分别为 σ_{R}，σ_{S}。则由式(9-36)、(9-37)和(9-41)可

以计算可靠指标β及验算点R^*和S^*的值。

2. 多个正态分布随机变量的情况

一般情况下,极限状态方程可由多个相互独立的随机变量组成,假定$X_1,X_2,\cdots,X_n$为n个相互独立的正态基本变量,均值、标准差分别为$\mu_i,\sigma_i(i=1,2,\cdots,n)$。其极限状态方程为:

$$g(X_1,X_2,\cdots,X_n)=0 \tag{9-43}$$

引入标准正态随机变量$\hat{X}_i$,令

$$\hat{X}_i=\frac{X_i-\mu_i}{\sigma_i} \tag{9-44}$$

$$X_i=\hat{X}_i\sigma_i+\mu_i \tag{9-45}$$

则式(9-43)极限状态方程在标准正态坐标系$O'\hat{X}_1\hat{X}_2\cdots\hat{X}_n$中表示为:

$$g(\hat{X}_1\sigma_1+\mu_1,\cdots,\hat{X}_n\sigma_n+\mu_n)=0 \tag{9-46}$$

类似于两个正态随机变量的情况,此时可靠指标β是标准正态坐标系$O'\hat{X}_1\hat{X}_2\cdots\hat{X}_n$中原点$O'$到极限状态曲面的最短距离,也就是$P^*$沿其极限状态曲面的切平面法线方向至原点$O'$的长度。因此,问题转化为如何求得原点到曲面的最短距离。图9-4表示三个随机变量时标准正态坐标系的极限状态曲面。

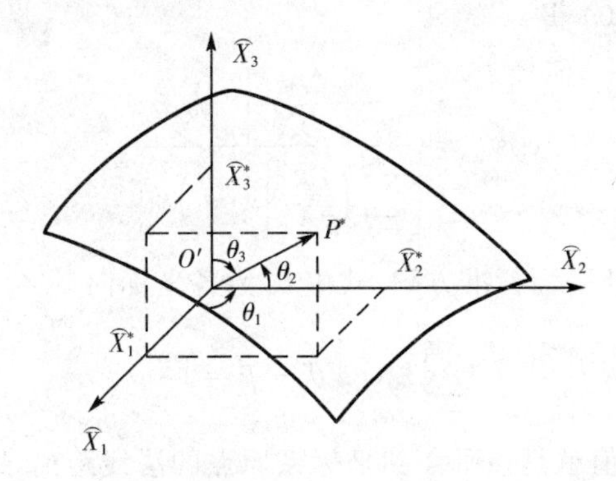

图9-4　三个正态随机变量时的极限状态曲面与设计验算点

P^*点为法线的端点,其坐标为$(\hat{X}_1^*,\hat{X}_2^*,\hat{X}_3^*)$。在$P^*$点作极限状态曲面的切平面,则切平面到原点的法线距离即为β值。

该切平面可由极限状态曲面方程式(9-46)在P^*点进行泰勒级数展开(略去了泰勒级数展开式第三项以后的高阶无穷小量)为:

$$g(\hat{X}_1^*\sigma_1+\mu_1,\cdots,\hat{X}_n^*\sigma_n+\mu_n)+\sum_{i=1}^{n}\left.\frac{\partial g}{\partial\hat{X}_i}\right|_{P^*}(\hat{X}_i-\hat{X}_i^*)=0 \tag{9-47}$$

式中:$\left.\frac{\partial g}{\partial\hat{X}_i}\right|_{P^*}$——偏导数在$P^*$点的赋值。

亦即：

$$\sum_{i=1}^{n}\frac{\partial g}{\partial \hat{X}_i}\bigg|_{P^*}\hat{X}_i-\sum_{i=1}^{n}\frac{\partial g}{\partial \hat{X}_i}\bigg|_{P^*}\hat{X}_i^*+g(\hat{X}_1^*\sigma_1+\mu_1,\cdots,\hat{X}_n^*\sigma_n+\mu_n)=0 \tag{9-48}$$

将式(9-48)乘以$\dfrac{-1}{\left[\sum\limits_{i=1}^{n}\left(\dfrac{\partial g}{\partial \hat{X}_i}\bigg|_{P^*}\right)^2\right]^{\frac{1}{2}}}$，可得：

$$\frac{\sum\limits_{i=1}^{n}\left(-\dfrac{\partial g}{\partial \hat{X}_i}\bigg|_{P^*}\right)}{\left[\sum\limits_{i=1}^{n}\left(\dfrac{\partial g}{\partial \hat{X}_i}\bigg|_{P^*}\right)^2\right]^{\frac{1}{2}}}\hat{X}_i-\frac{\sum\limits_{i=1}^{n}\left(-\dfrac{\partial g}{\partial \hat{X}_i}\bigg|_{P^*}\hat{X}_i^*\right)+g(\hat{X}_1^*\sigma_1+\mu_1,\cdots,\hat{X}_n^*\sigma_n+\mu_n)}{\left[\sum\limits_{i=1}^{n}\left(\dfrac{\partial g}{\partial \hat{X}_i}\bigg|_{P^*}\right)^2\right]^{\frac{1}{2}}}=0 \tag{9-49}$$

该式中 $\hat{X}_i$ 的系数就是方向余弦，即：

$$\cos\theta_i=\frac{-\dfrac{\partial g}{\partial \hat{X}_i}\bigg|_{P^*}}{\left[\sum\limits_{i=1}^{n}\left(\dfrac{\partial g}{\partial \hat{X}_i}\bigg|_{P^*}\right)^2\right]^{\frac{1}{2}}} \tag{9-50}$$

因

$$\frac{\partial g}{\partial \hat{X}_i}\bigg|_{P^*}=\frac{\partial g}{\partial X_i}\bigg|_{P^*}\sigma_i \tag{9-51}$$

将式(9-51)代入式(9-50)得：

$$\cos\theta_i=\frac{-\dfrac{\partial g}{\partial X_i}\bigg|_{P^*}\sigma_i}{\left[\sum\limits_{i=1}^{n}\left(\dfrac{\partial g}{\partial X_i}\bigg|_{P^*}\sigma_i\right)^2\right]^{\frac{1}{2}}} \tag{9-52}$$

式(9-49)可写成赫斯平面标准方程，式中 θ_i 为各坐标向量 Z_i 对平面法线的方向角，

$$\sum_{i=1}^{n}Z_i\cos\theta_i-\beta=0 \tag{9-53}$$

上式中常数项的绝对值就是该平面到坐标系原点的法线距离，即为可靠指标 β：

$$\beta=\frac{\sum\limits_{i=1}^{n}\left(-\dfrac{\partial g}{\partial \hat{X}_i}\bigg|_{P^*}\hat{X}_i^*\right)+g(\hat{X}_1^*\sigma_1+\mu_1,\cdots,\hat{X}_n^*\sigma_n+\mu_n)}{\left[\sum\limits_{i=1}^{n}\left(\dfrac{\partial g}{\partial \hat{X}_i}\bigg|_{P^*}\right)^2\right]^{\frac{1}{2}}} \tag{9-54}$$

由于 $\hat{X}_i^*$ 为极限状态曲面上的一点，故有 $g(\hat{X}_1^*\sigma_1+\mu_1,\cdots,\hat{X}_n^*\sigma_n+\mu_n)=0$ 代入式(9-54)并转换为用随机变量 X_i 表达的计算式：

$$\beta=\frac{\sum\limits_{i=1}^{n}\left(-\dfrac{\partial g}{\partial \hat{X}_i}\bigg|_{P^*}(X_i^*-\mu_i)\right)}{\left[\sum\limits_{i=1}^{n}\left(\dfrac{\partial g}{\partial \hat{X}_i}\bigg|_{P^*}\sigma_i\right)^2\right]^{\frac{1}{2}}}=\frac{\sum\limits_{i=1}^{n}\left(-\dfrac{\partial g}{\partial X_i}\bigg|_{P^*}\sigma_i\right)}{\left[\sum\limits_{i=1}^{n}\left(\dfrac{\partial g}{\partial \hat{X}_i}\bigg|_{P^*}\sigma_i\right)^2\right]^{\frac{1}{2}}} \tag{9-55}$$

令

$$\alpha_i = -\cos\theta_i \tag{9-56}$$

并由方向余弦的定义，则设计验算点 P^* 的坐标可写为：

$$\widehat{X}_i^* = \beta\cos\theta_i = -\alpha_i\beta \tag{9-57}$$

$$X_i^* = \beta\sigma_i\cos\theta_i + \mu_i = -\alpha_i\beta\sigma_i + \mu_i \tag{9-58}$$

与两个随机变量的情况一样，X_i^* 是极限状态方程的临界点，因此 X_i^* 可作为设计验算点。将式(9-58)代人式(9-43)，可得：

$$g(-\alpha_1\beta\sigma_1 + \mu_1, \cdots, -\alpha_n\beta\sigma_n + \mu_n) = 0 \tag{9-59}$$

由于上面各式中所有导数项均需在 P^* 点赋值，当采用式(9-55)或式(9-59)，都要以 $\widehat{X}_i^*$ 或 X_i^* 代入，而在求得 β 值以前，它们也是未知的，所以这样计算很不方便。因此需利用四个基本方程，即用式(9-56)、式(9-57)、式(9-58)和式(9-43)或式(9-59)采用迭代法求解可靠指标 β 值。

3. 非正态随机变量的情况

前述问题都是按正态分布考虑，而在工程结构的可靠度分析中不可能所有的变量都为正态分布。例如，材料强度和结构自重可能属于正态分布，而风荷载、雪荷载等可能服从极值Ⅰ型分布，抗力多为对数正态分布。因此，一般要把非正态随机变量当量化或变换为正态随机变量。

将非正态随机变量当量化或变换为正态随机变量可采用三种方法，即当量正态化法、映射变换法和实用分析法。由于篇幅有限，本书只对当量正态化法做介绍，即在设计验算点 P^* 处将非正态分布的随机变量"当量正态化"。

设 X 为非正态连续型随机变量，如图9-5所示，在某点 x^* 处进行正态化处理，即要找一个正态随机变量 X'，使得在 x^* 处满足条件：

(1) 正态变量 X' 的分布函数在 x^* 处的 $F_{X'}(x^*)$ 值与非正态变量 X 的分布函数在 x^* 处的值 $F_X(x^*)$ 相等，即 $F_{X'}(x^*) = F_X(x^*)$；

(2) 正态变量 X' 的密度函数在 x^* 处的值 $f_{X'}(x^*)$ 与非正态变量 X 的密度函数在 x^* 处的值 $f_X(x^*)$ 相等，即 $f_{X'}(x^*) = f_X(x^*)$。

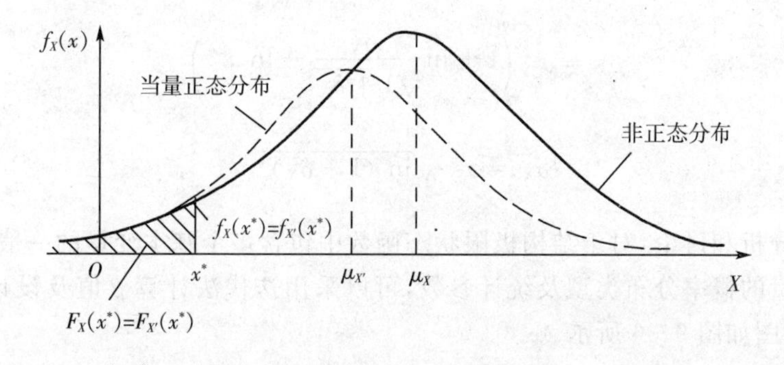

图9-5　非正态随机变量的当量正态化

这样的正态变量 X' 称为非正态变量 X 相对于 x^* 处的当量正态变量，首先需要求出的是当量正态变量 X' 的均值和标准差。

设 $F_X(x)$ 和 $f_X(x)$ 分别为非正态随机变量 X 的分布函数及密度函数；$F_{X'}(x)$ 和 $f_{X'}(x)$ 分别为 X 相对于 x^* 处的当量正态变量 X' 的分布函数及密度函数。

根据当量正态化条件(1)，可推导出：

$$F_X(x^*)=F_{X'}(x^*)=\Phi\left(\frac{x^*-\mu_{X'}}{\sigma_{X'}}\right) \tag{9-60}$$

故

$$\frac{x^*-\mu_{X'}}{\sigma_{X'}}=\Phi^{-1}\left[F_X(x^*)\right] \tag{9-61}$$

整理得：

$$\mu_{X'}=x^*-\Phi^{-1}\left[F_X(x^*)\right]\sigma_{X'} \tag{9-62}$$

再由当量化的条件(2)，有：

$$f_X(x^*)=f_{X'}(x^*)=\varphi\left(\frac{x^*-\mu_{X'}}{\sigma_{X'}}\right)/\sigma_{X'} \tag{9-63}$$

这里，$\varphi(\cdot)$ 表示标准正态分布概率密度函数，$\Phi(\cdot)$ 为标准正态分布函数，$\Phi^{-1}(\cdot)$ 表示标准正态分布函数的反函数。

将式(9-61)代人式(9-63)，整理后可得：

$$\sigma_{X'}=\frac{\varphi\{\Phi^{-1}\left[F_X(x^*)\right]\}}{f_X(x^*)} \tag{9-64}$$

对于非正态变量 X_i 情形，以当量的正态变量 X'_i 的统计参数 $\mu_{X'_i}$，$\sigma_{X'_i}$ 代替 X_i 的统计参数 μ_{X_i}，σ_{X_i} 后，则前述正态基本变量情况下计算 β 的方法均可适用。

如果已知随机变量 X 服从对数正态分布，其均值、变异系数分别为 μ_X、δ_X，根据上述当量化条件，结合式(9-22)、式(9-23)可得：

$$\mu_{X'}=x^*\left(1+\ln\frac{\mu_X}{\sqrt{1+\delta_X^2}}-\ln x^*\right) \tag{9-65}$$

$$\sigma_{X'}=x^*\sqrt{\ln(1+\delta_X^2)} \tag{9-66}$$

根据以上分析和讨论，对于结构极限状态函数中包含多个基本变量的一般情况，只要知道了各基本变量的概率分布类型及统计参数，可以采用迭代法计算 β 值及设计验算点的坐标值，其计算框图如图 9-6 所示。

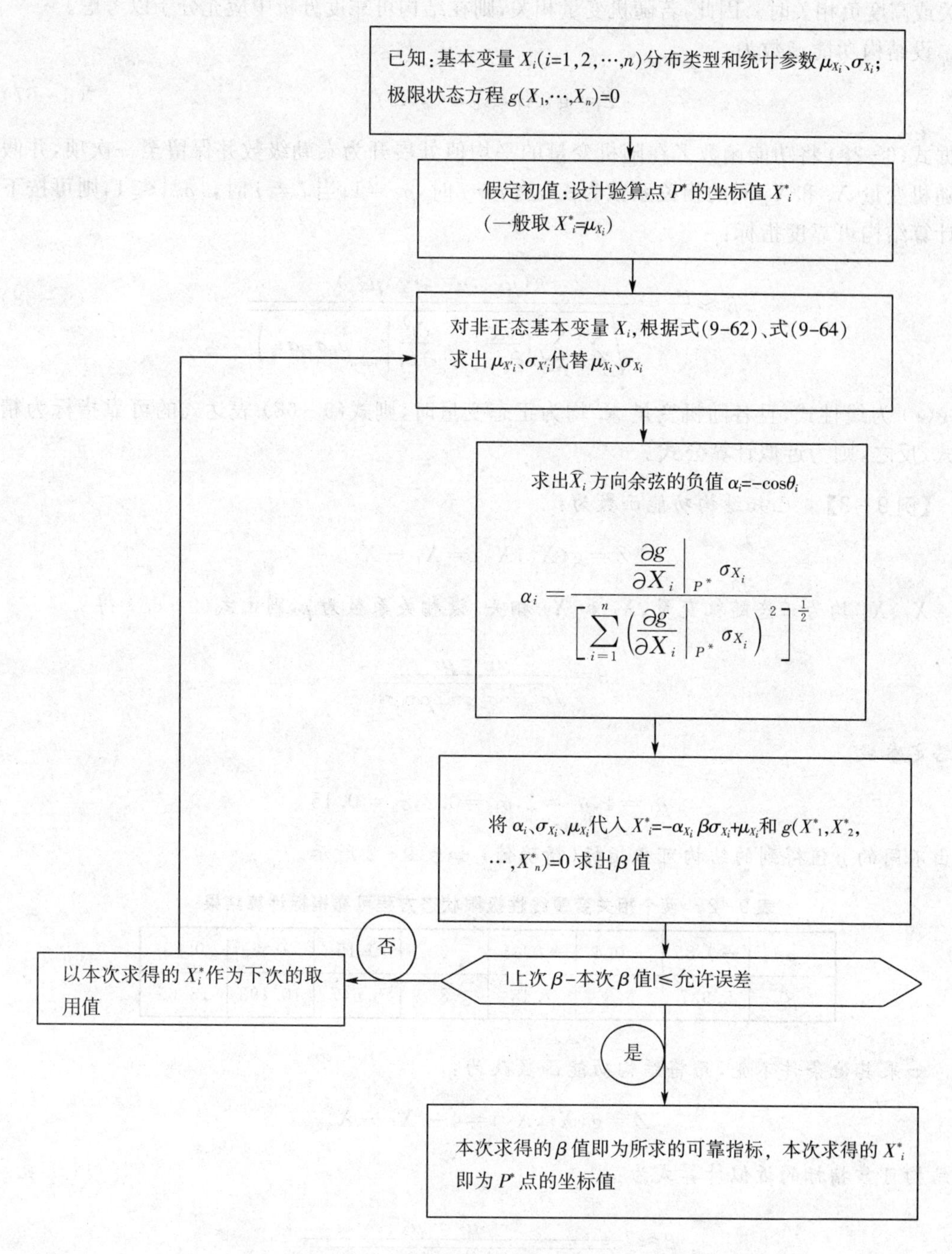

图 9-6　多个非正态变量计算 β 的迭代法计算框图

9.3　随机变量间的相关性对结构可靠度的影响

前述结构可靠度分析方法都是以随机变量相互独立为前提的。而在实际工程中，随机变量间可能存在着一定的相关性，如大跨度结构的自重和抗力、结构构件截面尺寸与构件材料强度之间等。研究表明，随机变量间的相关性对结构的可靠度有着明显的影响，特别是在高度正相关或高度负相关时。因此，若随机变量相关，则在结构可靠度分析中应充分予以考虑。

设结构功能函数为：

$$Z=g(X_1,X_2,\cdots,X_n) \tag{9-67}$$

根据式(9-28)将功能函数Z在随机变量的平均值处展开为泰勒级数并保留至一次项，并假设随机变量X_i和X_j间的相关系数为ρ_{ij}，当$i=j$时，$\rho_{ij}=1$；当$i\neq j$时，$|\rho_{ij}|\leqslant 1$，则可按下式计算结构可靠度指标：

$$\beta\approx\frac{\mu_z}{\sigma_z}=\frac{g(\mu_{X_1},\mu_{X_2},\cdots,\mu_{X_n})}{\sqrt{\sum_{i=1}^{n}\sum_{j=1}^{n}\left(\frac{\partial g}{\partial x_i}\bigg|_{x=\mu}\frac{\partial g}{\partial x_j}\bigg|_{x=\mu}\rho_{ij}\sigma_{x_i}\sigma_{x_j}\right)}} \tag{9-68}$$

若$g(\cdot)$为线性式，且各随机变量X_i均为正态变量时，则式(9-68)表达式的可靠指标为精确式，反之，则为近似计算公式。

【例9-3】 已知结构功能函数为：

$$Z=g(X_1,X_2)=X_1-X_2$$

X_1、X_2均为正态随机变量，X_1和X_2相关，设相关系数为ρ，则由式(9-68)得

$$\beta=\frac{\mu_1-\mu_2}{\sqrt{\sigma_1^2+\sigma_2^2-2\rho\sigma_1\sigma_2}}$$

现给定参数

$$\mu_1=4,\mu_2=2,\sigma_1=0.2,\sigma_2=0.15$$

则由不同的ρ值得到的结构可靠指标(精确值)如表9-2所示。

表9-2 两个相关变量线性极限状态方程可靠指标计算结果

ρ	−0.85	−0.4	−0.15	0	0.15	0.4	0.85
β	5.937	6.8	7.48	8	8.647	10.193	18.65

如果其他条件不变，而将结构功能函数改为：

$$Z=g(X_1,X_2)=4+X_1^2-X_2^3$$

则结构可靠指标的近似计算式为：

$$\beta\approx\frac{4+\mu_1^2-\mu_2^3}{\sqrt{4\mu_1^2\sigma_1^2+9\mu_2^4\sigma_2^2-12\rho\mu_1\mu_2^2\sigma_1\sigma_2}}$$

此时，结构可靠指标(近似值)与ρ值的关系如表9-3所示。

表9-3 两个相关变量非线性极限状态方程可靠指标计算结果

ρ	−0.85	−0.4	−0.15	0	0.15	0.4	0.85
β	3.669	4.215	4.649	4.983	5.401	6.418	12.621

由本例题可知，结构功能函数中随机变量的相关性对结构可靠度有较大影响。

9.4　结构体系的可靠度

前述结构可靠度分析方法，是针对一个构件或构件的一个截面的单一失效模式而言的。实际上，一个构件有许多截面，而结构都是由多个构件组成的结构体系。即使是单个构件，其失效模式也有很多种，实质上也构成了一个系统。因此，从体系的角度来研究结构可靠度，对结构的可靠性设计更有意义。由于结构体系的失效总是由构件失效引起的，而失效构件可能不止一个，所以寻找结构体系可能的主要失效模式，由各构件的失效引起的失效概率，就成为体系可靠度分析的主要内容。

9.4.1　基本概念

1. 结构构件的失效性质

构成整个结构的各构件，根据其材料和受力性质不同，可以分为脆性和延性两类构件。

脆性构件是指一旦失效立即完全丧失功能的构件。例如，钢筋混凝土受压柱一旦破坏，即丧失承载力。

延性构件是指失效后仍能维持原有功能的构件。例如，采用具有明显屈服平台的钢材制成的受拉构件或受弯构件受力达到屈服承载力，仍能保持该承载力而继续变形。

构件不同的失效性质，会对结构体系可靠度分析产生不同的影响。对于静定结构，任一构件失效将导致整个结构失效，其可靠度分析不会由于构件的失效性质不同而带来任何变化。对于超静定结构则不同，由于某一构件失效并不意味整个结构将失效，而是在构件之间导致内力重分布，这种重分布与体系的变形情况以及构件性质有关，因而其可靠度分析将随构件的失效性质不同而存在较大差异。

2. 结构体系的失效模型

结构由各个构件组成，由于组成结构的方式不同以及构件的失效性质不同，构件失效引起结构失效的方式将具有各自的特殊性。但如果将结构体系失效的各种方式模型化后，总可以归并为三种基本形式，即串联模型、并联模型和串-并联模型。

(1) 串联模型

如果结构体系中任何一构件失效，整个结构也失效，具有这种逻辑关系的结构系统可用串联模型来表示。如图 9-7(a) 所示的静定桁架即为典型的串联模型，图 9-7(b) 表示串联模型逻辑图。一般情况下，所有的静定结构的失效可用串联体系表示。另外，静定结构构件是脆性还是延性对结构体系的可靠度没有影响。

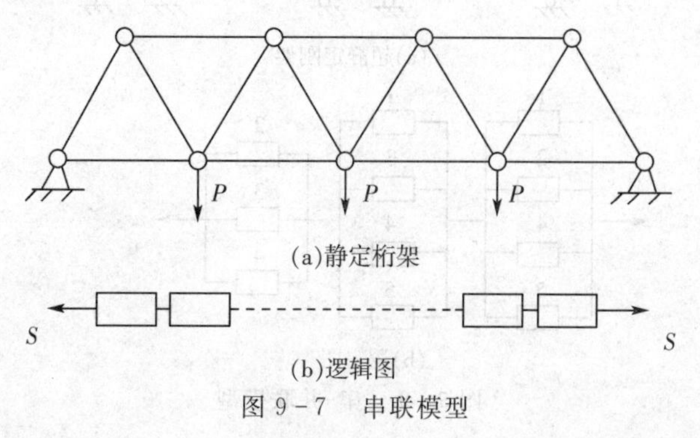

(a)静定桁架

(b)逻辑图

图 9-7　串联模型

(2) 并联模型

如结构中有一个或一个以上的构件失效，剩余的构件或与失效的延性构件，仍能维持整体结构的功能，则这类结构系统可用并联模型表示。

超静定结构的失效可用并联模型表示。如一个两端固定的刚梁，只有当梁两端和跨中形成了塑性铰(塑性铰截面当作一个元件)，整个梁才失效。如图 9-8(a) 所示的超静定梁即为并联模型，图 9-8(b) 表示并联模型逻辑图。

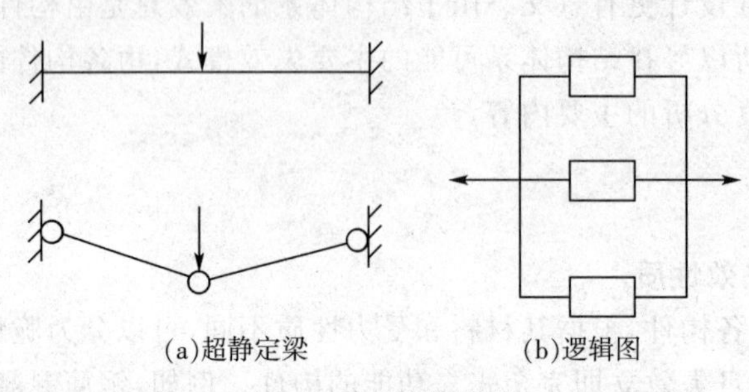

(a)超静定梁　(b)逻辑图

图 9-8　并联模型

对于并联体系，构件的失效性质对体系的可靠度分析影响很大。如组成构件均为脆性构件，则某一构件在失效后退出工作，原来承担的荷载全部转移给其他构件，加快了其他构件失效，因此在计算体系可靠度时，应考虑各个构件的失效顺序。而当组成构件为延性构件时，构件失效后仍能维持其原有的承载能力，不影响之后其他构件失效，所以只需考虑体系最终的失效形态。

(3) 串-并联模型

在延性构件组成的超静定结构中，若结构的最终失效形态不限于一种，则这类结构系统可用串-并联模型表示。

如图 9-9(a) 所示的刚架为串-并联模型，图 9-9(b) 表示该模型的逻辑图。在荷载作用下，最可能出现的失效模式有三种，只要其中一种出现，就意味着结构体系失效，则该结构可模拟为由三个并联体系组成的串联体系，即串-并联体系。此时，同一失效截面可能会出现在不同的失效模式中。

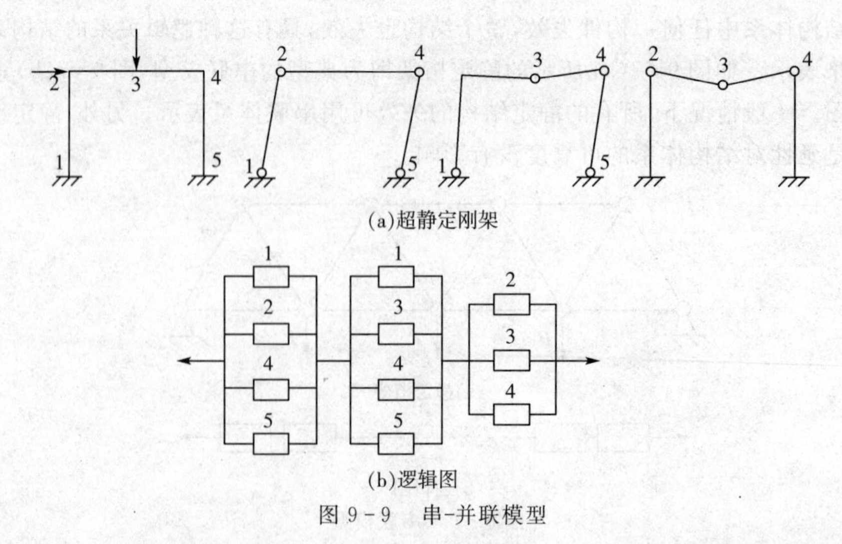

(a)超静定刚架

(b)逻辑图

图 9-9　串-并联模型

对于由脆性元件组成的超静定结构，若超静定程度不高，当其中一个构件失效而退出工作后，继后的其他构件失效概率就会被大大提高，几乎不影响结构体系的可靠度，这类结构的并联子系统可简化为一个元件，因而可按串联模型处理。

(4) 构件间和失效形态间的相关性

结构体系可靠度分析有可能涉及两种形式的相关性，即构件间的相关性和失效模式间的相关性。

单个构件的可靠度主要取决于构件的荷载效应和抗力。而对于同一结构而言，各构件的荷载效应是在相同的荷载作用下产生的，因而结构中不同构件的荷载效应是高度相关的。另一方面，由于结构内的部分或所有构件可能由同一批材料制成，构件的抗力之间也部分相关。由此可见，结构中不同构件的失效存在一定的相关性。对超静定结构，由于相同的失效构件可能出现在不同的失效模式中，在分析结构体系可靠度时还需要考虑失效模式之间的相关性。

由于相关性的存在，使结构体系可靠度的分析问题变得非常复杂，这也是结构体系可靠度计算理论的难点所在。

9.4.2 结构体系可靠度的上下界

由于构造复杂，失效模式很多，要精确计算结构体系可靠度几乎是不可能的，通常只能采用一些近似方法。

1. 宽界限法简介

以下记各构件的可靠概率为 p_{si}，失效概率为 p_{fi}，结构体系的可靠概率为 p_s，失效概率为 p_f。

(1) 串联体系

对于串联体系，设该体系有 n 个构件，只有当每一个构件都不失效时，体系才不失效。

若各构件的抗力是完全相关的，则各构件可靠性之间也完全相关，有

$$p_s = \min_{i\in[1,n]} p_{si} \tag{9-69}$$

$$p_f = 1 - \min_{i\in[1,n]} p_{si} = 1 - \min_{i\in[1,n]}(1 - p_{fi}) = \max_{i\in[1,n]} p_{fi} \tag{9-70}$$

若各构件的抗力相互独立，并且荷载效应也是相互独立的，则各构件可靠也完全独立，有

$$p_s = \prod_{i=1}^{n} p_{si} \tag{9-71}$$

$$p_f = 1 - \prod_{i=1}^{n} p_{si} = 1 - \prod_{i=1}^{n}(1 - p_{fi}) \tag{9-72}$$

一般情况下，实际结构体系总是介于上述两种极端情况之间。因此，可得出串联体系可靠度的界限范围为：

$$\prod_{i=1}^{n} p_{si} \leqslant p_s \leqslant \min_{i\in[1,n]} p_{si} \tag{9-73}$$

失效概率的界限范围为：

$$\max_{i\in[1,n]} p_{fi} \leqslant p_f \leqslant 1-\prod_{i=1}^{n}(1-p_{fi}) \tag{9-74}$$

可见，对于静定结构，结构体系的可靠度总是小于或等于构件的可靠度。

(2) 并联体系

对于并联体系，设该体系有 n 个构件，只有当每一个构件都失效时，体系才失效。

若各构件失效完全相关，有

$$p_f = \min_{i\in[1,n]} p_{fi} \tag{9-75}$$

若各构件失效完全独立，有

$$p_f = \prod_{i=1}^{n} p_{fi} \tag{9-76}$$

因此，结构体系失效概率的界限范围为

$$\prod_{i=1}^{n} p_{fi} \leqslant p_f \leqslant \min_{i\in[1,n]} p_{fi} \tag{9-77}$$

对于超静定结构，当结构的失效模式唯一时，结构体系的可靠度总大于或等于构件可靠度。当结构的失效模式不唯一时，每一失效模式对应的可靠度总大于或等于构件的可靠度，而结构体系的可靠度又总大于或等于每一失效模式对应的可靠度。

显然，宽界限法实质上没有考虑构件间或失效模式间的相关性，所给出的界限往往较宽，因此常被用于结构体系可靠度的初始检验或粗略估算。

2. 窄界限法简介

根据宽界限法的缺点，一些学者对结构体系失效概率的窄界限法作了进一步研究。该法在求出结构体系中各主要失效模式的失效概率 p_{fi} 以及各失效模式间的相关系数 ρ_{ij} 后，将 p_{fi} 由大到小依次排列，通过下列公式得出结构体系失效概率的界限范围。

$$p_{f1} + \max\left\{\sum_{i=2}^{n}\left[p_{fi} - \sum_{j=1}^{i-1}P(E_iE_j)\right],0\right\} \leqslant p_f \leqslant \sum_{i=1}^{n}\left[p_{fi} - \sum_{i=2}^{n}\max_{j<i}P(E_iE_j)\right] \tag{9-78}$$

式中：$P(E_iE_j)$ —— 失效模式 i、j 同时失效的概率。

当所有变量都服从正态分布，且相关系数 $\rho_{ij} \geqslant 0$ 时，$P(E_iE_j)$ 可借助于失效模式 i、j 的可靠指标 β_i、β_j 求得，即

$$q_i + q_j \geqslant P(E_iE_j) \geqslant \max(q_i, q_j) \tag{9-79}$$

式中：

$$q_i = \Phi(-\beta_i)\Phi\left(-\frac{\beta_j - \rho_{ij}\beta_i}{1-\rho_{ij}^2}\right) \tag{9-80}$$

$$q_j = \Phi(-\beta_j)\Phi\left(-\frac{\beta_i - \rho_{ij}\beta_j}{1-\rho_{ij}^2}\right) \tag{9-81}$$

在具体计算时，可先求出 $q_i + q_j$ 代替式(9-78)左边的 $P(E_iE_j)$，再求出 $\max(q_i, q_j)$ 代替式(9-78)右边的 $P(E_iE_j)$，以近似得到体系的失效概率 p_f 的界限范围值。

由上面公式可知，该方法计算还是比较麻烦。但是，当相关系数较小（如$\rho<0.6$）时，它可确定很窄的失效概率范围。另外，该法由于考虑了失效模式间的相关性，所得出的失效概率界限范围要比宽界限法小得多，因此常用来校核其他近似分析方法的精确度。

思考题与习题

1. 结构的功能要求有哪些？

2. 定义结构可靠度时，为什么要明确规定的时间与规定的条件？

3. 可靠指标与失效概率有什么关系？说明可靠指标的几何意义。

4. 简述中心点法和设计验算点法的基本思路，并分析其优缺点。

5. 非正态随机变量当量化为正态x^*的基本假定是什么？

6. 简述结构系统的基本模型。

7. 已知一伸臂梁如下图所示。梁所能承担的极限弯矩为M_u，若梁内弯矩$M>M_u$时，梁便失效。现已知各变量均服从正态分布，其各自的平均值及标准差为：荷载统计参数，$\mu_P=4\text{kN}$，$\sigma_P=0.8\text{kN}$；

跨度统计参数，$\mu_l=6\text{m}$，$\sigma_l=0.1\text{m}$；极限弯矩统计参数，$\mu_{M_u}=20\text{kN}\cdot\text{m}$，$\sigma_{M_u}=2\text{kN}\cdot\text{m}$。试用中心点法计算该构件的可靠指标$\beta$。

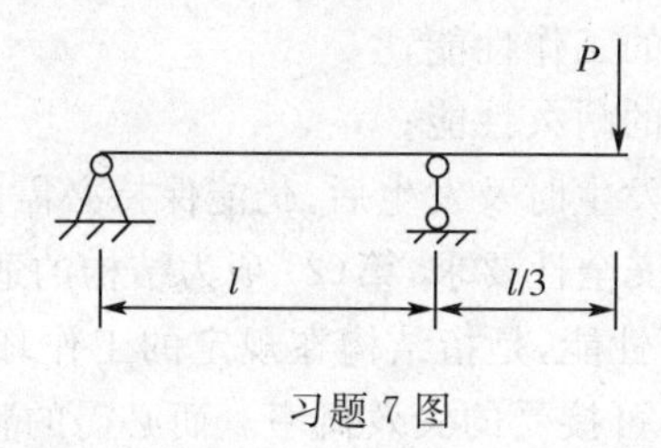

习题7图

8. 假定钢梁承受确定性的弯矩$M=128.8\text{kN}\cdot\text{m}$，钢梁截面的塑性抵抗矩$W$和屈服强度$f$都是随机变量，已知分布类型和统计参数为，

抵抗矩W：正态分布，$\mu_W=884.9\times10^{-6}\text{m}^3$，$\delta_W=0.05$；

屈服强度f：对数正态分布，$\mu_f=262\text{MPa}$，$\delta_f=0.10$；

该梁的极限状态方程：$Z=M-Wf=0$，试用验算点法求解该梁可靠指标。

第10章　概率极限状态设计法

10.1　结构设计的目标和原则

10.1.1　结构的功能要求与极限状态

工程结构设计应符合技术先进、经济合理、安全适用、确保质量的要求，其中很重要的一对矛盾为经济与可靠，即力求在一定的经济条件下，确保结构具有足够的可靠性能，使结构建成后在规定的设计使用年限内满足各项预定功能的要求。

在《建筑结构可靠度设计统一标准》(GB50068—2001) 中规定，结构在规定的设计使用年限内应满足下列功能要求：

(1) 在正常施工和正常使用时，能承受可能出现的各种作用；

(2) 在正常使用时具有良好的工作性能；

(3) 在正常维护下具有足够的耐久性能；

(4) 在设计规定的偶然事件发生时及发生后，仍能保持必需的整体稳定性。

上述第(1)、(4) 项为结构的安全性要求，第(2) 项为结构的适用性要求，第(3) 项为结构的耐久性要求。所谓足够的耐久性能，是指结构在规定的工作环境中，在预定时期内，其材料性能的恶化不导致结构出现不可接受的失效概率。而必需的整体稳定性是指在偶然事件发生时和发生后，建筑结构仅产生局部的损坏而不致发生连续倒塌。结构的安全性、适用性和耐久性统称为结构的可靠性。结构在预定的期限内，若能同时满足安全性、适用性和耐久性要求，则称该结构可靠，否则称为失效。

工程设计时，对于结构的各种极限状态是以结构的某种荷载效应，如内力、变形、裂缝等超过相应规定的标志为依据，故称为极限状态设计法。

10.1.2　结构的安全等级和设计状况

1. 结构的安全等级

在进行工程结构设计时，要解决经济性与可靠性之间的矛盾。过多的考虑结构的可靠性能，将会提高工程的造价；但一味的强调经济性，又很难保证结构的可靠性。不同用途的结构，其对可靠性的要求是不相同的，在设计时，应对不同的工程结构采取不同的安全等级。工程结构安全等级是根据结构破坏造成后果的严重程度划分的，这种后果包括三个方面，即危害人的生命、造成经济损失、产生社会影响。

《建筑结构可靠度设计统一标准》(GB50068—2001) 将建筑结构安全等级划分为三级，而《高耸结构设计规范》(GB50135—2006) 将高耸结构安全等级划分为两级，《公路工程结构可靠度设计统一标准》(GB/T50283—1999) 将公路工程结构的安全等级分为三级，分别见表10-1、表10-2和表10-3。

表 10-1　建筑结构安全等级

安全等级	破坏后果	建筑物类型
一级	很严重	重要的房屋
二级	严重	一般的房屋
三级	不严重	次要的房屋

表 10-2　高耸结构的安全等级

安全等级	破坏后果	高耸结构类型示例
一级	很严重	重要的高耸结构
二级	严重	一般的高耸结构

[注]　对特殊的高耸结构，其安全等级应由建设方根据具体情况另行确定，且不应低于本条的要求。

表 10-3　公路桥涵结构的设计安全等级

安全等级	桥涵结构	路面结构
一级	特大桥、重要大桥	高速公路路面
二级	大桥、中桥、重要小桥	一级公路路面
三级	小桥、涵洞	二级公路路面

对于有特殊要求的建筑结构和公路桥涵结构，其安全等级可根据具体情况另行确定，并应符合相关规范的要求。

2. 设计基准期和设计使用年限

设计基准期是工程结构设计时，为确定可变作用及与时间有关的材料性能等取值而选用的时间参数。我国根据不同的工程结构，规定了不同的设计基准期，如建筑结构为 50 年，桥梁结构为 100 年，水泥混凝土路面结构不大于 30 年，沥青混凝土路面结构不大于 15 年。

我国《建筑结构可靠度设计统一标准》借鉴国际标准《结构可靠度总原则》(ISO2394：1998)，提出了各种建筑结构的设计使用年限，见表 10-4。

表 10-4　设计使用年限分类

类别	设计使用年限 / 年	示例
1	5	临时性结构
2	25	易于替换的结构构件
3	50	普通房屋和构筑物
4	100	纪念性建筑和特别重要的建筑结构

设计使用年限是指设计规定的结构或结构构件不需进行大修即可按其预定目的使用的时期，即是房屋建筑在正常设计、正常施工、正常使用和维护下所应达到的使用年限，如达不到这个年限则意味着在设计、施工、使用与维护的某一环节上出现了非正常情况，应及时查找原因。所谓“正常维护”包括必要的检测、防护及维修，例如暴露在外界环境条件下的钢结构，为防止钢材生锈，应定期进行维护。

结构失效概率就是对结构的设计使用年限而言的，当结构的实际使用年限超过设计使用年限时，结构失效概率将会比设计的预期值大，但并不意味着该结构立即完全丧失功能或破坏。

3. **设计状况**

设计状况代表一定时段的一组物理条件，设计应做到结构在该时段内不超越有关的极限状态。工程结构设计时，应根据结构在施工和使用中的环境条件和影响确定设计状况，工程结构的设计状况可分为下列三种。

(1) 持久状况：在结构使用过程中一定出现，其持续期很长的状况，持续期一般与设计使用年限为同一数量级；

(2) 短暂状况：在结构施工和使用过程中出现概率较大，而与设计使用年限相比，持续期很短的状况，如施工和维修等；

(3) 偶然状况：在结构使用过程中出现概率很小，且持续期很短的状况，如火灾、爆炸、撞击等。

对于不同的设计状况，可采用不同的结构体系、可靠度水准和基本变量的设计值分别进行可靠度验算。

建筑结构的三种设计状况应分别进行下列极限状态设计：

(1) 对三种设计状况均应进行承载能力极限状态设计；

(2) 对持久状况，尚应进行正常使用极限状态设计；

(3) 对短暂状况，可根据需要进行正常使用极限状态设计。

10.1.3　结构构件的目标可靠指标

结构构件的可靠度宜采用可靠指标度量。设计可靠指标是设计规范规定的作为设计依据的可靠指标，它代表了设计所预期达到的结构可靠度。一般来说，对于重要的结构（如核电站、国家级广播电视发射塔），设计目标可靠指标应定的高些；而对于次要的结构（如车棚、临时仓库等），设计目标可靠指标可定的低些。脆性结构的目标可靠指标应高于延性结构的目标可靠指标。另外，社会的经济承载力对工程结构的目标可靠指标也有影响，通常情况下，社会经济越发达，公众对工程结构的可靠性要求越高，因而，设计的目标可靠指标定的也越高。毫无疑问，恰当地选取目标可靠指标，必须经大量的论证，以期达到结构可靠与经济效益之间的最佳平衡点。

1. **确定设计可靠指标的方法**

结构构件设计时采用的可靠指标，可根据对现有结构构件的可靠度分析，并考虑使用经验和经济因素等确定。选取各类工程结构设计的目标可靠指标，是编制各类结构可靠度设计标准的核心问题。通常，确定设计可靠指标有类比和校准两种方法，我国目前一般采用校准法来确定结构设计的可靠指标。

(1) 类比法

类比法又称协商给定法，它是参照人们在日常活动中所经历的各种风险（危险率），确定一个为公众所能接受的失效概率。

在日常生活中，每人每年遇到灾难性事故可能性的心理反应见表 10-5。

表 10-5　公众对事故年死亡率的心理反应

事故年死亡率	公众心理反应
1‰	这是断然不能接受的
0.1‰	加强警惕,采取措施
0.01‰	人们关心程度不那么大
0.001‰	不怎么为人们所注意

国外曾对一些事故的年死亡率进行统计并通过公众心理分析,认为胆大的人可承受的危险率为每年 10^{-3},谨慎的人允许的危险率为每年 10^{-4},而当危险率为每年 10^{-5} 或更小时,一般人都不再考虑其危险性。因此,对于工程结构来说,可认为年失效概率小于 10^{-5} 是安全的,并建议建筑结构的年失效概率为 10^{-5},这大致相当于房屋在设计基准期 50 年内的失效概率为 5×10^{-4}。当功能函数为正态分布时,相当于可靠指标 $\beta=3.29$。由于对风险水平的接受往往因人而异,所以用此法确定结构的可靠指标不易被所有人接受。

(2) 校准法

目前世界上采用近似概率法的结构设计规范,大多采用"校准法"并结合工程经验来确定结构的目标可靠指标。我国《建筑结构可靠度设计统一标准》(GB50068—2001)规定的设计可靠指标就是采用"校准法"确定的。

所谓"校准法",就是采用一次二阶矩方法计算原有规范的可靠指标,找出隐含于现有结构中相应的可靠指标,经综合分析和调整,确定现行规范的可靠指标。每个结构和构件在正常设计、正常施工和正常使用条件下,有着它自己固有的可靠度。只要已知其统计特征,就可以用一定的方法来揭示其可靠指标。

这种方法在总体上承认传统设计对结构安全性要求的合理性,保持了设计规范在可靠度方面的连续性,同时也充分考虑了渊源于客观实际的调查统计分析资料,对目标可靠指标的确定有着重要的意义。

2. 结构构件设计的目标可靠指标

(1) 承载能力极限状态的可靠指标

表 10-6 是根据对 20 世纪 70 年代各类材料的结构设计规范校准所得的结果,经综合平衡后确定的承载能力极限状态的目标可靠指标。制定《建筑结构可靠度设计统一标准》(GB50068—2001)时,根据"可靠度适当提高"的原则,取消了原标准"可对 β 的规定值作不超过 ±0.25 幅度的调整"的规定。因此,表中规定的 β 值是各类材料结构设计规范应采用的最低 β 值。

表 10-6　承载能力极限状态的目标可靠指标

破坏类型	安全等级		
	一级	二级	三级
延性破坏	3.7	3.2	2.7
脆性破坏	4.2	3.7	3.2

表 10－6 中工程结构破坏类型按其破坏前有无明显变形或其他预兆分为延性破坏和脆性破坏。破坏前有明显变形或其他预兆为延性破坏，反之为脆性破坏。同时，对不同的安全等级规定相应的可靠指标。

目前由于统计资料不够完备以及结构可靠度分析中引入了近似假定，因此所得的 β 尚非实际值。这些值是一种与结构实际失效概率有一定联系的运算值，主要用于对各类结构构件可靠度作相对的度量。

(2) 正常使用极限状态下的可靠指标

为促进房屋使用性能的改善，我国《建筑结构可靠度设计统一标准》(GB50068—2001)根据国际标准 ISO 2394:1998 的建议，结合国内近年来对我国建筑结构构件正常使用极限状态可靠度所做的分析研究成果，规定其目标可靠指标宜按照结构构件作用效用的可逆程度，在 0 ～ 1.5 范围内选取。可逆程度较高的结构构件取较低值，可逆程度较低的结构构件取较高值。这里的可逆程度是指产生超越正常使用极限状态的作用被移掉后，结构构件不再保持该超越状态的程度。

在国际标准 ISO 2394:1998 中，对可逆的正常使用极限状态，其可靠指标取为 0；对不可逆的正常使用极限状态，其可靠指标取为 1.5。

不可逆极限状态指产生超越状态的作用被移掉后，仍将永久保持超越状态的一种极限状态；可逆极限状态指产生超越状态的作用被移掉后，将不再保持超越状态的极限状态。

必须指出的是，在工程实践中，正常使用极限状态设计的目标可靠指标，还应根据不同类型结构的特点和工程经验加以确定。如高层建筑结构，由于其柔性较大，在水平荷载作用下产生的侧移较大，很多情况下成为控制设计的主要因素，因此，目标可靠指标宜取的相对高些。

10.2 结构可靠度的直接设计法

10.2.1 一般概念

概率设计法就是要使所设计结构的可靠度满足某个规定的概率值，即失效概率 p_f 在规定的时间段内不应超过规定值[p]，直接概率设计法的设计表达式为：

$$p_f \leqslant [p] \tag{10-1}$$

失效概率 p_f 与可靠指标 β 一一对应，所以，直接概率设计法的设计表达式还可以表达为：

$$\beta \geqslant [\beta] \tag{10-2}$$

式中：[β]—— 设计给定的目标可靠指标。

目前，直接概率设计法主要应用于：

(1) 根据规定的可靠度，校准分项系数模式中的分项系数；

(2) 在特定情况下，直接设计某些重要的工程；

(3) 对不同设计条件下的结构可靠度进行一致性对比。

10.2.2　直接概率法的基本思路

对于工程结构，只要确定了结构构件抗力、荷载效应的概率分布和统计参数，即可求解可靠指标和各变量在设计验算点处的坐标值，这实际上就是结构构件的可靠度复核问题。而对于实际结构工程设计而言，可以按可靠度指标公式进行逆运算，即根据预先给定的目标可靠指标 β 及各基本变量的统计特征，通过可靠度计算公式反求结构构件抗力，然后进行构件截面设计。这是基于结构可靠度分析理论的直接设计方法，目前国际上一些十分重要的结构（如核电站、国家级广播电视发射塔）已经开始采用。下面简要介绍这种方法的基本思路。

首先讨论两个正态随机变量荷载效应 S 和结构抗力 R 的简单情况，结构的功能函数为 $Z=R-S$，若用 μ_R、μ_S、σ_R 和 σ_S 表示抗力和荷载效应的统计参数，则可靠指标为：

$$\beta=\frac{\mu_Z}{\sigma_Z}=\frac{\mu_R-\mu_S}{\sqrt{\sigma_R^2+\sigma_S^2}} \tag{10-3}$$

从式（10-3）可以看出，通常我们设计的结构，当 μ_R 和 μ_S 的差值愈大或者 σ_R 及 σ_S 值愈小，可靠指标 β 值就愈大，也就是失效概率愈小，结构愈可靠。反之则结构愈不可靠。

若给定结构的可靠指标 β_0，且已知荷载效应的统计参数 μ_S、δ_S 和抗力的统计参数 χ_R、δ_R，则可直接应用式（10-2）设计结构，将式（10-3）代人式（10-2）整理后得：

$$\mu_R-\mu_S=\beta_0\sqrt{(\mu_R\delta_R)^2+(\mu_S\delta_S)^2} \tag{10-4}$$

解式（10-4）的方程可求出结构抗力的平均值 μ_R。则结构抗力的标准值：

$$R_k^*=\mu_R/\chi_R \tag{10-5}$$

实际中，我们所遇到的问题一般都有多个正态或非正态的基本变量 $X_i(i=1,2,\cdots,n)$，而且结构的极限状态方程又可能是非线性的，此时就不能再按上式进行简单的求解。可利用一次二阶矩法的验算点法，求解某一基本变量的平均值 μ_{X_i}。在一般情况下，要进行非线性与非正态的双重迭代才能求出 μ_{X_i}，计算很复杂。图10-1给出了直接基于结构可靠度进行结构设计的概率极限设计法的计算框图。

通过以上分析，我们可以知道直接概率法是直接基于结构可靠度分析理论的设计方法。用这种方法进行结构设计可使设计的结构严格具有预先设定的目标可靠度。但也应注意到，直接概率法计算过程比较复杂，而且需要掌握足够的实测数据，包括各种影响因素的统计特征值。由于有很多影响因素的不定性尚不能统计，因此这个方法还不能普遍用于实际工程中。

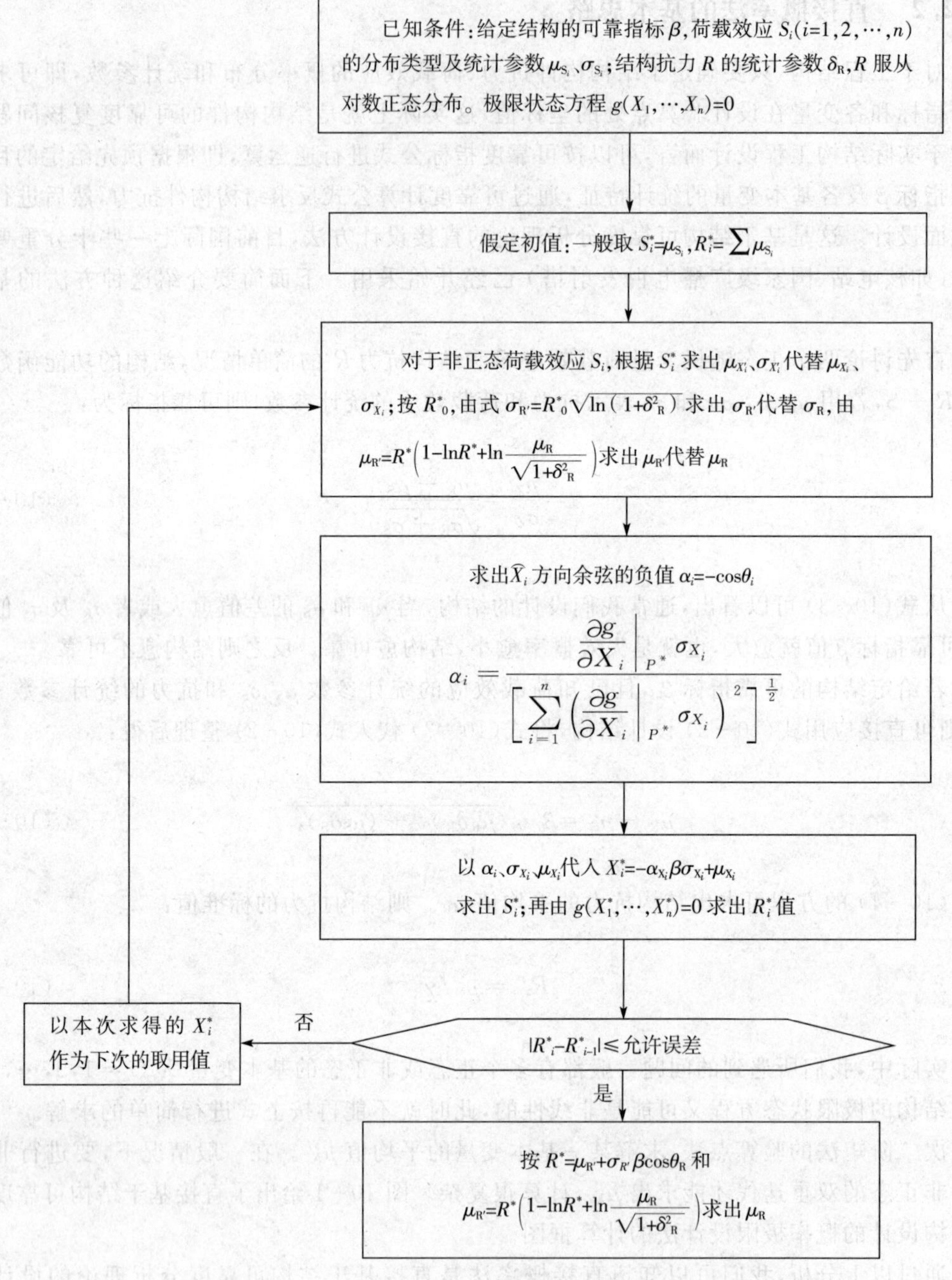

图 10-1　基于结构可靠表达的概率极限状态直接设计

【例 10-1】　某屋架下弦钢杆，承受轴心拉力，其荷载和抗力的统计参数为$\mu_N=250\text{kN}$，$\delta_N=0.08$，$\delta_R=0.08$，$\chi_R=1.10$，且轴向拉力和截面承载力都服从正态分布。当目标可靠指标为$\beta_0=4$时，不考虑截面尺寸变异和计算公式精确度的影响，试计算结构抗力的标准值。

解：$\mu_R-\mu_N=\beta_0\sqrt{(\mu_R\delta_R)^2+(\mu_N\delta_N)^2}$

$$\mu_R-250=4\sqrt{(0.08\mu_R)^2+(250\times0.08)^2}$$

解方程可得 $\mu_R = 401.3\text{kN}$

则结构抗力的标准值为：

$$R_k = \mu_R / \chi_R = 401.3/1.10 = 364.8\text{kN}。$$

10.3　结构概率可靠度设计的实用表达式

采用概率可靠度直接设计法进行结构设计可使设计的结构具有明确的预先设定的目标可靠度，但其计算过程繁琐、工作量大。目前，对一般常见的结构构件，采用概率可靠度直接设计法进行设计尚不具备条件，一般采用可靠度间接设计法。我国工程技术人员比较熟悉历来沿用的以基本变量的标准值和分项系数表达的设计公式的形式，因此，为方便广大工程技术人员，在设计的具体表达式上没有采用直接出现可靠指标的设计准则，而是给出了以概率极限状态设计法为基础的实用设计表达式。在可靠度间接设计法中，具体的设计表达式采用基本变量的标准值和与可靠指标有一定对应关系的"分项系数"，这些分项系数代替了可靠指标，各个分项系数主要是通过对可靠指标的分析及工程经验校准法确定的。这种可靠度间接设计法的设计表达式容易被理解、接受和应用，且其具有的可靠度水平与设计目标可靠度尽量一致或接近。但对于核反应堆容器、海上采油平台等重要的工程结构，宜采用可靠度直接设计法。

10.3.1　单一系数设计表达式

将影响结构功能的因素归并为结构的抗力 R 和荷载效应 S，则在工程设计时，其设计表达式为单一系数设计表达式：

$$\gamma S_k \leqslant R_k \tag{10-6}$$

式中：γ—— 相应的设计安全系数；

S_k—— 荷载效应标准值；

R_k—— 结构抗力标准值。

采用单一系数表达式，其安全系数与 R 和 S 的变异系数以及设计要求的可靠指标有关。由于设计条件复杂，变异系数变化范围较大，为使设计与规定的目标可靠指标一致，安全系数将有较大的变化，这给实际设计工作带来诸多不便。

10.3.2　分项系数表达式

为克服单一系数设计表达式的缺点，提出分项系数设计表达式。分项系数表达式将单一系数设计表达式中的安全系数分为两大部分：荷载分项系数与抗力分项系数。在分项系数模式中，结构构件按极限状态设计应符合下式要求：

$$Z = g(F_d, f_d, a_d, \psi_c, C, \gamma_0, \gamma_d) \geqslant 0 \tag{10-7}$$

一般情况下，将影响结构可靠性的因素分为抗力 $R_d = R(\cdot)$ 和荷载效应 $S_d = S(\cdot)$ 两组。当结构构件按承载能力极限状态设计时，可采用如下设计表达式：

$$\gamma_0 S(F_d, a_d, \psi_c, \gamma_{Sd}) \leqslant R(f_d, a_d, C, \gamma_{Rd}) \tag{10-8}$$

当结构构件按正常使用极限状态中的变形和裂缝，可采用如下设计表达式：

$$S(F_d, a_d, \psi_c, \gamma_{Sd}) \leqslant C \tag{10-9}$$

式中：$R(\cdot)$—— 抗力函数；

$S(\cdot)$—— 作用效应函数；

γ_0—— 结构重要性系数；

F_d—— 作用的设计值；

f_d—— 材料性能的设计值；

a_d—— 几何参数的设计值；

ψ_c—— 作用的组合值系数；

C—— 限值，如变形和裂缝宽度的限值；

γ_{Rd}—— 反映抗力计算模型不定性的系数；

γ_{Sd}—— 反映作用效应计算模型不定性的系数。

式(10-8)与式(10-9)仅是一般原理上的描述，每个符号可能代表单个变量，也可能代表若干变量的向量。根据各基本变量对设计结果的影响程度不同，设计中的变量可分为基本变量和综合变量，一般认为 F、f 和 a 是基本变量，并通过以下方法确定。

作用的设计值：

$$F_d = \gamma_F F_k \tag{10-10}$$

材料和岩土性能的设计值：

$$f_d = \frac{f_k}{\gamma_f} \tag{10-11}$$

几何参数设计值：

$$a_d = a_k + \Delta a \tag{10-12}$$

式中：F_k—— 作用的代表值；

f_k—— 材料性能的标准值；

a_k—— 几何参数的标准值；

Δa—— 几何参数的附加量；

γ_F—— 作用的分项系数；

γ_f—— 材料性能的分项系数。

分项系数的确定取决于设计状况和所表达的极限状态。作用分项系数可以包括作用模型不定性的影响，同样抗力分项系数可以包括几何参数和材料性能不定性的影响。另外，如果设计是以变形能力控制的，则分项系数设计表达式和部分变量要做相应的调整。确定有关随机变量的分项系数，主要有以下两种方法。

(1) 基于设计值的分项系数。荷载效应和材料性能分项系数可以通过设计值由下式计算

$$\gamma_F = F_d / F_k \tag{10-13}$$

$$\gamma_f = f_k / f_d \tag{10-14}$$

其中 F_k，f_k 均为预先给定的值。

(2) 基于校准的分项系数。在结构构件设计中给定一组分项系数($\gamma_{F_1}, \gamma_{F_2}, \cdots, \gamma_{F_i}, \cdots, \gamma_{F_n}, \gamma_{f_1}, \gamma_{f_2}, \cdots, \gamma_{f_j}, \cdots, \gamma_{f_m}$)，相应的可靠指标为 β_k，其与目标可靠指标 β_t 会存在差异，其累计偏差可以表示为：

$$D=\sum_{i=1}^{n}\sum_{j=1}^{m}\left[\beta_k(\gamma_{F_i}, \gamma_{f_j})-\beta_t\right]^2 \tag{10-15}$$

显然，使累计偏差 D 最小的一组分项系数即为最佳分项系数。如果各种结构不是同等重要的，还可引入权重系数来处理。有时，也可用失效概率 p_f 来代替 β。此外，经济指标也可作为确定分项系数的优化目标。

10.3.3　我国现行规范设计表达式

为了使所设计的结构构件在不同情况下具有比较一致的可靠度，通行的做法是在设计中采用了多个分项系数的极限状态设计表达式。

《建筑结构可靠度设计统一标准》(GB50068—2001) 作了如下规定。

(1) 建筑结构设计时，对所考虑的极限状态，应采用相应的结构作用效应的最不利组合。

1) 进行承载能力极限状态设计时，应考虑作用效应的基本组合，必要时应考虑作用效应的偶然组合；

2) 进行正常使用极限状态设计时，应根据不同设计目的，分别选用下列作用效应的组合：

① 标准组合，主要用于当一个极限状态被超越时将产生严重的永久性损害的情况；

② 频遇组合，主要用于当一个极限状态被超越时将产生局部损害较大变形或短暂振动等情况；

③ 准永久组合，主要用于当长期效应是决定性因素时的一些情况。

(2) 对偶然状况，建筑结构可采用下列原则之一按承载能力极限状态进行设计。

1) 按作用效应的偶然组合进行设计或采取防护措施，使主要承重结构不致因出现设计规定的偶然事件而丧失承载能力；

2) 允许主要承重结构因出现设计规定的偶然事件而局部破坏，但其剩余部分具有在一段时间内不发生连续倒塌的可靠度。

1. 承载能力极限状态设计表达式

(1) 基本组合

承载能力极限状态设计时，应考虑作用效应基本组合，必要时应考虑作用效应的偶然组合，应按下式进行设计：

$$\gamma_0 S \leqslant R \tag{10-16}$$

式中：S—— 荷载效应组合设计值；

R—— 结构构件的抗力设计值，应按各有关建筑结构设计规范的规定计算；

γ_0—— 结构重要性系数。对安全等级为一级或设计使用年限为 100 年及以上的结构构件，不应小于 1.1；对安全等级为二级或设计使用年限为 50 年的结构构件，不应小于 1.0；对安全等级为三级或设计使用年限为 5 年的结构构件，不应小于 0.9。对设计使用年限为 25 年的结构构件，各类材料结构设计规范可根据各自情况确定结构重要性系数 γ_0 的取值。

对于基本组合中的 S 应按下列极限状态设计表达式中最不利值确定：

1) 由可变荷载控制的组合：

$$S=\gamma_G S_{Gk}+\gamma_{Q1} S_{Q1k}+\sum_{i=2}^{n}\gamma_{Qi}\psi_{ci}S_{Qik} \tag{10-17}$$

2) 由永久荷载控制的组合：

$$S=\gamma_G S_{Gk}+\sum_{i=1}^{n}\gamma_{Qi}\psi_{ci}S_{Qik} \tag{10-18}$$

对于一般排架、框架结构，公式(10-17) 可采用简化极限状态设计表达式：

$$S=\gamma_G S_{Gk}+\psi\sum_{i=1}^{n}\gamma_{Qi}S_{Qik} \tag{10-19}$$

式中：γ_G—— 永久荷载分项系数，当永久荷载效应对结构构件的承载能力不利时，对由可变荷载控制的组合与简化设计表达式，应取 1.2，对由永久荷载控制的组合，应取 1.35，当永久荷载效应对结构构件的承载能力有利时，不应大于 1.0；

γ_{Q1}，γ_{Qi}—— 第 1 个和第 i 个可变荷载分项系数，当可变荷载效应对结构构件的承载能力不利时，在一般情况下应取 1.4，当标准值大于 4kN/m^2 的工业房屋楼面结构的活载应取 1.3，当可变荷载效应对结构构件的承载能力有利时，应取零；

S_{Gk}—— 永久荷载标准值的效应；

S_{Q1k}—— 在基本组合中起控制作用的一个可变荷载标准值的效应；

S_{Qik}—— 第 i 个可变荷载标准值的效应；

ψ_{ci}—— 第 i 个可变荷载的组合值系数，其值不应大于 1；

ψ—— 简化设计表达式中，采用的荷载组合系数，一般情况下可取 $\psi=0.90$，当只有一个可变荷载时，取 $\psi=1.0$。

(2) 偶然组合

偶然组合是指一种偶然作用与其他荷载的组合。偶然作用发生的概率很小，持续时间很短，但对结构可能造成相当大的损害。鉴于这种特性，从安全和经济两方面考虑，当按偶然组合验算结构的承载力时，所采用的可靠指标值允许比基本组合有所降低。由于不同的偶然作用，如撞击和爆炸，其性质差别较大，目前难以给出统一的设计表达式。为此，《建筑结构可靠度设计统一标准》(GB50068—2001) 只提出建立偶然组合设计表达式的一般原则：偶然作用的代表值不乘以分项系数；与偶然作用同时出现的可变荷载，应根据观测资料和工程经验采用适当的代表值。具体的设计表达式及各种系数，应符合专门规范的规定。

2. 正常使用极限状态设计表达式

对于正常使用极限状态，根据不同设计目的，结构构件应分别采用荷载效应标准组合、频遇组合和准永久组合，并按下式进行设计：

$$S_d\leqslant C \tag{10-20}$$

式中：S_d——变形、裂缝等荷载效应的组合设计值；

C—— 设计对变形、裂缝等规定的相应限值。

变形、裂缝等荷载效应的组合设计值 S_d 按下列情况确定：

(1) 标准组合

$$S_k = S_{Gk} + S_{Q1k} + \sum_{i=2}^{n} \psi_{ci} S_{Qik} \tag{10-21}$$

(2) 频遇组合

$$S = S_{Gk} + \psi_{f1} S_{Q1k} + \sum_{i=2}^{n} \psi_{qi} S_{Qik} \tag{10-22}$$

(3) 准永久组合

$$S_q = S_{Gk} + \sum_{i=1}^{n} \psi_{qi} S_{Qik} \tag{10-23}$$

式中：ψ_{ci}—— 第 i 个可变荷载 Q_i 的组合值系数；

ψ_{f1}—— 可变荷载 Q_1 的频遇值系数；

ψ_{qi}—— 第 i 个可变荷载 Q_i 的准永久值系数。

对于一般的住宅和办公楼的楼面活载，其组合值、频遇值和准永久值系数分别为 0.7、0.5、0.4；对于风荷载，其组合值、频遇值和准永久值系数分别为 0.6、0.4、0。ψ_{ci}、ψ_{f1} 与 ψ_{qi} 取值详细情况可参见本书第二章的表 2-9(取自《建筑结构荷载规范》(GB50009—2001))。

【例 10-2】 某房屋结构的屋面梁，按安全等级为二级进行构件设计。在各种荷载作用下所引起的跨中截面弯矩标准值分别为：永久荷载标准值 $M_{Gk}=4.0\text{kN}\cdot\text{m}$，使用活荷载标准值 $M_{1k}=1.0\text{kN}\cdot\text{m}$，风荷载标准值 $M_{2k}=0.3\text{kN}\cdot\text{m}$，雪荷载标准值 $M_{3k}=0.4\text{kN}\cdot\text{m}$。(雪荷载分区为 Ⅱ 区) 试求按承载能力极限状态和正常使用极限状态进行设计的各种弯矩代表值。

解：(1) 按承载能力极限状态计算荷载效应 M

由于结构构件的安全等级为二级，故 $\gamma_0=1$。

① 由可变荷载控制的组合：

因为 M_{1k} 相对较大，故取为 Q_1，

$$\begin{aligned} M_1 &= \gamma_G M_{Gk} + \gamma_{Q1} M_{1k} + \sum_{i=2}^{3} \gamma_{Qi} \psi_{ci} M_{ik} \\ &= 1.2\times 4.0 + 1.4\times 1.0 + 1.4\times 0.6\times 0.3 + 1.4\times 0.7\times 0.4 \\ &= 6.844\text{kN}\cdot\text{m} \end{aligned}$$

② 由永久荷载控制的组合：

$$\begin{aligned} M_2 &= \gamma_G M_{Gk} + \sum_{i=1}^{3} \gamma_{Qi} \psi_{ci} M_{ik} \\ &= 1.35\times 4.0 + 1.4\times 0.7\times 1.0 + 1.4\times 0.6\times 0.3 + 1.4\times 0.7\times 0.4 \\ &= 7.024\text{kN}\cdot\text{m} \end{aligned}$$

综合 ①②，$M = M_2 = 7.024\text{kN}\cdot\text{m}$。

(2) 按正常使用极限状态计算荷载效应

① 荷载效应的标准组合：

$$
\begin{aligned}
M_{k} &= M_{Gk} + M_{1k} + \sum_{i=2}^{3} \psi_{ci} M_{ik} \\
&= 4.0 + 1.0 + 0.6 \times 0.3 + 0.7 \times 0.4 \\
&= 5.46\text{kN} \cdot \text{m}
\end{aligned}
$$

② 荷载效应的频遇组合：

$$
\begin{aligned}
M_{f} &= M_{Gk} + \psi_{f1} M_{1k} + \sum_{i=2}^{3} \psi_{qi} M_{ik} \\
&= 4.0 + 0.5 \times 1.0 + 0 \times 0.3 + 0.2 \times 0.4 \\
&= 4.58\text{kN} \cdot \text{m}
\end{aligned}
$$

③ 荷载效应的准永久组合：

$$
\begin{aligned}
M_{q} &= M_{Gk} + \sum_{i=1}^{3} \psi_{qi} M_{ik} \\
&= 4.0 + 0.4 \times 1.0 + 0 \times 0.3 + 0.2 \times 0.4 \\
&= 4.48\text{kN} \cdot \text{m}
\end{aligned}
$$

思考题与习题

1. 什么是结构的安全等级,如何确定?

2. 可靠度设计在结构设计规范的表达式中有哪些具体体现?

3. 某厂房采用 1.5m × 6m 的大型屋面板,卷材防水保温屋面,永久荷载标准值为 2.7kN/m^2,屋面活荷载为 0.5kN/m^2,屋面积灰荷载为 0.75kN/m^2,雪荷载为 0.35kN/m^2,纵肋的计算跨度为 5.87m。求屋面板纵肋跨中弯矩的基本组合设计值。

4. 有一在非地震区的办公楼顶层柱,已知在永久荷载标准值、屋面活荷载标准值、风荷载标准值及雪荷载标准值分别作用下引起的该柱轴向压力标准值为 $N_{GK}=45\text{kN}$、$N_{QK}=10\text{kN}$、$N_{WK}=6\text{kN}$ 和 $N_{SK}=1\text{kN}$。屋面活荷载、风荷载和雪荷载的组合值系数分别为 0.7、0.6、0.7。确定该柱在按承载能力极限状态基本组合时的轴向压力设计值 N。

5. 某钢筋混凝土外伸梁,已知 $g_k=25\text{kN/m}$,$q_k=10\text{kN/m}$,取 $\psi_c=0.7$。试求 AB 跨的跨中最大弯矩。

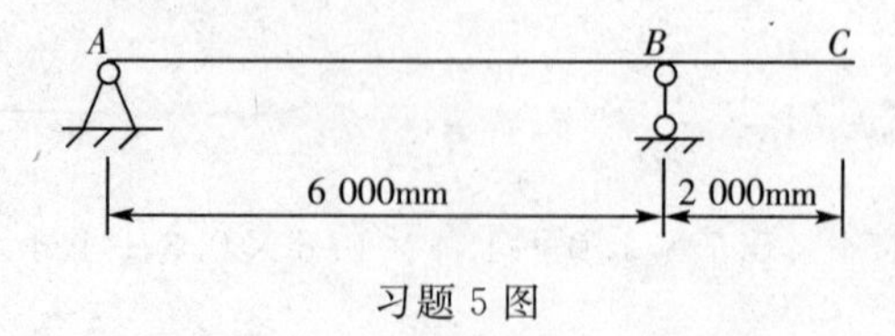

习题 5 图

附　录

附录 1　常用材料和构件的自重

名　　称	自重	备　　注
1. 胶合板材/(kN/m²)		
胶合三夹板	0.019	杨木
	0.022	椴木
	0.028	水曲柳
胶合五夹板	0.03	杨木
	0.034	椴木
	0.04	水曲柳
2. 金属矿产/(kN/m³)		
石棉	10	压实
	4	松散、含水量不大于 15%
石垩(高岭土)	22	
石膏矿	25.5	
石膏	13～14.5	粗块堆放，$\varphi=30°$ 细块堆放，$\varphi=40°$
石膏粉	9	
3. 土、砂、砂砾、岩石/(kN/m³)		
腐殖土	15～16	干，$\varphi=40°$；湿，$\varphi=35°$；很湿，$\varphi=25°$
黏土	13.5	干，松，孔隙比为 1.0
	16	干，$\varphi=40°$，压实
	18	湿，$\varphi=35°$，压实
	20	很湿，$\varphi=25°$，压实
砂土	12.2	干，松
	16	干，$\varphi=35°$，压实
	18	湿，$\varphi=35°$，压实
	20	很湿，$\varphi=25°$，压实
	14	干，细砂
	17	干，粗砂
卵石	16～18	干

（续表）

名　　称	自重	备　　注
黏土夹卵石	17～18	干，松
砂夹卵石	15～17	干，松
	16～19.2	干，压实
	18.9～19.2	湿
浮石	6～8	干
浮石填充料	4～6	
砂岩	23.6	
页岩	28	
泥灰石	14	$\varphi=40^\circ$
花岗岩、大理石	28	
花岗岩	15.4	片石堆置
石灰石	26.4	
	15.2	片石堆置
4. 砖及砌块/(kN/m^3)		
普通砖	18	240mm×115mm×53mm(684 块/m^3)
	19	机器制
缸砖	21～21.5	230mm×115mm×65mm(609 块/m^3)
红缸砖	20.4	
耐火砖	19～22	230mm×115mm×65mm(609 块/m^3)
灰砂砖	18	砂：白灰＝92：8
煤渣砖	17～18.5	
矿渣砖	18.5	硬矿渣：烟灰：石灰＝75：15：10
焦渣砖	12～14	
黏土坯	12～15	
锯末砖	9	
焦渣空心砖	10	290mm×290mm×140mm(85 块/m^3)
水泥空心砖	9.8	290mm×290mm×140mm(85 块/m^3)
	10.3	300mm×250mm×110mm(121 块/m^3)
水泥空心砖	9.6	300mm×250mm×160mm(83 块/m^3)
蒸压粉煤灰砖	14～16	干重度
陶粒空心砌块	5	长 600mm、400mm，宽 150mm、250mm，高 250mm、200mm
	6	390mm×290mm×190mm

（续表）

名　　称	自重	备　　注
蒸压粉煤灰加气混凝土砌块	5.5	
混凝土空心小砌块	11.8	390mm×190mm×190mm
碎砖	12	堆置
水泥花砖	19.8	200mm×200mm×24mm(1 042 块/m³)
瓷面砖	19.8	150mm×150mm×8mm(5 556 块/m³)
陶瓷锦砖	0.12kN/m²	厚 5mm
5. 石灰、水泥、灰浆及混凝土/(kN/m³)		
生石灰块	11	堆置，$\varphi=30°$
生石灰粉	12	堆置，$\varphi=35°$
熟石灰膏	13.5	
石灰砂浆、混合砂浆	17	
水泥石灰焦渣砂浆	14	
石灰炉渣	10～12	
水泥炉渣	12～14	
石灰焦渣砂浆	13	
灰土	17.5	石灰：土＝3：7，夯实
稻草石灰泥	16	
纸筋石灰泥	16	
石灰锯末	3.4	石灰：锯末＝1：3
石灰三合土	17.5	石灰、砂子、卵石
水泥	12.5	轻质松散，$\varphi=20°$
	14.5	散装，$\varphi=30°$
	16	袋装压实，$\varphi=40°$
矿渣水泥	14.5	
水泥砂浆	20	
水泥蛭石砂浆	5～8	
石棉水泥浆	19	
膨胀珍珠岩砂浆	7～15	
石膏砂浆	12	
碎砖混凝土	18.5	
素混凝土	22～24	振捣或不振捣
矿渣混凝土	20	

（续表）

名　称	自重	备　注
焦渣混凝土	16～17	承重用
	10～14	填充用
铁屑混凝土	28～65	
浮石混凝土	9～14	
沥青混凝土	20	
无砂大孔性混凝土	16～19	
泡沫混凝土	4～6	
加气混凝土	5.5～7.5	单块
石灰粉煤灰加气混凝土	6～6.5	
钢筋混凝土	24～25	
碎砖钢筋混凝土	20	
钢丝网水泥	25	用于承重结构
水玻璃耐酸混凝土	20～23.5	
粉煤灰陶粒混凝土	19.5	
6. 沥青、煤灰、油料/(kN/m^3)		
石油沥青	10～11	根据相对密度
柏油	12	
煤沥青	13.4	
煤焦油	10	
无烟煤	15.5	整体
焦渣	10	
煤灰	6.5	
7. 杂项/(kN/m^3)		
普通玻璃	25.6	
钢丝玻璃	26	
泡沫玻璃	3～5	
玻璃棉	0.5～1	作绝缘层填充料用
岩棉	0.5～2.5	
沥青玻璃棉	0.8～1	导热系数 0.035～0.047[W/(m·K)]
玻璃钢	14～22	
膨胀珍珠岩粉料	0.8～2.5	干，松散，导热系数 0.052～0.076[W/(m·K)]

（续表）

名　　称	自重	备　　注
水泥珍珠岩制品、憎水珍珠岩制品	3.5～4	强度 1N/mm²，导热系数 0.058～0.081[W/(m·K)]
膨胀蛭石	0.8～2	导热系数 0.052～0.07[W/(m·K)]
沥青蛭石制品	3.5～4.5	导热系数 0.081～0.105[W/(m·K)]
水泥蛭石制品	4～6	导热系数 0.093～0.14[W/(m·K)]
石棉板	13	含水率不大于 3%
8. 砌体/(kN/m³)		
浆砌细方石	26.4	花岗石、方整石块
	25.6	石灰石
	22.4	砂岩
	24.8	花岗石，上下面大致平整
	24	石灰石
	20.8	砂岩
干砌毛石	20.8	花岗石，上下面大致平整
	20	石灰石
	17.6	砂岩
浆砌普通砖	18	
浆砌机砖	19	
浆砌缸砖	21	
浆砌耐火砖	22	
浆砌矿渣砖	21	
浆砌焦渣砖	12.5～14	
土坯砖砌体	16	
黏土砖空斗砌体	17	中填碎瓦砾，一眠一斗
	13	全斗
	12.5	不能承重
	15	能承重
粉煤灰泡沫砌块砌体	8～8.5	粉煤灰：电石渣：废石膏＝74：22：4
三合土	17	灰：砂：土＝1：1：9～1：1：4
9. 隔墙与墙面/(kN/m²)		
双面抹灰板条隔墙	0.9	每面抹灰厚 16～24mm，龙骨在内
单面抹灰板条隔墙	0.5	灰厚 16～24mm，龙骨在内

（续表）

名　称	自重	备　注
C型轻钢龙骨隔墙	0.27	两层12mm纸面石膏板，无保温层
	0.32	两层12mm纸面石膏板，中填岩棉保温板50mm
	0.38	三层12mm纸面石膏板，无保温层
	0.43	三层12mm纸面石膏板，中填岩棉保温板50mm
	0.49	四层12mm纸面石膏板，无保温层
	0.54	四层12mm纸面石膏板，中填岩棉保温板50mm
贴瓷砖墙面	0.5	包括水泥砂浆打底，共厚25mm
水泥粉刷墙面	0.36	20mm厚，水泥粗砂
水磨石墙面	0.55	25mm厚，包括打底
水刷石墙面	0.5	25mm厚，包括打底
石灰粗砂粉刷	0.34	20mm厚
剁假石墙面	0.5	25mm厚，包括打底
外墙拉毛墙面	0.7	包括25mm水泥砂浆打底
10. 屋架、门窗/(kN/m²)		
木屋架	$0.07+0.007l$	按屋面水平投影面积计算，跨度l以m计
钢屋架	$0.12+0.011l$	无天窗，包括支撑，按屋面水平投影面积计算，跨度l以m计
木框玻璃窗	0.2～0.3	
钢框玻璃窗	0.4～0.45	
木门	0.1～0.2	
钢铁门	0.4～0.45	
11. 建筑墙板/(kN/m²)		
彩色钢板金属幕墙板	0.11	两层，彩色钢板厚0.6mm，聚苯乙烯芯材厚25mm
金属绝热材料(聚氨脂)复合板	0.14	板厚40mm，钢板厚0.6mm
	0.15	板厚60mm，钢板厚0.6mm
	0.16	板厚80mm，钢板厚0.6mm
彩色钢板夹聚苯乙烯保温板	0.12～0.15	两层，彩色钢板厚0.6mm，聚苯乙烯芯材厚50～250mm

（续表）

名　称	自重	备　注
彩色钢板岩棉夹心板	0.24	板厚100mm,两层彩色钢板,Z型龙骨岩棉芯材
	0.25	板厚120mm,两层彩色钢板,Z型龙骨岩棉芯材
GRC增强水泥聚苯复合保温板	1.13	
GRC空心隔墙板	0.3	长2 400～2 800mm,宽600mm,厚60mm
GRC内隔墙板	0.35	长2 400～2 800mm,宽600mm,厚60mm
轻质GRC保温板	0.14	3 000mm×600mm×60mm
轻质GRC空心隔墙板	0.17	3 000mm×600mm×60mm
轻质大型墙板(太空板系列)	0.7～0.9	6 000mm×1 500mm×120mm,高强水泥发泡芯材
轻质条型墙板(太空板系列)　厚度80mm	0.4	标准规格3 000mm×1 000(1 200、1 500)mm,高强水泥发泡
厚度100mm	0.45	芯材,按不同檩距及荷载配有不同钢骨架及冷拔钢丝网
厚度120mm	0.5	
GRC墙板	0.11	厚10mm
钢丝网岩棉夹芯复合板(GY板)	1.1	岩棉芯材厚50mm,双面钢丝网水泥砂浆各厚25mm
硅酸钙板	0.08	板厚6mm
	0.10	板厚8mm
	0.12	板厚10mm
泰柏板	0.95	板厚100mm,钢丝网片夹聚苯乙烯保温层,每面抹水泥砂浆厚20mm
蜂窝复合板	0.14	厚75mm
石膏珍珠岩空心条板	0.45	长2 500～3 000mm,宽600mm,厚60mm
加强型水泥石膏聚苯保温板	0.17	3 000mm×600mm×60mm
玻璃幕墙	1～1.5	一般可按单位面积玻璃自重增大20%～30%采用

参考文献

1. 中华人民共和国国家标准．工程结构可靠度设计统一标准(GB50153—1992)．北京:中国计划出版社,1992
2. 中华人民共和国国家标准．建筑结构可靠度设计统一标准(GB50068—2001)．北京:中国建筑工业出版社,2001
3. 中华人民共和国国家标准．港口工程结构可靠度设计统一标准(GB50158—1992)．北京:中国计划出版社,1993
4. 中华人民共和国国家标准．水利水电工程结构可靠度设计统一标准(GB50199—1994)．北京:中国计划出版社,1994
5. 中华人民共和国国家标准．铁路工程结构可靠度设计统一标准(GB50216—1994)．北京:中国计划出版社,1995
6. 中华人民共和国国家标准．公路工程结构可靠度设计统一标准(GB/T50283—1999)．北京:中国计划出版社,1999
7. 中华人民共和国国家标准．建筑结构荷载规范(2006 年版)(GB50009—2001)．北京:中国建筑工业出版社,2006
8. 中华人民共和国国家标准．砌体结构设计规范(GB50003—2001)．北京:中国建筑工业出版社,2002
9. 中华人民共和国国家标准．混凝土结构设计规范(GB50010—2002)．北京:中国建筑工业出版社,2002
10. 中华人民共和国国家标准．建筑抗震设计规范(GB50011—2001)．北京:中国建筑工业出版社,2001
11. 中华人民共和国国家标准．建筑地基基础设计规范(GB50007—2002)．北京:中国建筑工业出版社,2002
12. 中华人民共和国行业标准．海港水文规范(JTJ213—1998)．北京:人民交通出版社,1998
13. 中华人民共和国行业标准．港口工程荷载规范(JTJ215—1998)．北京:人民交通出版社,1998
14. 中华人民共和国行业标准．城市桥梁设计荷载标准(CJJ77—1998)．北京:中国建筑工业出版社,1998
15. 中华人民共和国国家标准．人民防空地下室设计规范(GB50038—2005)．北京:中国建筑工业出版社,2005
16. 中华人民共和国行业标准．冻土地区建筑地基基础设计规范(JGJ118—1998)．北京:中国计划出版社,1999
17. 中华人民共和国行业标准．水工建筑物荷载设计规范(DL5077—1997)．北京:中国电力出版社,1998

18. 中华人民共和国行业标准．高层建筑混凝土结构技术规程(JGJ3—2002)．北京：中国建筑工业出版社,2002
19. 中华人民共和国行业标准．公路桥涵设计通用规范(JTG D60—2004)．北京：人民交通出版社,2004
20. 中华人民共和国行业标准．公路钢筋混凝土及预应力混凝土桥涵设计规范(JTG D62—2004)．北京：人民交通出版社,2004
21. 中华人民共和国国家标准．高耸结构设计规范(GB50135—2006)．北京：中国计划出版社,2007
22. 上海市政工程设计研究总院主编．城市桥梁设计通用规范(征求意见稿)，2008
23. 白国良．荷载与结构设计方法．北京：高等教育出版社,2003
24. 柳炳康．荷载与结构设计方法．武汉：武汉理工大学出版社,2003
25. 李国强,黄宏伟,吴迅等．工程结构荷载与可靠度设计原理(第三版)．北京：中国建筑工业出版社,2005
26. 张学文．土木工程荷载与设计方法．广州：华南理工大学出版社,2003
27. 许成祥．荷载与结构设计方法．北京：北京大学出版社,2006
28. 肖仁成，俞晓．土力学．北京：北京大学出版社,2006
29. 马芹永．人工冻结法的理论与施工技术．北京：人民交通出版社,2007
30. 施岚清．一、二级注册结构工程师专业考试应试指南．北京：中国建筑工业出版社,2005
31. 曹振熙,曹普．建筑工程结构荷载学．北京：中国水利水电出版社,知识产权出版社,2006
32. 马芹永．混凝土结构基本原理．北京：机械工业出版社,2005
33. 马芹永．土木工程特种结构．北京：高等教育出版社,2005
34. 赵国藩,金伟良,贡金鑫．结构可靠度理论．北京：中国建筑工业出版社,2000
35. 吴世伟．结构可靠度分析．北京：人民交通出版社,1990
36. 杨伟军,赵传智．土木工程结构可靠度理论与设计．北京：人民交通出版社,1999
37. 张相庭．工程抗风设计计算手册．北京：中国建筑工业出版社,1998
38. 夏震寰．现代水力学(四)波浪力学．北京：高等教育出版社,1992
39. 尚守平．结构抗震设计．北京：高等教育出版社,2003
40. 袁孝亭．地理．北京：人民教育出版社,2007

高等学校土木工程专业系列教材

- 建筑力学（Ⅰ） 刘安中
- 建筑力学（Ⅱ） 吴　约
- 计算结构力学 干　洪
- 土力学与地基基础 宛新林
- 工程弹性力学基础 周道祥
- 工程结构荷载与设计方法 马芹永
- 土木工程材料 翟红侠
- 建筑结构 李美娟
- 砌体结构 雷庆关
- 基础工程 张　威
- 钢结构设计原理 肖亚明
- 建筑钢结构设计 肖亚明
- 高层建筑结构设计 沈小璞
- 测量学 张晓明
- 地形图测绘实习指导（附测量总实习报告书） 程晓杰
- 工程地质 邵　艳
- 路基路面工程 朱　林
- 桥梁工程 汪　莲
- 道路勘测设计 赵　青
- 建筑工程定额预算与工程量清单计价 褚振文
- 建设工程监理（附案例分析） 何夕平
- 工程项目管理 杨兴荣
- 建设工程合同管理 陈　燕
- 土木工程专业实践教学教程（上册：实习实验篇） 丁克伟
- 土木工程专业毕业设计指导——道路工程分册 汪　莲
- 土木工程专业毕业设计指导——桥梁工程分册 汪　莲
- 土木工程专业英语 王顶堂
- 工程教育教学法 孙　强